孩子，陪就對了！

孩子，陪！就對了。 育兒，學！就對了！

　　我的一位友人，在職場上是位高階主管，在工作領域上可稱作叱吒風雲，精明能幹。近日，他開心的成為了一位媽媽，生了個極可愛的混血兒寶寶。擁有寶寶後，雖然他感受到擁有新生命的那份幸福與美好，卻同時也被新生命造成的生活混亂而手足無措。

　　許多人以為，當了父母後，我們自然就會當父母了，其實不然！我始終記得，那時晉升為新手媽媽的我，內心除了感動之外，更多是充滿焦慮。生完雙胞胎後，我沒有住在月子中心，而是回到家中休養（說真的，這真的是個錯誤的決定，媽媽真的需要好好的休養，這唯一的一個月，因為未來奮戰的日子還很長！）。每當我必須一個人，面對著床上兩個軟軟的小生物同時哭鬧不已時，內心是有多麼的慌亂，甚至手足無措到忘記自己是位媽媽，反而瞬間成了孩子，只能跟著孩子一起大哭了起來。這時，我心中的小劇場，彷彿身陷一片伸手不見五指的漆黑和恐懼。此刻，我真心祈求，眼前能有一道光能拯救著我，能指引著我走往前走出黑暗，能輕鬆微笑的往前進！

　　可惜的是，孩子並沒有帶著說明書來到這個世界，每個父母都是在臨陣磨刀的狀態下，靠著身為父母的堅持和本能，才能在歡笑與淚水中，撐過每個時刻和每個日子。即使你可能已不是新手爸媽，卻仍然因老二與老大不盡相同，需要在無盡的耐心陪伴中，慢慢摸索出一條道路，讓自己能順利度過育兒的日子。

我真心的認為，對於父母來說，擁有新生命是人生中再美好不過的事。但是，對於新生命的無知，卻也能讓再能幹的父母都能深陷恐慌，感到面臨人生最無助軟弱的時刻。即使父母擁有很好的學歷和經歷，但是擁有孩子，卻始終是個全新深奧的學習領域。

　　Carol .S. Dweck 在《心態致勝：全新成功心理學》中說道：「只要抱持著靈活看待事物的心態，人就會持續成長！」人只要有柔軟的心態，即使會遇上失敗錯誤，也能持續成長。孩子，將是你學習的起點，當父母能願意瞭解兒童的大腦發展，才能協助孩子發揮潛能，順勢而為！當父母願意瞭解大腦關鍵教養，才能在情境中掌握原則又能彈性變通，優雅育兒！**這本書即將帶著父母們進入孩子的大腦關鍵教養，讓父母能在掌握原則中，朝正確的方向輕鬆前進！**

　　孩子剛出生的那些年，我義無反顧的辭掉工作，全職四年陪伴自己的龍鳳胎，更在孩子上了國小後，選擇用工作之餘時刻，陪孩子不安親的學習課業。因為在我的臨床兒童治療經驗中，看到了許多明明可以發展得更好，卻被錯過而發展遲緩的孩子。看到了許多不同需求和氣質的孩子，屈服於現實而沒因材施教，最後影響到人格與發展的孩子。因此，身為媽媽的我，選擇先把工作放緩，希望陪伴孩子成為更健全的人，我選擇在最有效的時刻，陪伴孩子一起成長。

　　即使我的專業讓我身上已有基本的育兒軟體配備，但是以雙胞胎媽媽身分每天的實際演練，生活仍然時常像是場大戰，既辛苦又勞累。但是在用心陪伴的過程，卻讓我一路上看著自己的兩個孩子一點一滴的成長茁壯，即使孩子不是完美的，當媽的自己也不是完美的，卻仍是感到心滿意足，為孩子與自己感到驕傲。我深信，人生不能重來，唯有真心的陪伴後，才能讓當媽媽沒有遺憾，也才能在育兒之路上，感到如此的甘之如飴。

▲ 從龍鳳雙寶出生到現在,我一路陪伴他們長大,既辛苦也甘之如飴!

　　如果人生再來一次,你會願意在幼兒時期,多花點時間陪伴孩子嗎?我的回答,很肯定的就會是:「Yes!I do.」那你呢?

　　我身為兒童發展專長的臨床職能治療師,以科學和醫學學理角度,更以當媽的實戰生活經驗,陪父母、保母和兒童教育工作者,一起將理論和實戰結合,在掌握科學原則之下,用最生活化、最實際的方式來陪伴孩子健康成長!

　　那現在的你,也準備跟著治療師雙寶阿木,掌握大腦關鍵教養方式,陪伴孩子往成長的路途一起前進了嗎?

雙寶 vs 治療師阿木
育兒戰粉絲專頁

目次

Chapter 1・
陪伴有助大腦發展，活躍孩子人生的三大關鍵！

Chapter 2 ·
陪玩這樣做!五感統合遊戲,打造專注力和學習力

Chapter3 · 「陪養」孩子好情商，讓情緒不暴走的正向教養！

前言 大腦健康的發展，關鍵在家庭陪伴

父母的觀念，決定孩子的未來

　　由於生活水準的進步，人類的生活品質提高，因此我們對於養育孩子的期望也跟著提升。**我們不再只是希望孩子在硬體上能身體健康，更期待孩子在軟體的大腦更健康，發展能更加全面，希望孩子能學習好、反應快、專注力高。**同時，我們也希望孩子能具備自信心、情緒控制好，以及有良好的人際互動能力。

　　但是，父母在對孩子期望提高的同時，即使是生活不算寬裕的家庭，也極力想讓孩子得到更好的教育資源，父母因而著力於滿足孩子物質的需求。父母讓孩子有更好的衣著、上更好的學校、學更多才藝、學更多的語言、上更多的補習班，期待孩子能不輸給別人。**最後，竟演變成父母為工作更加忙碌，親子陪伴的時間沒有提升，反而更加貧乏。同時，我們對於自己孩子的觀察與了解，也變得十分匱乏。**

　　「你在學校怎麼不聽老師的話、上課走來走去、還去捉弄同學，你欠揍啊！」一位孩子的爸爸始終認為孩子是故意不認真學習，不斷用責罵處罰來解決，卻不理解孩子事實上深受「注意力缺損過動症」的困擾而無法學習。

　　當父母自認為已經如此奮力為家庭付出，但是在孩子出現發展問題、學習問題，或者是情緒的狀況時，父母卻往往不知所措，只剩下責罵和怪罪！父母不知道孩子為何出現這些問題，孩子何時出現徵兆，不知道孩子是從哪個環節出了狀況，更不知要從哪裡開始著手調整。當父母回過頭想仔細回顧時，卻發現孩子竟然已經長這麼大了，父母似乎早

已錯過孩子最有效的黃金治療時期，最佳的早期教育時機，更遺憾的是錯過了，那些最幸福的親子美好時光。**在孩子的成長過程，最需要的並非物質，而是爸媽更多的陪伴和同理。**

世界進入了「科技時代」，知識取得和學習管道越來越容易，不像以前的年代有錢人家才能讀書，現在孩子只要上個網，隨手都能獲得知識。而全球教育更進入了「素養時代」，強調孩子需要具備「知識、技能、態度」的整合，是一種持續自我學習改變的能力。孩子的知識和技能部分，像是讀、寫、算和動手做⋯⋯等看得到的硬實力，或許能從學校或補習教育中獲得，**但是自我學習、持續成長的態度，像是動機、積極度、自信心、耐力和挫折忍受度⋯⋯等這些軟實力，真正的關鍵卻在於「家庭教育」從小的養成和支持。**

青少年犯罪學家 Ronald Simo 說：「父母參與孩子生活的程度決定他的行為好壞，不管是管教的鬆與嚴。」因此，願意參與孩子的身心發展，才能了解不同階段孩子行為的原因和問題。順勢而為下，才能幫助孩子順利成長。若不了解孩子的身心發展，只想急著孩子快速成長，揠苗助長下，只會造成親子間關係緊繃和衝突。

因此，**孩子的大腦健康發展，孩子的人格態度養成，孩子的未來發展方向，決定在父母的觀念，更贏在家庭的陪伴！**

如果你是父母，或是孩子的照顧者，還是兒童的教育工作者，擔心著孩子的大腦發展，擔憂著孩子的生心理健康，別急別擔憂，即使育兒教養的方法五花八門，只要對大腦有基本的知識，就能協助孩子潛能發展！只要願意了解適齡的關鍵教養，就能輕鬆陪伴孩子大腦健康發展！擁有良好正確的科學育兒觀念，就能讓孩子的未來無可限量！

當一個願意學習的成人，就已經跨出對孩子最重要的一步。

而當一個願意陪伴的成人，更是育兒教養那最關鍵的一步。

「孩子，陪伴一起成長，就對了！」

第一章節，我們將來討論重要的科學育兒關鍵觀念，**讓大人有正確的觀念，引領孩子無限的未來！**

導讀 陪伴從懷孕開始！

不只是遺傳，胎兒大腦發展會受外界影響！

　　我們都知道，孩子的行為表現和人格表現，是由「大腦」這個總司令來做決定的。那孩子大腦的狀態，到底會是先天遺傳而來的，還是後天教育而來的？

　　日前，有個南韓新聞報導，有一對同卵雙胞胎姊妹，姊姊因為走失，最後被收養至遙遠的美國。直到 2018 年，南韓啟動「走失兒童計畫」，透過 DNA 尋人，才輾轉找到遠在美國的雙胞胎姊姊，兩人在 2020 年成功的相認團聚。一般來說，同卵雙胞胎由於先天的遺傳，除了在外型上會相似，智商通常也不會差距太大。不過科學家對這對姊妹進行研究後發現，她們的智商距竟然差了 16 分。

　　大學富勒頓分校雙胞胎研究中心（Twin Studies Center）對這對雙胞胎進行智力、人格和病史等方面的比較，發現她們即使有相似外表及性格，但智力方面卻有明顯差異。研究發現，南韓長大的妹妹，在感知推理和處理速度相關的智力測試得分較高，兩人總體智商相差了 16 分，相較於一般同卵雙胞胎大多差距在 7 分內有著明顯的擴大。

　　根據西格爾（Nancy L. Segal）表示，他研究過許多件分開撫養的同卵雙胞胎，這個案例最為特別。原因「在於她們成長在不同的國家」，

因此推測可能與家庭環境有關。留在南韓的妹妹家庭和樂，姊姊則是在嚴格的宗教家庭中成長。西格爾也表示「雖然雙胞胎存在文化差異，某些特徵仍非常相似，這表現出遺傳效應」，雖然「基因確實會顯著影響心智能力，但真正造就一個人，其實與基因、環境都會有關係，因此不能貿然斷定先天和後天何者重要，像在這種後天環境特殊的雙胞胎中，即顯示出完全不同的結果」。

以往，在腦科學仍不發達的年代，我們會把人類的聰明才智或人格特質都歸咎於基因遺傳，因為我們認為「龍生龍，鳳生鳳，老鼠的兒子會打洞。」但是 20 世紀腦科學開始蓬勃發展，人類開始閱讀大腦，將大腦活動顯現在螢幕上。神經科學家發現，**大腦並非生來就定型，大腦是有塑性的，會一直不斷依照外在環境需求而改變神經連結**。雖然遺傳會帶來大腦原有的樣貌，但後天也能塑造大腦。

媽媽懷孕的初期和中期，寶寶會以每一秒鐘八千個驚人的速度在複製細胞，而且很容易受到外在影響和傷害，因而孕婦初期容易感到不舒服，都為了能多休息，能讓腹中的寶寶神經順利又健康的成長。

曾經，一位友人在急診室當護理人員，由於他的過於自信，卻忽略了急診室面臨的壓力往往異於常人，由於工作忙碌造成他在胎兒 5 個多月時就突然流產了，令他後悔不已。在洪蘭老師著作的《大腦科學的教養常識》中的研究提到，母親懷孕時若抽菸、喝酒，都會透過胎盤，降低子宮的血流量，使胎兒大腦缺氧而發育不良。另外，母親的壓力荷爾蒙，竟然也會穿過胎盤傳到胎兒身上。母親的壓力會損害到孩子本身的壓力反應系統，還會使孩子的大腦變小。母親若長期暴露在嚴重壓力下，會使孩子變得易哭鬧、情緒不穩、智力下降和注意力缺失。

治療師雙寶阿木悄悄話

　　每個懷孕的媽媽都需要被善待，要更珍重自己。要注重營養，要適度運動，更要做些讓心情保持愉快的事。孕媽媽是非常重要的，只要你好，腹中寶寶的大腦神經發展就能很良好！

嬰兒大腦具高度可塑性，
受環境影響改變

　　寶寶出生時，由於遺傳就具備一生所需要的神經細胞，意思是神經數量與大人相當。而嬰兒頭蓋骨囟門並未完全的密合，這是因為嬰兒的大腦仍未發展完成，它的重量僅僅是成人大腦的四分之一而已；而囟門尚未密合，就是為了避免大腦在成熟過程中被壓迫限制。因為在短短幾年中，嬰兒會以突飛猛進的速度在發展大腦。六個月嬰兒的大腦，迅速成為成人二分之一。一歲時的大腦，進展到成人三分之二重，而三歲時大腦，竟已達到成人五分之四。

大腦如此突飛猛進的在長什麼呢？

　　第一，從原有的腦細胞中長出神經之間的相互連結，形成神經聯繫網路。腦神經在接受外在刺激後，能從腦細胞神經長出分支往外連結，我們稱為樹突和軸突，逐漸建構複雜的神經網絡，甚至能形成跨越腦區的連結，如此能讓孩子能有觸類旁通的多元反應。

第二，嬰兒在發展過程中，**神經外圍會發生髓鞘化現象**，讓髓鞘包覆的神經纖維會猶如電線外的塑膠能避免電流短路，讓神經傳導像高速公路一樣更有效能，如此孩子的反應就能看起來更快。

在大腦造影科學技術發展後，讓我們得知大腦有相當的可塑性。我們發現**「先天遺傳雖然形成大腦神經構造，但在發展成長過程，後天環境也同時決定了神經分支的複雜度和走向」**。科學讓人們終於能走出遺傳宿命的迷思，我們了解到雖然孩子的潛質受到先天遺傳影響，但我們更相信，大腦功能也受後天環境的改變！

身為父母的我們，當我們無力回頭去改變先天基因遺傳（除非重新投胎，重選婚姻，這當然是玩笑話！）**那眼前能給孩子的用心陪伴與良好的後天環境才是真正的重點！**

孩子的大腦發展和能力，
由後天生活環境來決定！

曾經，有位一歲半的小男孩，父母帶到衛生所施打疫苗，而我當時正好與家扶基金會一同到此處，進行兒童早期發展篩檢活動。在遊戲過程中，我們面對面玩玩具和小遊戲，但是孩子對於有趣的聲光玩具，都沒有什麼反應，就連伸手碰觸的動機都沒有。對人的逗弄，更是沒有反應，雙眼瞪著大大卻沒有任何有意義的反應，真是讓人擔憂。詢問父親關於孩子的狀況，爸爸只是反駁的說孩子是怕生，其實非常聰明。但是詢問母親時，母親則是一臉呆滯，反應有些異常。在我仔細了解後，才知道這位母親有精神疾病病史，是當地衛生所一直有關注的個案。

而更難過的是，過了沒多久，我得知孩子因為被不當對待，而被政

府單位強制進行隔離與安置。當我再次見到這個孩子時,已經被安置在寄養家庭裡。由於孩子有發展問題,因而轉介職能治療師的我,入家進行教養諮詢。本來,我對孩子被不當對待而感到難過,但是卻也有令人開心的事。孩子換了一個家庭後,在有正常刺激和家人互動的後天環境下,孩子簡直換了一個全新的樣貌,變得活潑可愛又喜歡與人互動,完全不像當年那個沒反應,呆若木雞的孩子了。

由於腦科學的發達,許多長期研究都顯示,**當大人對孩童長時間不當對待或不當管教,孩子為了生存適應環境,敏感的大腦會因此改變,最後造成兒童的大腦變形,損害兒童大腦正常發展,更讓孩子往後的學習、智能通通都受到了影響**。甚至孩子無須直接受到不當對待,日本九州熊本大學與美國哈佛大學共同研究中更發現,孩子光是長期目睹家暴,都能造成大腦視覺皮質區的縮小,影響未來視覺學習、認知和記憶的能力。另外更有研究指出,即使只是患了憂鬱症的母親,由於憂鬱症大大影響著母親的狀態,讓母親疏於回應幼小的嬰兒,只要母親少跟孩子互動,都可能造成大腦神經發展不良的影響。

曾經有位家長因為工作忙碌,將小女兒託給家裡附近的保母來照顧。從小,女孩從翻身、爬行到走路等動作,似乎都比哥哥們再慢一些,也比較不喜歡動。媽媽認為孩子是女兒,動作慢比較秀氣應該是沒有關係。到了兩歲,媽媽認為女孩的語言發展,應該要比哥哥們更快了吧!但是,她的語言發展似乎也比偏慢,喜歡用哭鬧方式來表達需求。再我細問之下,我才了解到,保母已經是年過六十的年紀。由於年紀的關係,雖然有一定經驗,但是體力卻不如其他較年輕保母來的好,因此帶孩子的方式,較傾向靜態活動,喜歡孩子安靜不吵鬧。因此孩子每天活動的空間較小,肢體動作的發展也相對較慢。同時保母的性情話少且安靜,更怕孩子哭鬧,多以滿足孩子為主,也因此孩子語言練習少,語

言發展也相對會較慢。直到孩子進入幼兒園後，因為能力較弱，環境適應顯得很慢，時常會哭鬧不上學。慢慢的，因為學校環境的要求有所改變，孩子的能力才有所進步。

孩子身處的環境，決定大腦接受的刺激輸入，也決定了大腦活化的區塊。**因此，對於主要照顧者的挑選、早期的教養環境，都會深深影響著孩子大腦神經的發展與走向。而孩子這些後天的經驗，會回過頭來修改原先的遺傳基因帶來的神經設定，影響大腦未來發展，值得孩子的爸媽共同重視和慎思。**

 治療師雙寶阿木悄悄話

父母不要太宿命論，只相信遺傳命定。要當個有科學概念的父母，要相信你此時給予孩子的生活環境經驗，不論是好壞都真正影響著孩子成長中的大腦，正改變孩子的原廠設定。請各位父母從現在開始，去了解大腦與認知孩子的發展吧！

CHAPTER

01

陪伴有助大腦發展，
活躍孩子人生的三大關鍵！

陪睡 用規律作息，鞏固大腦學習

當可愛的寶寶呱呱落地後，全家人沉浸在新生兒的歡樂中，但是媽媽並不是無時無刻都是開心的，更常在某些時刻感受到手忙腳亂的焦慮慌亂。而這種焦慮感往往就來自於寶寶的混亂作息，讓新手媽媽長時間的感到疲累不堪，長期影響媽媽身體心理的狀態，心情也很難開心起來。而當疲累的媽媽情緒時常不穩定，相對會讓敏感的寶寶情緒也會不安穩，最後形成惡性循環！

當新手媽媽遇上新生兒，**我認為最需要費心思的任務莫過於就是「逐步建立規律作息」這件事！透過規律作息，讓父母與孩子之間能有安全感，進而有穩定的情緒面對接下來孩子帶來的挑戰。**

❝ 規律作息為何對親子關係是如此重要？ ❞

對父母來說，規律作息能讓大人在固定的作息中，慢慢了解孩子一天當中的生理、心理狀況與規律性，像是餓了、想睡了或想爸媽陪伴了等。在固定作息中，父母漸漸能掌握到孩子的基本需求，一旦孩子在哭鬧時，就能較容易釐清寶貝此刻是在哭什麼。同時，爸媽們會逐漸感受到混亂的生活受到控制而產生安定感，甚至最後能對寶寶的作息瞭若指

掌，父母彷彿是能未卜先知，還能料事如神。當寶寶一哭鬧時，媽媽就能優雅從容的對著寶寶說：「喔！在哭哭呢，我家的寶貝是想要喝奶奶了吧，或著是想要媽媽抱抱了啊！」

對孩子來說，規律作息能讓孩子感受到生理上的舒適性，讓孩子較容易照顧。規律作息，讓孩子擁有充足的睡眠，能有清醒頭腦專注在學習新事物。規律作息，讓孩子擁有固定的進食習慣，大腦身體也才有能量，面對每天的好奇與挑戰。同時，孩子還未能像大人一般看著時鐘來認知時間，他們必須藉著每日一成不變的生活秩序，慢慢地從中來感知時間。**因此，規律的作息能讓孩子感受心理的安全感和秩序性，在有穩定的情緒下，更能面對探索時的新奇與不安定感，專注學習更多的事物。**

❝ 大腦健全發展首重睡眠 ❞

很多家長會來問我，希望孩子有良好的大腦發展，大人應該要給予孩子什麼樣的環境呢？首先，可以先問問自己，我們通常會去做哪些事，讓我們的身體保持健康呢？仔細想想，答案可能就呼之欲出了。我們總是捨近求遠，甚是本末倒置，其實**大腦發展的關鍵，就在日常生活中最重要的三件小事——「睡好、吃好和玩得好」。**

媽媽在陪伴孩子時，若能掌握這三個重點「睡、吃和玩」來逐步建立規律作息，那新手媽媽也能有個愉悅的育兒生活。同時寶寶也能聰明、健康、好帶，也能像我一樣養出長輩最愛的肉感寶寶啊！

▶ 每天讓寶寶睡好吃好，你也能快樂育兒！

而在這三大關鍵之中，最先要調整的即是孩子「睡眠問題」，通常這也是媽媽們感到最頭痛的事。剛當上媽媽後，我發現對每個媽媽最奢侈的期望，無疑就是擁有充足的睡眠。當年我親自帶著雙胞胎一起睡覺，深刻的明瞭到唯有「寶寶睡得好，媽媽才能睡得飽」，因此要讓孩子能有「穩定的睡眠作息」即是當父母的首要任務。

" 適齡順勢調整孩子睡眠，
鞏固大腦學習 "

0～3 個月的寶寶

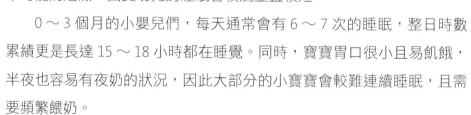

由於新生兒在媽媽的肚子裡是沒有明顯的日照，因此幼兒的大腦睡眠荷爾蒙（褪黑激素）仍未正常分泌，因此新生兒往往是沒有白天夜晚之分的。同時，由於寶寶天生的生存反應，大腦會設定幼童的睡眠週期較成人更短暫，藉此用來避免睡眠中可能的危險，因此幼兒的睡眠會較淺並且較短。

0～3 個月的小嬰兒們，每天通常會有 6～7 次的睡眠，整日時數累積更是長達 15～18 小時都在睡覺。同時，寶寶胃口很小且易飢餓，半夜也容易有夜奶的狀況，因此大部分的小寶寶會較難連續睡眠，且需要頻繁餵奶。

這時期的父母們雖然會很辛苦，又特別是媽媽。**但仍建議要盡量滿足小寶寶的需求，給寶寶身心有一些時間來適應環境，不要過度勉強嬰兒睡過夜。**母奶媽媽則建議可以藉由半夜側躺親餵方式，達到母嬰同步

休息，兼顧親子間彼此的需求。若是瓶餵的寶寶，則建議睡在父母身旁的小嬰兒床（同房分床）就近照顧，滿足寶寶安全與需求較佳。

4 ～ 6 個月的寶寶

寶寶大腦在接受白天和黑夜的不同光線刺激後，會使褪黑激素分泌增加，通常睡眠時間或喝奶時間漸漸就能延長，白天有較明顯的 2 ～ 3 段的穩定睡眠，適合開始漸進式調整作息。

但許多媽媽因為疼愛孩子，通常作息會較順著孩子，因此寶寶作息會變得不穩定，經常出現白天任由寶寶一直睡，晚上太晚才就寢情形，如此不但影響寶寶生長也影響到白天的情緒和進食狀況。我建議**若是想調整孩子睡眠穩定和作息，可藉由寶寶 4 ～ 6 個月的時期開始，會比較容易達成目標喔！**

6 個月～ 1 歲的寶寶

這時期的寶寶，白天通常有 2 ～ 3 次的小睡，總共約 2 ～ 3 小時的午睡時間。到了夜晚可能會有連續約 10 ～ 14 小時睡眠時間。

建議父母在這期間，最好要適當的調整作息，讓寶寶能有白天夜晚的分別。請父母掌握大原則「**白天抱起多活動，下午 5 ～ 6 點後不午睡，夜晚勿超過 10 點後入睡，來個固定的睡眠儀式最有用！**」，就能逐步建立寶寶的睡眠習慣，讓媽媽也能睡個好覺。

1 歲～ 3 歲的幼童

1 ～ 2 歲的寶寶，白天的小睡時間會開始減少，因為他們開始享受遊戲和探索的時光。孩子白天小睡慢慢的會縮短到 1 ～ 2 次，或者是每次午睡時間縮短，午睡時間共會有約 1 ～ 2.5 小時。到了夜晚可能有連

續約 9 ～ 13 小時睡眠時間。

　　2 ～ 3 歲的寶寶，更需要白天的活動刺激來豐富大腦，建議白天要多活動讓夜晚好入睡。白天的小睡時間通常只有 1 次午睡，午睡時間總共約 1 ～ 1.5 小時，到了夜晚依舊有連續約 9 ～ 13 小時睡眠時間。

　　這時就一定要有固定作息，包括小睡的時間，別讓午睡睡太久或太晚，影響到晚上入睡的時間點，最後還連帶影響到隔天作息，而惡性循環。為了不讓孩子夜晚太晚睡覺，建議 4 ～ 5 點以前要完成午睡，才不會影響到晚間 9 ～ 10 點左右的睡覺時間。

3 歲～ 5 歲以上兒童

　　白天的時間既好動又好學，需要把大部分的時間花在遊戲與學習，因此通常只會有下午一次午睡，午睡時間總共約 1 ～ 1.5 小時，到了夜晚孩子則有連續約 9 ～ 12 小時睡眠時間。

　　雖然孩子午睡時間減少，但仍有其必要性，固定的午睡能讓大腦有時間整理和記憶學習，也降低孩子因疲累而情緒不穩定的情形。午睡時間則盡可能要在 3 ～ 4 點以前完成，才不至於影響到晚間 9 點左右入睡的好時機。

▲ 利用白天的時間，多陪孩子玩樂，可促進他早點入睡。

治療師雙寶阿木悄悄話

　　由於我一次要照顧雙胞胎十分忙碌勞累，當時為了爭取一點能睡覺和休息時間，我認真的使用了紀錄方式，再順勢的調整兩個寶寶的作息，這讓我能較輕鬆一打二照顧雙胞胎，在此分享給勞累的父母們。

　　我在家中牆上的白板，仔細的紀錄長時間觀察到的孩子作息，也搭配大人的時間些微調整，最後歸納出孩子每日「吃、睡和玩」時間表，公布在牆上。目的是提醒自己，也同時讓全家人都清楚孩子的作息。這樣一來，全家人都能容易的分辨出寶寶此時是在哭鬧什麼？寶寶是餓了？是睏了還是只是想討抱抱呢？這樣的紀錄方式，讓我們能清楚孩子一天的作息狀態，也讓全家人照顧雙胞胎的壓力都能減少，生活也變得相對較有品質。

　　接著，我再仔細一點來說明，如何記錄和調整孩子的作息。

父母可以這樣做

紀錄寶寶作息的方向如下

1. 觀察記錄家中寶貝一早醒來後，約過了幾個小時後會睏了想小睡？午覺一天睡了幾次？
2. 預定晚上睡覺的時間點。
3. 由晚上睡覺時間，推測孩子最後一次的睡午覺時間，再開始慢慢調整作息。

例如：寶寶約早上 7 點起床，爸媽希望寶寶晚上 9 點一起入睡，而寶寶約 4 小時會愛睏小睡 1 ～ 2 小時！

" 你可以這樣做

● 晚上 9 點睡覺→ 4 個小時前要睡午覺（所以下午 5 點前要起床）→推測出第 2 次午覺約下午 3 ～ 4 點左右睡（午覺約 1 ～ 2 小時）

● 早上 7 點起床→ 4 個小時後想睡覺（前面已推測第 2 次午覺約 3 ～ 4 點睡）→第 1 次小睡時間可調整在中午 11 點左右

當中需要些微調整作息時，我們就得需要逗弄和陪伴孩子

1. 若孩子想睡，但希望他稍微延後一點午睡時→花點時間跟寶寶玩。

2. 若孩子精神很好，還不想午睡→陪他睡一下，可以讓寶寶盡早安心入睡。

　　當然，要調整寶寶作息，特別是睡眠，父母常常需要經歷許多淚水和辛酸的過程，才能熬出頭。但是只要堅持規律作息，熬過過渡時期，除睡眠穩定的好處之外，你更會發現孩子一到吃飯的時間，生理時鐘會自動啟動「飢餓模式」，這時餵寶寶副食品的時光，將會變得是愉悅的，而不是讓媽媽挫敗的餵食經驗。不過，最令媽媽們雀躍的是，白天有充足活動的孩子，入睡也更快，育兒變的輕鬆許多了。我同時訓練兩隻小孩，勢必比一個孩子難多了，相信你一定也可以做到，趕快跟著我開始記錄寶寶的作息吧！

孩子越來越大，仍需要足夠的睡眠幫助大腦學習

以色列巴伊蘭大學的研究人員發現，**充足睡眠能讓大腦神經發展的更健全，睡眠與 DNA 損傷的修復竟然有著密不可分的關係**。DNA 的損傷可能由許多原因引起，包括輻射、神經元活動或環境壓力等。研究表明，在清醒時大腦修復系統動力較低，DNA 損傷會不斷累積；睡眠的作用是增加修復系統動力，使每個神經元中 DNA 的損傷正常化。而神經修復的過程在清醒期間效率不高，睡眠時大腦輸入的指令較少，如此清掃的效率才會高。

因此，俗語常說：「寶寶一暝大一寸！」這真的是個事實。研究指出充足的睡眠能促進孩童生長激素分泌，幫助孩子成長與長高。不僅如此，睡眠還能幫助**大腦學習和記憶**。哈佛研究團隊指出，睡眠充足的學生組在記憶上的表現，比熬夜的學生會更加優秀。因為深層睡眠的過程大腦更會進行記憶的重整，也能修補記憶學習，將孩童白天學習到的內容去蕪存菁，消化吸收後進一步保留到長期記憶。因此，結果顯示比起熬夜的學生，睡飽的學生的學習記憶表現相對較好。**因此睡得好，就能幫助到孩子的學習。**

孩子需要多少睡眠才足夠呢？

家長要孩子早點睡，但總是三催四請，「我還不累！」「我睡不著，還要在玩一下」「我還要再看一下電視……」

好不容易請孩子進房躺在床上了，「媽咪，我還要喝水、我要尿

尿」「再聊一下天、再抓個背才要睡！」「再念一個故事啦！」

　　當孩子早上起床時，老是愛賴床，脾氣更是差到不行！這時，可能要先想想「孩子有沒有睡飽」？

　　現代家長忙碌習慣晚睡，孩子也跟著晚睡，但是成長中的孩子所需的睡眠時間本來就比成人多，當孩子在睡眠不足下，自然會出現賴床、愛生氣。除了寶寶的作息睡眠對生長很重要，大腦仍在成長中的兒童，足夠的睡眠也非常重要。

　　根據美國睡眠醫學學會 2016 年在「臨床睡眠醫學期刊」（Journal of Clinical Sleep Medicine）公布兒童睡眠指南，建議不同年齡層的一日總體睡眠時間（包含午睡的總時數），睡眠不足則會造成兒童身心發展的傷害。

年齡	睡眠總時數（含午睡時數）
4 個月～ 1 歲	12 ～ 16 小時
1 ～ 2 歲	11 ～ 14 小時
3 ～ 5 歲	10 ～ 13 小時
6 ～ 12 歲	9 ～ 12 小時

備註：醫學專家沒有針對剛出生到 4 個月大之間的嬰兒訂定建議睡眠時數，原因是新生兒睡眠習慣差異頗大，尚沒有足夠的醫學研究足以佐證新生兒建議睡眠時間應該如何訂定。

為什麼孩子睡不著、不好好睡？
該如何讓孩子順利入睡？

孩子睡不著不肯睡，先別急著跟孩子大小聲，我們最好先按耐著性子想一想，是不是以下的幾個原因使得孩子在該睡覺的時候，還會想盡辦法拖延？另外我也給爸媽一些讓孩子乖乖入睡的小方法。

❶ 白天室內活動過多

現代孩子打從幼稚園起，整天都以室內活動為主，國小生回家不是寫功課、就是宅在家看電視、打電腦，普遍缺乏戶外體能運動，精力旺盛讓孩子無法入睡與熟睡。

➡ 請你這樣做：白天多日照、多運動

戶外活動能讓孩子多曬太陽，使身體在夜晚分泌更多褪黑激素，更有睡意。規律運動也能讓孩子時間到好入睡、睡眠也更深沉，**但睡前 1 ～ 2 小時前，要避免劇烈有氧運動，這會讓人的核心體溫升高更難入睡。**

❷ 午覺時間睡得太晚或太久

接近傍晚才睡午覺，或睡得過久，自然影響到晚上就寢時間。

➡ 請你這樣做：午睡不超過五點後

試著觀察幾點午睡會影響到晚上入睡時間，**建議下午五點後不小睡。**

③ 睡前用 3C 產品

睡前 30 分鐘，要避免 3C 產品的螢幕使用。 在睡前使用電視、電腦等 3C 產品，已被研究證實和孩子的拒絕睡眠、入睡困難、與減少睡眠時數有關聯。

➡ 請你這樣做：用靜態玩具陪伴孩子

睡前用靜態玩具取代 3C，如讀繪本或拼拼圖，約定好每天看電視電腦的最後時間，且徹底執行。**房間盡量不放電視等 3C 產品。**

④ 睡前玩得太興奮

較小的孩子睡前如果玩了跑、跳、翻等太興奮的遊戲，會使神經亢奮而無法入眠，也會有從作夢哭醒的現象。

▲ 利用靜態玩具讓孩子的心理平靜下來，培養入睡心情

➡ 請你這樣做：培養孩子想睡的情緒

睡前一小時只能進行靜態的活動，如拼圖、積木、閱讀等，以免孩子的情緒過於亢奮而不易入睡。

⑤ 爸媽陪伴時間太少

孩子若是在睡前總是愛纏著爸媽，老愛黏著你、一直找你聊天或說故事，甚至愛耍脾氣，**這時你可能要想想是不是陪伴時間太少，孩子在討愛了。** 現代父母白天忙碌，陪伴孩子時間很少，特別是上幼稚園的孩子，有許多的情緒委屈需要跟你說說呢！

➡ 請你這樣做：放下手邊事情全心陪伴孩子

請爸媽主動在睡前空出時間全心陪孩子，聊聊每天發生的事情與情緒、或陪伴靜態遊戲都可以讓孩子感受滿滿的愛。

6 怕黑、怕孤單

3 歲後的孩子恐懼的事物開始出現，怕黑、怕鬼、怕孤單，所以遲遲不敢入睡。不過睡覺時還是最好關燈，才能刺激褪黑激素分泌，幫助生長。

> **➡ 請你這樣做：陪伴至孩子安心睡著**

別急著逼孩子自己睡，睡前陪伴一下再離開，讓孩子安心入睡。**而我是習慣播放柔和的睡前音樂讓孩子安心放鬆**。若孩子非常怕黑時，可考慮開著小燈。

7 爸媽還在進行其他家事

爸媽習慣晚睡，卻要求孩子早睡，孩子感受到爸媽在一旁忙碌造成遲遲無睡意。

> **➡ 請你這樣做：陪孩子進行睡眠儀式**

先暫停其他家事，**陪孩子進行睡眠儀式**，如睡覺音樂、刷牙、說故事、親吻擁抱，讓孩子把「儀式」與睡覺連結，明確讓孩子知道「睡覺時間到！」，家事等孩子入睡後再繼續進行吧。

8 高糖甜食、咖啡因、產氣食物影響入睡

今天孩子睡前突然很嗨，想想晚上是不是吃了糖果、甜食、飲料、巧克力或茶飲，讓孩子過於亢奮，干擾入睡時間。睡前肚子脹氣，孩子也會腸胃不適睡不著。

➡ 請你這樣做：少吃容易產氣的食物

晚餐時間拒絕甜食與紅茶，少吃一些「產氣食物」，如豆類、包心菜、洋蔥、綠花椰菜、青椒、茄子、馬鈴薯、地瓜、芋頭、玉米、香蕉、麵包、柑橘類水果、柚子等。

不過，最重要的就是清楚的規定就寢時間，且父母一致性的堅持原則，最後堅定的告訴孩子，「我知道你還想玩，但現在就是你的睡覺時間，進房、關燈、晚安！」，堅持並父母一致遵循這個睡覺時間，絕無異議！

陪吃 陪伴孩子咀嚼練習，啟動語言發展

　　小偉是萬眾矚目的長孫，媽媽為了小偉的健康，堅持要親餵孩子母奶長大。孩子享受這份母愛的親密接觸，而媽媽也堅信著母奶最營養，因此媽媽再怎麼辛苦也親餵母乳，就這樣餵哺直到孩子三歲。而小偉十分眷戀母奶，因此造成媽媽延後了寶寶副食品的介入時間。每當孩子不愛吃副食品或固體食物時，媽媽又因為擔心營養不足，最後直接親餵母奶。最終，即使是營養的母奶卻仍是影響到寶寶口腔對食物的接受度，更阻礙了孩子最重要的咀嚼練習。即使小偉年齡越來越大，他始終吃飯很緩慢，更是十分挑食，也不愛喝水，甚至斷奶後仍常常用鮮奶取代喝白開水。每到吃飯時刻，孩子總是顯得興致缺缺，營養也很不均衡，這讓媽媽十分後悔，當時沒有堅持吃飯咀嚼的早期練習。

　　很多人認為，孩子長大就應該自然而然會想要嘗試各種食物，會喜歡咀嚼食物和注重營養，是要擔心什麼？以前年代的孩子，由於環境較不如現在寬裕，有什麼食物就吃什麼，相對珍惜食物且較不挑食。但是現今的孩子食物選擇多，因此今非昔比。同時，兒童的發展往往並非一蹴可幾，孩子每個能力的展現，都是從每一小步，逐步漸進累積練習而來的，包括口腔進食咀嚼的練習也是相同的道理。

　　像是上面提及的小偉，在上幼稚園時始終都是全班吃飯最慢的那一個，因而每次飯後小偉想要喝湯時，時常都來不及，就已經被老師整桶收走了。直到小偉幼兒園將畢業，他回家才跟媽媽說到：「媽媽，我好

開心，我今天終於能喝到飯後湯品了！」這讓媽媽實在哭笑不得。到小偉國中時，可能因為長期飲食不均，只偏好某類型的食物，最後竟然檢測出骨齡早熟，會限制到身高的發育，更讓媽媽煩惱不已。不過，更令人擔心的是進食咀嚼能力，不僅影響著孩子的生理成長，同時也會影響著大腦的發展和專注力。

副食品階段的經驗，是影響未來是否挑食的關鍵

　　像是小偉的例子，媽媽存在不正確的觀念是「喝母奶最營養，副食品可以晚點再說！」前面的第一句不容置疑，母奶的確是最適合每個寶寶的食品，我也是堅持辛苦餵養雙寶母奶到一歲左右，我也十分同意母奶對孩子有無法細數的各種益處，但是第二句就是錯誤的觀念。**面對越來越大的孩子，只以單純的喝母奶為主食，在發展上會使嬰兒口腔經驗缺乏，造成「口腔觸覺、嗅味覺敏感」的問題，之後還會衍生出孩子「咀嚼吞嚥能力弱」的問題發生。**同時，喝奶慢慢地已經無法取代咀嚼食物帶來的好處，不管對於營養或口腔動作發展上都是。

　　從一開始只喜歡喝奶的寶寶，銜接到吃副食品的階段，光是要寶寶接受不同於「奶」的觸感和嗅味覺，對孩子和父母都是一場全新的挑戰。每個父母都希望家中能有「吃貨型」寶寶，什麼都吃、什麼都好，這樣一日三到五餐，陪伴孩子的過程，餐餐都會是愉悅的心情。但是偏偏大多數的孩子都是「美食家型」寶寶，每到吃飯時間都要媽媽三哄四騙，拜託孩子把食物嚥下去，而不是吐出來，最後陪孩子反而餐餐都像是一場大戰，常常讓媽媽好崩潰。

吃飯，看似是自然而然的事，父母都以為長大自然就會了，殊不知副食品階段的經驗，會大大影響到孩子往後未來是否會挑食的重要關鍵。而原因我得從兒童感官發展先來說明，嬰幼兒的味蕾天生就較成人更為發達，所以舌頭對食物的味道會更加敏感。同時，嬰幼兒的大腦對於味覺的判斷力不足，也還在學習階段，因此對於不熟悉的味道往往會較警戒，甚至還會把它吐出來，他們通常只會對重複熟悉的味道會安心的吃下去。另外，從觸覺和口腔敏感的角度來看，除了食物本身的不同口感和氣味需要練習嘗試，讓幼童的口腔接觸不同於奶頭的質感進入口腔，像是「湯匙」放進嘴裡餵副食品的過程，就能提供不同觸覺刺激，逐漸降低孩子的口腔敏感。

再者，從口腔動作發展角度來說，不論是喝母奶或奶瓶喝奶時，寶寶的口腔動作皆是天生而來的「吸吮反射動作」。但是吃副食品或進食的過程，卻是使用到高階的「口腔咀嚼動作」，而這是需要透過後天的練習而來的。因此，即使是母奶寶寶，也需要儘早開始練習進食咀嚼的口腔能力。再者，兒童對於副食品的接受度，需要有計劃、循序漸進的在生活中慢慢提供，讓大腦和口腔能有時間練習和學習，而非期待孩子長大一瞬間就自然能接受和咀嚼各種食物。

陪吃這樣做：4 ～ 6 個月 / 6 個月 ～ 1 歲 / 1 歲以上，提供寶寶副食品的原則

我們建議寶寶要及早提供副食品，那何時是最佳時機呢？從生理角度來說，開始讓幼童吃副食品，即是從寶寶最會流口水的時間開始！其

實，這也是父母會幫孩子舉辦「收涎」儀式的時間點，大概就是孩子四個月的年紀。由於人的味蕾需要在濕度下，才能真正發揮作用，而寶寶有著源源不斷的口水，正是幫助孩子品嘗食物的催化劑。同時，四個月寶寶的口水中已有唾液澱粉酶足以分解食物，同時主管消化的胰臟也在此時較趨於成熟。這時，也正是帶著寶寶嘗試新口感的好時刻。

因此，我們建議嬰兒在四～六個月時，就要漸進式的提供副食品。同時，在吃副食品的練習過程，還要逐漸改變食物的不同型態，如水糊狀、泥狀漸進到固體食物。透過食物型態的改變，孩子的口腔動作也會由吞嚥、磨碎，逐漸到咀嚼，而口腔動作也能跟著藉此提升。而寶寶一直流口水的問題，也會因為口腔能力相對進步而慢慢減少，通常孩子在 1.5 歲以後，口水問題就能大幅改善。

4 個月～ 1 歲提供寶寶副食品的原則及次數

1 歲以前幼兒的副食品介入原則（包括型態、喝奶和餵食的次數比例），呈現在下方表格中。

年齡	每日次數 型態	喝奶比例 和次數	重要發展和提醒
4～6 月	1～2 次 流質	80～90% 營養	兒童口腔吞嚥期 副食品以嘗試練習為主，不要太計較量。 喝奶量不能因此減量，會造成寶寶便祕和營養不足。

7～9月	2～3次 泥糊狀	50～70% 營養	·從兒童口腔吞嚥期，慢慢進入到磨碎期。可隨著副食品餵食的次數和量，開始調整寶寶的喝奶量。 ·寶寶調整奶量後，要開始額外補充水分，避免便秘問題。 （可讓寶寶練習用吸管水杯喝水，1歲前不建議食用蜂蜜水）
10～12月	3次 軟固體	2～3次	兒童口腔磨碎期 ·可在泥糊食物中，慢慢加入細絞肉等軟固體讓寶寶慢慢嘗試。 ·喝奶量減少後，要同時注意鐵質的攝取是否足夠。 （肉、葡萄、全麥麵包……等食物都具有豐富的鐵質）
1歲以上	3餐正餐 2餐點心 固體	不超過 2次	進入兒童口腔咀嚼期 ·食物要以固體為主，要鼓勵孩子多元嘗試各種食物。 ·要多善用餐具，讓孩子練習自己吃飯，享受進食樂趣。 （湯匙可以先選擇矽膠材質，大一點再使用較硬的不鏽鋼）

1 歲前選擇寶寶副食品的食物種類

　　如果你是個膽大心細的父母，能提供給 1 歲前寶寶的副食品種類，**只要是選擇新鮮的食材而非加工食品，事實上都可以漸進式的讓寶寶嘗試看看，不用特別排斥。**而如果是比較謹慎或緊張的父母，會很擔心孩

子吃副食品的情形，也可以用以下的漸進方式來練習。

● 先米類→再麥類（小麥相較米類較容易過敏）。

● 先水果蔬菜類→再肉類。

● 先蛋黃→再蛋白（蛋白相較蛋黃容易過敏）。

副食品的食材要多樣化

提供副食品可以從一種再到多種，剛開始可以從 1 ～ 2 種先開始嘗試，觀察孩子的身體有無不適的反應。若是寶寶對於餵食表現出喜愛且不排斥，可慢慢的增加種類，但請**每樣食材只用「少量」的嘗試為最高原則，目的在於讓孩子嘗試，而不在於量！**

若是寶寶對於今天提供的某種食物表現出排斥，**請不用太堅持而強迫寶寶，造成他討厭進食，就換個食物種類吧！但請記得，父母也不能因此放棄，要持續給寶寶「非喝奶」的進食經驗，也慢慢的練習寶寶對不同食物的耐受性。**

副食品的食物分量

正所謂「副」食品，顧名思義就不是主食啊！因此一開始同一種食材的分量，請媽媽不要準備太多，以免浪費了會難過，吃不完自己又會生氣。請記得這時提供寶寶副食品的目的就在於「嘗試與練習」，剛開始寶寶也許只吃個 1 ～ 2 口，真的沒關係也別太難過，重點就在於讓孩子在吃副食品時，感覺到有樂趣和有愛就好了，甚至慢慢可以直接將大人桌上食物，剪斷用小後就給孩子嘗試即可。只要保持不放棄持續練習的原則，副食品的分量隨著奶量減少後，由少量慢慢調整到吃得更多。

餵食副食品的 2 大注意事項

1 ### 擔心孩子過敏，也勿延後副食品開始

近期研究指出，過敏兒不應該擔心過敏而延後副食品提供時間。過敏兒更建議需要在 4～6 個月時開始嘗試副食品，逐步增加寶寶免疫系統對食物的耐受性。**家長應該膽大心細，把握「少量嘗試」為原則，再配合仔細觀察寶寶的身體反應即可。**大人可以在嘗試一種新食材時，觀察孩子是否有常見的過敏症狀，如起紅疹、拉肚子、尿布疹……等。如果只是輕微症狀，家長別太過驚慌，可以過幾天再嘗試同樣食物再次觀察。如果過敏症狀很嚴重，就醫時跟醫生進一步討論。

若父母過於擔心過敏兒而延後副食品開始時間，如 7～8 個月以後才想要開始餵食副食品，除了讓免疫系統沒機會練習，喝奶也成了習慣，讓口腔觸感更難適應其他食物。許多孩子在此時期更開始有自己的意見，往往會讓「餵食」變得很難要求，造成媽媽餵食副食品上的大挫敗！

● 常見到容易過敏的食物如下：蛋白、牛奶、魚、帶殼海鮮、麥、大豆、帶毛水果（例如：草莓）、巧克力、花生堅果類。
● 台灣嬰兒最常見的過敏原：蛋白、牛奶等。

我家的雙寶姊姊就是對蛋白過敏，吃完後整個臉部腫脹嚴重過敏，因此 1 歲前只吃蛋黃。但是孩子在 1 歲後再次嘗試蛋白，就已經沒有問題了。而雙寶弟弟則是容易發生蕁麻疹和鼻塞，經過就醫檢查過敏後，發現最大的過敏原竟然就是孩子最仰賴的「牛奶」。這時，

就更加顯示出父母應盡早讓孩子練習副食品，因為當副食品吃的好，就能逐漸降低喝奶次數，也降低對牛奶的過敏。

② 不建議將米、麥粉直接加在奶水中餵食

過去會有些長輩習慣將米粉、麥粉混合進奶水中餵食寶寶，但專業上我們並不建議。因為，如此會使得正常濃度的奶水變濃稠，會讓**寶寶更容易便祕，也對寶寶腸胃、腎臟的負擔增加。**同時，餵食副食品過程的一大重點，其實是在於是要讓寶寶習慣「**湯匙餵食**」的口感，因此大人要避免將副食品混入奶粉中，讓寶寶繼續用奶瓶的吸吮動作。

 治療師雙寶阿木悄悄話

- 陪伴孩子吃副食品時，除了食材選擇很重要之外，更需要有好的環境氛圍，有固定儀式會更好。**因此，十分建議從小就要讓寶寶習慣坐在餐椅上，為寶寶準備喜愛的餐具，再開始副食品。**最好還要來點兒歌音樂當背景，讓寶寶在吃飯時能樂於其中。而進食的時間最多 15 ～ 20 分鐘即可，別過長時間坐著，讓孩子感到吃飯竟然是種壓力！

- 要能成功的餵食寶寶副食品，也需要掌握時機的！大人可以選擇在**寶寶睡飽後，精神和心情通常較好時，就會較容易進行。**剛開始可在兩餐餵奶時間中間當點心來練習，少量即可不要過度強迫！

" 口腔進食的動作良好，
是孩子語言清晰度的重要基礎 "

　　恭喜辛苦的爸媽們，你們終於成功讓 1 歲前的寶寶，願意接受不一樣的飲食和副食品，跨過了寶寶飲食的一大里程碑。但是，我們發現約 1 歲的寶寶，開始變得吃飯時不會乖乖順從，會出現所謂的厭食期。**而寶寶會厭食最主要的原因，通常是因為他們吃的副食品一成不變，重複不變的食物或口感，就算寶寶再乖巧，也是會出現厭食期！**所以親愛的家長別忘了，孩子在不斷的快速進化，食物也需要跟著做改變。

　　我們能理解媽媽準備副食品時，確實會非常的耗時，因此為了方便，媽媽通常會煮一大鍋後再將其分裝冷凍，期待寶寶能這樣重複吃。但是，當寶寶還矇懂無知時，可能在半拐半騙會乖乖吃下。但是當寶寶慢慢長大會開始感到冷凍食物的不美味，重複的口感很無味。如此一成不變的口感，即使是大人也會厭倦吧！

　　再者，8 個月～ 1 歲的孩子，口腔動作發展會從磨碎期（用舌頭和口腔動作一起磨碎食物，如碎肉），接著慢慢進入咀嚼期。在口腔咀嚼期的過程，孩子就能使用門牙來咬斷食物，接著再用牙齦來磨碎食物。**因此，這時期的寶寶從生理發展來看，會開始不愛吃軟爛口感的食物了，他們喜歡能咬、吃食物的這番口感！**這也就代表著家長該重新調整副食品的型態，讓孩子進入下一個食物型態的階段了。

　　幼兒時期，我們總覺得寶寶的臉頰「澎澎」的，看起來非常可愛，但是這通常也顯示出孩子的臉部口腔肌肉力量不足，因此這時期的寶寶易出現不斷流口水的情形。在孩子進食的經驗中，他們能透過吃、吸和咀嚼不同材質的食物過程，讓幼童口腔的舌頭、嘴唇和臉頰在不斷的動

作練習，長時間的累積肌肉力量和靈活度，而這正是未來孩童語言和說話構音清晰的動作基礎。

臨床上，我們常見到長輩過度擔心孩子吃不好，長期只給孩子吃軟爛的食物，即使孩子都已經超過 1 歲依舊如此，最後演變成孩子語言發展上的許多問題。若是大人沒有依照孩子的口腔發展，漸進式調整給孩子的食物型態，特別是 1 歲以後的孩童，容易造成「口腔肌肉無力或舌頭靈活度經驗不足」，大大影響到說話時的清晰度和發音狀態。

所以，若是家中孩子說話口齒很不清晰，家長可以先檢視自己提供孩子進食的模式，是否需要做修正。若調整後仍有許多問題，就請盡早諮詢語言治療師協助評估和治療最佳。

66 光是咀嚼，就能增加大腦專注力和記憶力 99

口腔動作經驗會大大影響到兒童語言和構音發展。不僅如此，光是咀嚼這個動作，就能增加大腦活化，並強化大腦專注與記憶能力。

大家應該有下面這樣的經驗，當你開車開到恍神想睡時，口腔若能持續咀嚼著口香糖，頭腦才能感到清醒。這是由於咀嚼本體動作覺和清涼薄荷嗅味覺的感官刺激，就有警醒大腦和專注的功能，而且顎骨咀嚼的運動本身也會促進血液循環，使血液能夠順利供給至腦部，讓我們大腦能活化和保持清醒。

美國《大腦與認知》期刊的研究中，使用功能性 MRI（fMRI）連續拍攝，捕捉到人類咀嚼時，大腦內細部的變化。結果發現到，當我們在咀嚼的時候，大腦中掌管「工作記憶」的部分是會被激活、活化的。而

實驗結果同時發現，咀嚼時答對問題的機率會提高，而大腦中的血流反應也變好，大腦前額葉關於記憶部分，在功能性 MRI 的觀察下，也會被激活、活化。

因此，光是咀嚼這件事情，對於大腦記憶與專注力就能有幫助。因此，父母從小要「讓孩子喜歡上吃飯時刻」，**能透過吃飯練習咀嚼能力，使得吃飯就能同步增強大腦的活化，藉此提升孩子的專注學習力。**

雖然我們希望父母要重視兒童進食的重要性，但是千萬不要矯枉過正，過度強迫孩子吃下所有食物，讓吃飯時刻瞬間變成壓力源。曾經，我看著親戚的孩子，從小被阿嬤無微不至的照顧著，認為吃飯比任何事情都還要重要，因此整天追著孩子吃下整碗滿滿營養的飯菜，甚至常常看到孩子一邊哭一邊嚥下最後一口飯。長大後，孩子身材相當高，卻始終很纖瘦。因為越來越大的女孩，會開始反抗被強迫吃飯，更非常的厭惡吃飯，甚至逃避跟家人在一起吃飯的時刻。

我想這樣本末倒置，長期來說對孩子的發展更是不利。我希望對孩子來說，吃飯不僅滿足到生理上的發展，更能是一種心理上的滿足。接著我們將來討論，要如何讓孩子能愛上吃飯時刻，從身心理上都能有所滿足。

▶ 提供孩子多樣化食材、培養自主
　進食，爸媽輕鬆、孩子愛上吃飯

" 5 大方法，讓孩子 愛上吃飯時刻！ "

① 減少白天喝奶的習慣

一歲後的孩子，正進入重要的口腔咀嚼期，我們建議慢慢的可以**往白天不喝奶的方向前進，才能有利於「白天以進食固體食物」的目標**。長期喝奶除了口腔習慣難改變之外，勢必也會影響到孩子吃一般食物的胃口。

我們建議，一歲後的孩子，開始可以只剩下早上和晚上喝奶，僅當作睡覺安撫而已。這樣才能讓孩子白天習慣多元的咀嚼進食，不再依賴喝單一口感的奶粉或母奶。

② 改變食物質感，再加點調味和煲湯

父母可以依照孩子的成長和進食狀態，在食物的質地（軟硬）、顆粒大小（適當剪碎）、口味（加點調味）上慢慢的加以調整。除了能練習孩童的咀嚼能力，也許還能讓本來正進入厭食的孩子，可能會重新愛上吃飯時刻呢！

孩子在剛開始適應固體食物時，媽媽可以怎麼準備能較輕鬆方便呢？提供大家一個方法，當時我在餵養雙寶時，常常使用一個小魔法「**營養湯品**」，如蔬菜豬肉湯。

▲ 把食物剪小塊，
方便孩子吃。

我會用電鍋來燜煮湯品，在湯裡放入營養的菜或肉。也記得要把菜肉煮的軟一點，最後用剪刀適度的剪碎，就能給孩子吃囉。若孩子覺得白飯較乾硬不好吞嚥時，建議可以放點湯汁或肉汁搭配一起吃，讓孩子容易吞嚥不排斥，慢慢就可以適應大人食物了。一歲後的孩子，適當加點調味也無妨，偶爾來點滷肉淋白飯或麵條，在飲食多變化時，孩子慢慢就能愛上吃飯時刻。

❸ 少量多餐，以多元豐富為主

當父母的都希望孩子多吃一點，能長的白白胖胖。但是並非每個孩子胃口都能很好很大。孩童的胃口通常是偏小，建議以少量多餐的方式來進食最為合適。因此，**讓孩子愛上吃飯，重要的小訣竅即是讓孩子容易吃完。我們別把食物裝那麼大碗，裝少一些容易吃完，吃不夠可以再來一碗，讓親子彼此間都能有成就感吧！**

另外，**父母有食物的主控權，但孩子能有份量的選擇權！**大人可以決定給孩子吃什麼才營養，而非放任孩子不斷的吃零食。但是不用強迫孩子吃完滿滿一碗飯，讓孩子也能決定要吃多少和剩多少。大人能巧妙的搭配愛吃與新食物，鼓勵孩子少量的嚐新，孩子偶爾胃口差也別緊張。大人不總是要求把盤子清光，讓孩子喜歡吃飯時刻後，再慢慢來調整分量吧！

❹ 建立吃飯習慣，同步動手享受吃飯

寶寶 7～8 個月時已經能獨立坐著，建議可以開始坐高的嬰兒餐椅來進食。這時，我們可以在餐椅桌板上放一些手抓食物，如蔬菜條或水果丁，讓孩子參與和享受吃飯的過程。接近 1 歲的孩子，可以提供湯匙給他們，從玩湯匙進而到用湯匙。

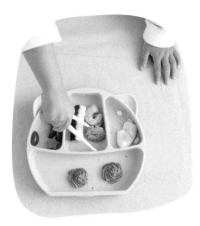

▲ 讓孩子一邊手抓食物，享受吃飯的樂趣

別只擔心吃飯時孩子會弄得髒兮兮，大人可以採用「同步進食」的技巧，大人一邊餵食，孩子一邊手抓食物，讓孩子吃飯能在動手中享受吃飯的樂趣，也培養獨立進食的習慣。

買孩子喜歡的湯匙，偶爾也可以放食物在湯匙上帶著寶寶的手放到嘴巴，寶寶會樂的吱吱叫，覺得吃飯真是有趣！讓孩子盡情發揮，往往會讓吃飯變得好玩，食物更得可口，孩子最終就會愛上吃飯的時刻，讓媽媽也能心滿意足。

治療師雙寶阿木悄悄話

讓寶寶習慣坐在高的餐椅上，不僅在訓練吃飯習慣和儀式，在這個親子間面對面餵食、逗弄和說話的過程，即是眼神互動的一種練習，也是協助孩子共同專注力和語言發展的好時機喔！

⑤ 營造吃飯愉悅氛圍，參與家人同步進食最好

不過，吃飯最重要的，還是**別忘了吃飯的樂趣**！從孩子還小時，我餵食寶寶副食品就會習慣先放個音樂童謠，或放自己喜歡的音樂，藉此告訴孩子「我們要吃飯飯了」，一邊餵食，還會一邊唱歌，興致一來時還會跳舞轉兩圈呢！

另外，讓孩子跟著大人在桌邊一起進食，能增加孩子進食的興趣，讓孩子更願意嘗試固體食物。若有哥哥姊姊一起坐著吃更好，吃飯的氛圍，可以讓孩子更有食慾，像是我家雙寶每次一起吃飯時你會看到，當一人在吃，另一人看著也會哇哇叫喊餓，倆人都爭先恐後喊餓呢！研究顯示家人一起吃飯，孩子能吃的更**均衡**。媽媽別過度盯著孩子吃飯，越能輕鬆面對，孩子自然吃飯越獨立。

親愛的父母們，深呼吸！當妳越輕鬆看待孩子吃飯這件事，孩子越能愛上吃飯時光。「讓孩子愛上吃飯」是一場漫長的馬拉松，沿路會遇到許多變化，父母們要保有彈性，別壓力過大，吃飯就應該是一件愉悅的事啊！

陪玩1 發展五感統合，滿足孩子的大腦營養

　　曾經有個 3 ～ 4 歲的小女孩，來參加我主持的親子團體遊戲。由於是第一次參加她顯得很害羞，媽媽說她是敏感觀察型的孩子，因此可能需要多一點的時間熟悉。但是課程進行了許久，小女孩仍不敢接近孩子們，甚至還會哭鬧。

　　我敏銳的觀察到小女孩與同齡孩子比起來「動作能力上較弱」，總是跟不上其他孩子的動作，以至於難以加入團體。同時，小女孩對於遊戲中過大的嬉鬧聲、孩子間無意的碰撞，都會感到害怕緊張。最後，小女孩哭鬧著不想參加，即使所有的孩子都玩得不亦樂乎。

　　課後，媽媽來詢問我：「女兒明明都聽得懂啊！我也很認真地陪伴孩子啊？」我詢問媽媽：「平時，你都如何陪伴她，你都跟孩子做哪些活動呢？」媽媽很迅速地回答我：「我真的非常認真，每天都陪著孩子一起閱讀，所以你看看她說話能力進步很多！」我點頭肯定媽媽的用心：「媽媽，你陪孩子閱讀很正確，讓孩子語言認知發展很好，但是你可能忽略到 3 歲前的孩子，除了語言認知學習，也需要大量的探索經驗，你有時常帶著孩子到戶外公園活動與探索，有與小朋友遊戲和互動的經驗嗎？」媽媽搖搖頭，一臉彷彿當頭棒喝地看著我……。

　　我跟媽媽說：「雖然閱讀很重要，能培養語言認知能力，但是 3 歲前的兒童發展要以動作為基礎，動作好才能讓大腦有時間去學更多認知。若是孩子的觸覺、動作覺刺激過少，也會容易出現感覺統合失調，

對環境的適應能力將會變得很弱，而女兒又屬於敏感觀察型孩子，更需要大量刺激來調整大腦感覺系統，有助於更快融入環境和團體中。」

這個小女孩的例子，即是父母不了解感覺統合的基本概念，也不了解兒童大腦所需的是「均衡的感覺刺激」，而不是只重視在閱讀的視覺聽覺刺激而已。

聰明大腦要從感覺統合著手，需要均衡的感覺大餐

大腦是人類的最高司令官，也是一部**超級感覺處理器**。它透過身體各處的感官收集外來的刺激資訊，如摸得到的「觸覺」、移動時的「動作覺」、看到和聽到的「視聽覺」等七種感官。**刺激經過感覺神經傳遞到大腦，而大腦司令官會進行過濾、處理、記憶，更與腦中過去的經驗來比對，最後發號指令做出適切的反應或動作，目的就是讓人類能去應對這多變的環境。**舉例來說，如手摸到刺刺的感覺，人會快速把手拿開。我們感受到車子呼嘯而過，會自然往後退避開危險。我們看到積水處，會繞過去避免滑倒（不過大腦沒經驗又好奇的小孩們，反而可能會踩過去，需要多經驗幾次才會學到）。

每天大腦都有持續不斷的「感官刺激輸入→大腦處理整合→執行行為和反應」如此一系列處理訊息的歷程，而這些都是嬰幼兒大腦在出生後為了適應環境的一種學習過程。每天不斷的生活感官經驗，慢慢能讓孩子的大腦長出複雜的神經網路，不斷累積的經驗讓神經更觸類旁通，孩子才能更快速反應去適應環境。

感覺統合（Sensory Integration;SI）
是大腦自動發生的神經過程（neurological process）

感覺系統訊息
（摸／動／聽看／聞）
輸入→
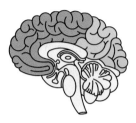
→整合後作出
功能性行為反應

　　美國職能治療師艾爾絲博士指出，嬰幼兒在適應環境的過程中，需要透過各種感官來接受訊息，以察覺環境狀態和自己狀態，接著由大腦處理判斷後，做出反應來面對環境需求，**這就稱為大腦「感覺統合」**（如圖）。**不斷在生活中多元感覺刺激經驗，就是不斷滋養和訓練孩子大腦的過程，讓大腦有機會面對不同感覺情境狀況，學會做出更正確的反應**。這樣「感覺輸入→大腦知覺處理→動作反應」的歷程，每一次的行為反應結果，還會回過頭來修正原有的大腦神經迴路，讓孩子下一次用更有效率、更快速的方式來回應環境。反覆經驗的過程會讓大腦神經連結更複雜更多元，形成嬰幼兒在各領域上的適齡發展，如動作、認知和語言能力，孩子的各項反應也會越來越良好且快速。反之，感覺刺激經驗不足的孩子，可能會出現發展、情緒、行為和適應上的問題。

　　還記得前面的章節，我提到嬰兒會突飛猛進發展大腦，特別是在0～6歲的期間。遺傳基因決定了孩子先天大腦神經的架構，但是環境卻能啟動大腦神經持續生長，形成複雜網路的方向，以及神經傳遞的種類。也就是說，**不論孩童大腦原始遺傳的資質如何，父母若能在早期陪**

伴中提供大腦所需的多元感官經驗，即能讓大腦神經發展更良好。若是兒童面臨了發展問題，大部分的孩子也能從早期療育，配合職能治療師的感覺統合治療中獲得改善。因此，在父母陪伴孩童的過程中，一定要理解「**大腦需要均衡的感覺刺激，有如身體需要均衡的營養！**」的重要觀念。

良好的感覺統合發展，是孩子未來各種能力發展的重要基礎！如金字塔圖中所示，當底層基礎七種感官發展整合良好，大人期待的上層高階能力才得以發揮。而上層能力包含動作計畫和協調、專注力、聽覺和語言、精細操作、認知能力、生活自理、學業能力和行為控制和規範。換句話說，**從感覺統合著手，就能打造兒童健康聰明大腦與良好的適應能力。**

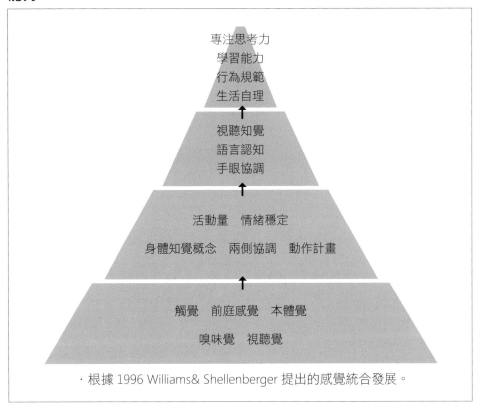

專注思考力
學習能力
行為規範
生活自理

視聽知覺
語言認知
手眼協調

活動量　情緒穩定
身體知覺概念　兩側協調　動作計畫

觸覺　前庭感覺　本體覺
嗅味覺　視聽覺

· 根據 1996 Williams& Shellenberger 提出的感覺統合發展。

那家長們，該如何在生活中提供大腦**均衡且豐富的感官大餐**，讓大腦健全發展呢？我們就要善用感覺統合為基礎，把握下面的三大陪伴原則。另外，我也將在第二章節詳述，如何陪孩子玩「感覺統合生活遊戲」，讓孩子玩出聰明大腦與專注力。

感覺統合基礎的三大陪伴原則

1、跟隨孩子的感官需求，滿足孩子大腦胃口

感覺統合理論認為，兒童大腦神經雖然出生即有，但仍未發展成熟，接下來的神經發展仰賴著生活中感覺經驗的輸入學習，特別又以 6 歲前的兒童大腦神經對環境刺激最為敏感。因此，孩子需要經驗各種感官生活，用此來滋養大腦，讓大腦有更好的學習反應。**而幼兒們總是呈現愛摸、愛拿、愛丟和愛動的這些好奇行為，其實就是孩子主動探索，用來滿足大腦需求的表現。大人若不了解視為搗蛋行為，阻止孩子的行動，將會限制了孩子大腦的發展。**

不僅腦科學發現大腦發展的敏感期，在幼兒的**蒙特梭利教育裡也強調，孩子的 0 ～ 6 歲時期發展最為關鍵，理由在於獲得生存重要能力的「敏感期」皆集中於這時期，像是感官敏感期、動作敏感期和語言敏感期等。**蒙特梭利認為，0 ～ 3 歲幼兒時期會在無意識中吸收整體環境。而 3 ～ 6 歲幼兒時期，則會開始有意識的吸收周遭環境，並整理分類孩子 3 歲前吸收到的那些感官資訊。**當在孩子展現敏感期的內在衝動需求時，蒙特梭利認為大人需要「跟隨孩子」**。他認為大人應該根據孩子本

人的敏感期，打造一個讓孩子可以自行選擇的環境，尊重孩子想做某些事的心境，將有利於兒童各種發展。

以職能治療師的角度來看，我非常認同要跟隨孩子的概念。每個年齡層或每個孩子大腦所需感覺刺激有所不同，大人需要細心觀察孩子的感官需求，在陪伴中給予孩子適合他們所需的**具體感官環境**，才能協助孩子發展出良好的大腦感覺統合。如 0 ～ 3 歲的小小孩通常都是好動的，或有些小男孩更是活潑愛動，家長應該接受孩子的大腦傾向，讓孩子有更多動態活動的機會，多到戶外活動滿足孩子大腦天生需求，而不是用家長的價值觀，強迫孩子學習你認為比較重要的學業認知。當然，這不代表其他能力不重要，**而是要順著孩子目前的發展需求，在對的時機提供對大腦相對重要的刺激。**

家長千萬別因為自己的好惡，而剝奪孩子需要的環境刺激，像是爸媽怕孩子吵鬧和好動，總是用手機螢幕控制孩子聽話，影響孩子感覺整合和動作發展。爸媽害怕骯髒愛乾淨，總是禁止孩子觸摸、玩沙和踏草，影響到孩子觸覺整合和大小動作的發展。**大人勿總想著控制孩子，而是要當個願意陪伴孩子行動、跟隨孩子探索的大人！**

2、別用無微不至，剝奪孩子的感覺統合能力

你是不是一個只希望孩子乖乖聽話？是否也總是像下面這樣告誡著孩子？

「不要摸！很髒，坐好就好！」

「不要哭，媽媽抱，媽媽幫你做！」

「不要爬、不要跑，很危險！」

「沒關係，你還太小，媽媽來做！」

上面這些，都是大人對孩子感覺經驗的剝奪行為。**孩子，不是乖就好！在兒童的大腦發展中，感覺區和動作區的神經細胞發展是最快速的，也是最早神經髓鞘化的大腦區塊，這意味著在嬰幼兒早期發展中，要讓孩子「在具體的環境中，去感覺和去行動」。**家長不應該只是擔心危險，剝奪孩子想主動探索環境事物的機會。更別用「無微不至」的照顧，剝奪孩子想動手嘗試生活中的大小事。家長需要膽大心細，讓孩子能在你給的安全環境中，去動手、動身體和去探索。在耐心的陪伴下，讓孩子學會控制肢體穿脫衣物或操作，而不是怕孩子做不好，嫌麻煩而代勞。

在感覺統合理論中，特別強調「五種感官」，分別是觸覺、前庭覺、本體覺、視覺和聽覺（加上嗅覺和味覺，總共是七感，但以五感整合對兒童最為重要，五感將會在第二章節詳述）。孩童需要透過這些感官輸入和互相協調，來認識這個世界的人事物，形成完整的認知概念。我舉個實例來說，當孩子要認識「香蕉」這個物品名稱的過程，需要透過觸覺觸摸香蕉形狀，用動覺抓握捏來感受香蕉的質量重量，再用聽到大人說出「香蕉」名稱的聽覺，最後搭配上視覺看到的香蕉樣貌顏色，經過多次相似重覆的經驗後，孩童的大腦才能認知記憶住「香蕉」這個物品的完整概念和名稱。

孩子並不像大人已有多年豐富的具體經驗，無法像大人只用看到聽到的視覺聽覺經驗來學習一個概念，因此讓孩子去探索和去體驗就極為重要，特別是越小孩的孩子，越是需大量的觸覺、動作覺（前庭覺和本體覺）來具體認識他們周遭的環境。所以，大人應該在安全下，允許孩子動手動身體的獨有學習方式。至於家長們最在乎的語言部份，其實也能在孩子探索碰觸的實體過程中，一邊給予語言解釋和回應，會比看著圖卡紙上談兵，更能提升孩子認知和語言！當然，孩子能用肢體走到戶

外，接觸到的事物絕對更是豐富，除了增加眼界，更能擴充語言詞彙和認知，正所謂「讀卷書，不如行萬里路！」

所以從現在開始，即使你家孩子行動時，會有點亂、會有點慢、會讓你緊張，也都要讓他去嘗試，不要把孩子照顧的無微不至，大腦才會有機會成長！

3、發現孩子的五感問題，主動提供適合的感官刺激與遊戲

· 有的孩子動作不夠協調，需要你給他更多的肢體空間和練習時間。
· 有的孩子語言比較少，需要你給他更多的語言解碼和來回互動。
· 有的孩子情緒比較固執，需要你給他更多的耐心和適度的挑戰。
· 有的孩子比較坐不住，需要你給他更多的活動時間和學習等待。

以上有這些狀況，可能是孩子大腦天生的狀態與家長給的環境不夠均衡導致。有些家長給得太少，讓孩子發展較慢；有些家長給的太多，也讓孩子發展受阻礙；還有些孩子，是真正面臨了兒童發展疾病；因此，家長需要跟隨自己的孩子，耐心去觀察，孩子需要家長適度陪伴，也需要適度放手讓孩子去挑戰探索。

若孩子的問題，用陪伴已經無法改善，像是文章中提到各種發展問題的孩子，或自閉症、注意力缺損過動症等兒童發展疾病，他們不但有各項發展遲緩問題也會有感覺統合失調的狀況。這時，家長要能勇敢去尋求醫療專業，接受早期篩檢評估，跨專業的早期療育，可能才是發展孩子大腦最有利的方法！

至於要如何發現家中孩子的感覺統合失調問題，以及家長如何主動從遊戲中提供各種感覺刺激，幫助孩子大腦發展，減少可能的發展遲緩，我將會在第二個章節（見 P159）仔細的說明！

治療師雙寶阿木悄悄話

　　在孩子的世界裡，平凡的事情他們都很好奇；因此，孩子的學習就在生活細節裡，孩子的遊戲也在生活探索裡。只要大人願意停下來陪伴，就能發現自己孩子大腦需要的刺激，讓孩子大腦發展更健全。

再次提醒家長：

● 當你發現孩子的動作較遲鈍，請先檢視自己給孩子的探索空間是否足夠！？

● 當你發現孩子的語言偏慢，請先檢視自己給孩子語言互動是否足夠！？

● 當你發現孩子的互動不佳，請先檢視自己給孩子的社交機會是否足夠！？

● 當你發現孩子的好動、專注力不足，請先檢視自己給孩子的活動時間是否足夠！？

　　當你發現孩子面臨發展問題，除了尋求專業評估治療，我們更在臨床兒童治療的過程發現，唯有孩子家庭環境願意改變，孩子的狀態才會明顯的獲得改善。檢視給孩子的環境，當個跟隨孩子探索的照顧者，孩子的大腦發展，是由父母給的生活環境來決定！

陪玩2 幼兒天生就好動，從分齡陪玩重點，在動中培養專注力

「老師老師，孩子在家都動不停，不斷的爬上爬下，專注時間都很短暫，只有在看手機電視時能安靜下來，我真的很擔心孩子是不是有過動？」

這大概是我在幼兒評估篩檢或是在各大親職演講中，最常被家長提問的問題了！每個家長，都期待自己生出的孩子是既可愛、聽話又溫和的小天使，但是孩子卻常常不如我們大人的預期，他們總是像個停不下來、不聽話的失控小惡魔。

當孩子再大一點進到到校園中，可能又會聽到老師抱怨「媽媽，你家孩子上課時都很不專心，比在前面的老師我還忙，坐不住又動來動去、愛說話、不守規矩、講也講不聽！」「媽媽，你的孩子很搗蛋，動不動就會去弄同學，會打同學和同學有很多衝突！」

孩子常常如此愛動搗蛋又坐不住，這是正常的嗎？還是我家的孩子真的是個過動兒呢？**關於孩子天生就「好動」的情形，其實與兒童發展是息息相關，甚至大人需要主動提供動覺的環境刺激，讓孩子在動中培養出專注力！**

爸媽該知道的事①
幼兒從「好動」開始，
才能啟動各項發展

　　大腦感覺系統中，以感受地心引力的**前庭平衡覺**發展最早。當寶寶感受到地心引力的控制，他們會想要試著用動作來對抗這股力量，因此開始發展出肌肉力量和各種動作，因此我們會發現，寶寶一睜開眼睛就會努力嘗試動來動去，慢慢地得到自我的掌控感。因此，**在嬰兒頭一年的發展歷程中，最迅速明顯的發展不是語言、不是認知，其實就是「動作」發展，因為有好的動作能力，才能展開孩子的眼界，啟動其他領域的發展，如是聽覺、視聽、語言和認知。**

　　小寶寶從頭部鬆軟需要大人環抱的狀態，在短短三～四個月後就能有力的用手撐起抬高頭來認識世界，五個月時就已經不安分的翻身滾動，六個月時已經能坐起來看世界了。七～八個月後，他們更用爬行來探索環境，為了能去碰觸到更多事物。接近一歲，孩子就擁有往前進的走路能力，設法去到任何他想去的地方，去拿他任何想拿的事物。一歲開始會走以後，動不停的狀況更是孩子每天的日常，讓爸媽們整天追著孩子跑。接著，動作將帶領著孩子的認知語言蓬勃快速的發展。

　　同時，在兒童的大腦發展中，感覺區和動作區的神經細胞發展是最快速的，也是神經髓鞘化最早的大腦區塊。因此 0 ～ 3 歲是兒童發展中的**感覺動作期，讓幼兒對環境充滿好奇，不斷地用「動作」去會與環境互動，不段的用「感覺」來認識花花世界。**他會用爬上爬下、動來跳去，從中學會控制肢體和認識空間環境。他們會觸摸、亂吃亂咬、重複操控來感受物品的型態樣貌。這樣的過程，都是大腦學習的重要歷程，

家長別老是擔心3歲以前的孩子過動，若沒好奇心與動機的孩子，在發展上才令人擔憂。記不記得，我們前面章節提到，對大腦健康發展的三件事「吃、睡和玩」。而在孩子的玩之中，有大部分則是會用「動作」來呈現。當孩子的探索能力越強時，大腦將有更豐富的刺激和經驗學習。

爸媽該知道的事②
善用動覺穩定兒童專注，
用運動活化大腦！

　　在大腦感覺統合中，前庭感覺和本體感覺都屬於動覺，他們都是在動作移動過程中會產生的感覺輸入，像是搖、跳、爬、跑、轉或盪……等動作，這些都是幼兒最喜歡反覆做的事，因為大腦需要如此豐富的動覺來刺激神經連結。**若是這兩者動覺刺激的早期經驗不足或整合失調，反而會讓孩子出現警醒度不穩定，無法維持專注力的狀態，如孩子會坐著就恍神、有時又過於興奮坐不住，上課到處遊走，有聽沒有到等問題。**因此，我們發現現今有許多的幼兒在上幼稚園以前，由於在家過度依賴3C，沒在關鍵的感覺動作期提供所需的豐富動覺刺激，以至於孩子上課久坐會警醒度不穩定，出現上課的專注力問題。甚至有些家長以為，若是常常帶幼兒到戶外跑跳遊戲，會不會反而讓孩子到上幼兒園在室內坐不住。**其實，動不夠，才會讓孩子無法專注！**

許多研究更指出，在運動的過程能促進身體分泌重要的神經傳導物質，像血清素、正腎上腺素和多巴胺，這些神經傳導物質能幫助大腦訊息的傳遞，讓神經之間能對話相通，更決定了孩子的大腦能吸收多少外界訊息。

意思就是，**運動能讓孩子的大腦在準備的狀態，更有效的去學習！**因此，你應該會發現幼兒的學習，往往不像國小生那樣靜態，他們都需要在動中學，做中學，用動作來思考，才能讓孩子專注的學習。

神經科學家發現，每天跑轉輪的小老鼠們，比起沒運動的小老鼠，腦神經的新生數量就有巨大的差別，執行複雜任務的能力也較佳。他們發現，**運動能增加大腦血流量，刺激掌管記憶的海馬迴神經細胞發展生長，增加大腦神經滋養因子的蛋白質，能強化記憶和學習。**不僅如此，運動還能減少每日生活壓力對大腦的損傷，鞏固大腦神經生長。**因此，運動鍛鍊的不只是身體，更是活化大腦！**不僅對兒童有益，運動對於成人一樣能有助於維持大腦認知，避免大腦退化的功效。

在關於注意力缺損過動症的大腦研究中更發現，過動兒的大腦與同齡孩子的大腦相較之下有明顯活化不足的狀況。**而他們坐不住與動來動去的這些行為，其實並不是故意在搗蛋，反而是他們自己透過這些動覺和活動本身，讓大腦更警醒活化，主動讓大腦分泌更多神經傳導物質，才能保持上課的專注和學習。換句話說，越限制孩子動，反而會讓大腦動不起來！**

當大人能理解到孩子天生好動是發展所需，那家長們要如何善用陪伴讓像金頂電池的孩子們，培養出兒童的專注力呢？

"培養兒童專注力的原則①
相信並允許孩子去探索去好動 "

這幾年由於疫情嚴重的影響，改變了剛好在疫情這期間出生的孩童們的正常生活（特別是 3 歲前的孩子），他們特別少活動、動覺刺激與戶外探索經驗，以至於動作發展品質明顯較弱。當孩子動作力量協調不足下，不但讓專注力過於短暫，同時也直接影響到孩童在表達語句的長度和認知學習品質，甚至出現了發展遲緩（包括動作、語言或人際的發展遲緩）問題。

若家長問身為職能治療師的問我，發展幼兒的大腦專注力最首要的事會是什麼呢？我的回答，無疑的就會是：**「讓孩子去動！去練習動身體與動手和探索。」**

0～2 歲幼兒時期在家時，我們務必要先打造一個安全的環境，將有危險的物品器具都先收納好或使用安全防護設施，如樓梯口或插座安全裝置，讓孩子能自由安心的去動和身體去探索。

當 2 歲後的幼兒開始外出時，我們應該相信孩子，鼓勵孩子能勇敢往前去嘗試探索。我們應該讓孩子安心，當孩子對不熟悉人事物有警戒恐懼時，我們牽著孩子走在不同的高低環境，去嘗試各種遊樂器材。我們應該相信孩子，蹲下來拍拍孩子，告訴孩子「去玩，媽媽在這裡看著你！」讓孩子在你安心的眼神下，盡情享受動作覺的愉悅感，讓動作來豐富孩子的大腦迴路。

培養兒童專注力的原則②
掌握分齡發展重點，動中培養專注力

　　動作是 0 ～ 6 歲兒童的發展重點，也是活化大腦的重要關鍵。我們應該去了解孩子每個階段的大腦發展訣竅與動覺發展重點，主動提供動態環境去滿足大腦感覺統合。鼓勵他們生活中盡情的去「好動」，在動作中滿足大腦感覺統合，在動作中學會思考。

0 ～ 1 歲的孩童：以動作與觸覺為主的環境

　　這個時期的孩童，觸覺與動覺最為敏銳，同時視覺未成熟，因此需仰賴大量觸覺和動覺來認識自己和外在環境。若孩童的動作若發展的順利，更能帶著孩子接觸到更豐富的觸覺環境。

　　家長們勿過度保護孩子，或過於忙碌常把孩子擺在床上看著單調的天花板。嬰兒時要多抱著孩子，提供肌膚觸覺安撫，也讓孩子有別於躺著的**直立動覺刺激，刺激脊椎動覺發展**。要多讓孩子放在舖有軟墊的地板上，**讓孩子多趴著撐起頸、頭和背部，刺激動覺發展軀幹力量。要讓孩子多爬行，刺激動覺發展肢體協調**，同時能大量接觸地板能刺激到觸覺整合，觸覺協助孩子認識肢體形象，讓孩子粗大動作發展能順利，不至於動作發展遲緩。

1 ～ 2 歲的孩童：以動作與視覺為主的環境

　　這個時期的孩子，動作依舊是發展的重點。**開始會走路的孩子，要鼓勵孩子自己行動而不是習慣抱在身上**。鼓勵孩子用自己的肢體到處走走，除了學習控制自己身體，在不同的姿勢中轉換得到成就感與愉悅

感，更因為能走到更多的地方，而大量刺激視覺與認知發展。

在家中可多提供**會移動的玩具**，如推車、皮球、玩具車、學步車等，讓孩子看著移動的玩具或推著移動玩具車，同時**訓練走路動作和重心轉移的平衡，如走、追、蹲和站的動作轉換。**更能帶孩子進入社區或公園，嘗試在不同平面、樓梯和斜坡走動，強化視覺和動作的整合能力，也因為動作而同時打開孩子的視野和認知。

2～3歲的孩童：以動作與語言為主的環境

這時期的孩子，對於動覺刺激更是熱衷，同時也在大量的聆聽語言和語言爆發期。他們喜歡大量的模仿動作和語言，想要認識各種物品和名稱，更想要與人對話與學習新事物。在家孩子通常非常的忙碌，一刻都停不下來，因此需要多提供孩子各種遊戲方式，如敲敲打打、扮家家酒、聽故事找圖案……等活動，**更要讓孩子當小跑腿和小幫手幫大人拿東西，也自己練習做生活自理活動，除了滿足動覺，也訓練到孩子聽理解的能力。**

這時家中的固定環境，往往已經無法滿足孩子好奇的心和想要學習新事物的熱忱。**最好每日帶孩子到社區公園或戶外環境走走，讓孩子模仿其他孩子**玩溜滑梯、盪鞦韆或攀爬……等遊樂器材，也跟著其他小孩追逐躲貓貓、丟接球和玩樹葉挖土……等活動。更多的社區戶外環境，能打開孩子認識更多名稱、聆聽他人的言語，更表達語言需求與提出好奇的問題，讓動作和語言能力突飛猛進。**這時，**

也記得開始讓孩子聽懂「能與不能」的明確規範。

4～6 歲的孩童：以動作技巧與視聽覺為主的環境學習

　　這時期的孩子，有相當程度的動作基礎，已經能從走到跑，各種上上下下的地面和樓梯都不成問題。**此刻他們的動作發展已進入品質時期，不只是盲目的跑跳，他們需要更多動作平衡、協調和技巧的活動，喜歡挑戰更高技巧的動作和活動。**他們愛練習需要平衡協調的滑板車或腳踏車，挑戰有高度和肢體力量的攀爬和盪鞦韆器材，需要高技巧的跳格子和跳繩活動。

　　同時，他們的視覺和聽覺能力已大幅提升，喜歡挑戰視覺動作整合的活動，像是**各種球類運動**，如踢球、傳球和接球等，或是串珠、積木和繪畫等需要視覺和精細動作同步的遊戲。當然，他們更喜歡和其他孩子互動，玩紅綠燈、鬼抓人等需要用視聽覺和動作整合的**複雜規則遊戲**。更多適齡專注力遊戲，我在下一章節會更詳細的介紹給大家。

❝ 培養兒童專注力原則③
動靜搭配作息，
讓孩子動得夠才能靜的下來 ❞

　　在這個 3C 的滑時代，生活緊湊忙碌，大人忙著上班，小孩忙著上才藝，長時間室內的生活型態，讓大家都變得很『宅』。孩子吃的好卻又動的少，就連生活自理都是大人代勞。孩子的長期感覺統合刺激不足，因此孩子回家動不停，爬上爬下，惹的大人心煩意亂，造成惡性循環，甚至過度使用 3C，造成假性過動，未來恐影響學習專注。**因此，當**

家長總覺得孩子動不停時，要先試著思考的是孩子可能不是好動，只是真的動不夠？

▲每日提供動態活動時光，讓孩子來調整大腦狀態。

動得夠的孩子，才能真正靜下來專注！動本身能幫助大腦釋放神經傳導物質，讓大腦活起來，促進神經連結和記憶。因此，聰明的爸媽要懂得**動靜調配生活模式，先去滿足孩子活動需求，讓大腦準備好之後，再讓孩子靜下來專注學習，效果會更好。**孩子每天除了需要睡眠吃飯等規律作息來穩定專注，另外可以每日生活中規律安排「動態活動時光」，像是腳踏車、跑步、滑板車、丟接球或公園的大型遊樂器材。回家在搭配「靜態的小活動」，像是拼圖、繪畫或閱讀……等。即使是上幼兒園的孩子，下課後回家前也建議能提供大肢體戶外活動小時光，用動覺來調整孩子的大腦狀態，也紓解孩子上學的壓力，回家後孩子自然靜得下來。如此**均衡的動靜搭配的規律生活，讓學習更有效率，自然培養出動靜合宜的專注力。**

" 培養兒童專注力的原則④
陪孩子專注生活的每一件事，
告知明確的規範 "

　　培養孩子的專注力，不一定要上專門的課程鍛鍊，只要在生活裡耐心陪伴，**在親子的一來一往中，我們就能觀察到孩子專注力狀態，也能**

逐步累積專注力。像是在生活情境中，我們可以刻意給孩子需要視覺和聽覺的任務，如帶孩子到超市購物時，給孩子購物清單，讓孩子善用視覺聽覺專注當購物小幫手。做家事的過程，請孩子幫忙收衣服、折衣服與分類不同家人的衣物。一起收玩具時，依照不同位置，分別來分類和收納。這些**專注力的練習，在生活中處處都有，家長要善用孩子一起做的動態情境中，同時累積孩子視聽覺的專注。**

▲帶孩子購物時，適當的給他任務有助視聽覺的專注。

另外，家長在與孩子互動時，更要把握幾個原則：

一、給孩子的目標指令需要清楚簡單與重複。

二、等待不催促，讓孩子專注做完一件事再做下一件。

三、適度的提供示範協助。

四、告知明確的規範，不為所欲為。

家長給學齡前孩童指令時，不要過於繁雜，清楚簡單重複重點讓孩子容易聽懂。接著，讓孩童練習只專注在一件事情的集中專注力，大人不要因為自己的時間壓力而不斷催促，而影響孩子主動專注。

若孩子無法專注在一件任務上，要確認孩子是不是遇上困難，需要示範協助。**最後，當孩子 2 ～ 3 歲開始，開始聽懂語言說明後，不要過度寵溺孩子，讓孩子總是自我為中心為所欲為，在不同場合和情境要明確告知能與不能的規範，別讓孩子的任性，看起來像是過動不聽話。**

培養兒童專注力的原則⑤
認識注意力缺損過動症

　　當父母在生活中已致力於給孩子足夠的動覺環境刺激，但家中的孩子似乎仍然比其他孩子更好動與坐不住，我想這時可能得更正視到兒童可能面臨的過動與專注力問題。

　　這些年臨床研究發現，國內確診為**「注意力不足過動**（attention deficit hyperactivity disorder, **縮寫** ADHD）」兒童比例約有 6-10%。在全球中，台灣過動兒的比例相對高。我在學校巡迴輔導治療的現場發現注意力不足過動的孩子確實也越來越常見。然而，我們的孩子動不停，到底是活潑好動，還是真的是過動？

　　其實**活潑好動和過動**是有所不同的！家長可以從幾個關鍵來觀察，但是如有疑問仍建議尋求醫療諮詢

關鍵 1：
孩子是否是有目的性的在活動，是否能動靜之間轉換

　　6 歲以前的孩子由於大腦活躍度較任何時期都要高，因此通常活動量需求較大，**若孩子活動量大，但是仍然能靜得下能玩玩具、聆聽理解他人、與持續與大人孩子互動、學習有目的性，能學習新技巧和事物那就先別擔心孩子是注意力缺損過動症。**換句話說，當孩子性格很活潑愛動，但能做「有目的的活動」，不是盲動或沒目標的躁動，不會雜亂無章、沒有頭緒。同時孩子能在「動靜之間調整」，能靜下來專注有目的活動一段時間，也沒有影響到上課學習，那就別擔心有注意力不足過動症。

關鍵 2：
孩子經過他人告誡提醒後，是否能停止好動行為或能察言觀色

3 歲後的孩子若只是氣質度上較活潑搗蛋，會做出故意引起他人的小行為，但是在「經大人告誡或提醒後，通常能適時停止不適當的行為」。比起熟悉環境，在陌生環境中，他們自然較能約束自己的行為，懂得察言觀色，那就別擔心是注意力缺損過動症。**反之，真正注意力不足過動的孩子，即使家長已經努力告誡阻止，孩子仍不分場合適合與否，仍停不下來的想動，也無法靜下來專注聽大人說話和提醒，甚至告誡後情緒容易大失控，那就要留意了。**

關鍵 3：
觀察核心症狀很重要，老師的觀察更是關鍵

臨床診斷上，3 歲以前的孩子較無法診斷注意力不足過動，因為他們大腦仍有很大的發展空間，大概在孩童 5 歲左右，醫生才較能診斷出注意力不足過動（簡稱 ADHD）。由於 ADHD 無法用任何抽血或儀器來做診斷，因此只在醫生看診短短幾十分鐘內，就得確診病不是容易的事。**因此，臨床評估前，需要家長、老師（安親班老師）的觀察紀錄是非常重要的！特別**是老師的觀察紀錄相對重要，因為老師較能客觀比較同齡孩子的發展狀態，以及孩子在團體中是否很容易被干擾影響而出現分心躁動問題。

▲ 透過遊戲觀察孩子是否有注意力不足的問題

治療師雙寶阿木悄悄話

「今天，你跟孩子一起動起來了嗎？」

動覺不但能幫助一般孩童發展大腦，更能讓大腦功能失調的過動兒活化大腦。若是大人願意陪著好動的孩子一起動起來，不但幫助孩子大腦專注，大人的大腦也能更年輕活化。繫上鞋帶，跟孩子一起去「好動」吧！

注意力不足過動症主要的 3大核心症狀：

　　根據美國醫學會對於「注意力不足過動症」的診斷標準，類型上主要分為三類；

　　一、過動型

　　二、注意力不足型

　　三、兩者皆有混合型

　　如果孩子在 7 歲前，在不同場合都有出現超過以下症狀多項，建議盡快尋求醫療管道諮詢評估

1. 過動

- 很難靜坐
- 手忙腳亂、在位置上蠕動
- 不適切的場合過度活動（攀爬和奔跑）、動作粗魯很大
- 話多說不停或很大聲

2. 衝動

- 沒耐心等待輪流
- 沒聽完就插嘴
- 易發脾氣情緒起伏大
- 不怕危險沒安全意識

- 好管閒事、容易干擾侵犯到
  別人

3. 注意力不足

- 注意力比同儕短暫只喜歡刺
  激型活動
- 對重複性結構性活動專注
  短、不喜歡需要用腦活動
- 不段轉換遊戲

- 無法依指示完成活動
- 很難建立生活習慣和例行事務
- 容易虎頭蛇尾、容易忘東忘西
- 無法注意細節和品質
- 較難察言觀色未注意他人感受

　　若孩子有許多以上的症狀，同時合併認知、語言和發展問題，就得盡速尋求醫療專業協助（兒童精神科與復健科），切勿自己當醫生。

　　注意力不足過動症（ADHD），並非個性問題，而是「腦部功能性」的問題。他們的外顯行為動不停，其實是大腦活動卻比同儕低落，大腦無法有效率處理外來的訊息，所以孩子無法專注聽你說話、看著老師與黑板、甚至動作粗魯影響到人際互動，勢必影響課業與自信。

　　甚至高達 70% 的 ADHD 孩子會持續到成年，切勿視而不見，**越小的 ADHD 症狀問題越單純，錯失孩子的尋求資源的黃金期，會讓 ADHD 孩子衍生更多複雜的行為人格偏差的問題。**

陪玩3 大腦做中學：陪孩子手腦並用，訓練精細動作有助大腦發展

如果你問我，發展幼兒大腦最重要的事會是什麼？那我的回答無疑的就是：「讓孩子去動！去動身體與動手做。」

上一篇，我們提到「動」覺本身就能大量的活化大腦，促進大腦神經連結生長。而動覺本身不僅僅是指**粗大動作能力**而已，更包括了**精細操作能力**共兩大領域，這兩大領域也是我們臨床兒童發展評估中六大發展中的兩項最基礎的能力。

在大腦中負責動作控制的神經，控制雙手部分的神經竟然比例高達40%，這代表著小手能大大影響大腦的發展，讓孩子手腦並用是兒童發展中很重要的任務。**我們希望孩子能透過「動態動作中學習」，也能在「靜態操作中學習」，成為一個動靜合宜專注的孩童。**

然而 3C 時代的孩童，他們往往只要使用一隻食指就能輕鬆滑出想要的結果，完全不像以往的孩子玩的傳統玩具，總需要兩手靈活和大腦思考玩法，如此手腦並用才能玩出精彩，以前的孩子甚至還得自己做玩具，在手部不斷的練習下，大腦也同時在被鍛鍊。因此，**現今孩子缺乏動手操作和手腦並用的機會，雙手不勤的狀態下**，不但造成精細動作不靈活，更大大影響了孩子進入國小後的「運筆寫字能力」，各個孩子不愛寫功課，不愛做家事，容易變成眼高手低的孩子。

"讓孩子動手去做，培養精細動作和學習基礎 "

　　寶寶從出生時那緊握的雙手，慢慢的會打開去觸摸著溫暖的媽媽，更忙碌的把玩著自己的小手小腳。接著，他發現用手去碰觸眼前的玩具竟充滿無比的新奇感。當他行動再好一點，孩子更喜歡用手嘗試不同方式去征服玩具、操弄移動生活中的家中物品來獲得掌控感。

　　我們會發現，即使大人再努力的制止，幼兒始終會停止不了的想去摸和動手，不斷觸碰和把玩操弄物品。**這是由於在兒童發展中，基礎的精細動作能力以 0 ～ 2 歲前的發展最為迅速，因此幼兒會不停地動手方式來自我學習。**同時嬰幼兒的前幾年視覺神經仍未成熟，他們需要是靠著「觸摸行動模式」來輔助視覺，從中認識自己身體和外在物體環境狀態。孩童藉由大量觸覺和本體覺，再搭配著視覺或聽覺的物體環境資訊，慢慢學習到較具體的概念，包括形狀、大小、重量等。各種感覺訊息訓練大腦進行整合，大腦才能發出越來有效的行動操作和反應。**若是在安全範圍內，大人願意放手讓孩子動手做，讓大腦充滿經驗，就是啟動大腦最初期的關鍵。**

　　大人從小願意陪孩子從「做中學」，善用生活細節中培養良好的精細動作，對孩子的整體發展和學習都將是非常重要的基礎。精細動作指的是什麼呢？是用雙手操作物品的靈巧度，因為雙手是人類探索環境和學習的重要工具，讓嬰兒從抓握、丟放、按壓等簡單動作，逐步發展到有功能的操作物品。用雙手能讓人和物品有更複雜的關係，讓兒童獲得生心理的滿足，能學到獨立生活自理技巧，能透過操作來提升認知概念與智能，更能與他人遊戲互動，最後到高階的寫字學習能力。因此培養

良好的精細動作發展，對於兒童的生活自理、認知學習和社會人際都有相當的幫助。

　　陪伴孩子的大人應該要明瞭，兒童的手部精細動作能力是大腦發展的重要成果，不應該期待孩子隨著年齡增長就自然能進步，**而是主動讓他們在生活中反覆地練習，讓他們透過手部操作玩具或物品過程，不斷提供大腦經驗學習，更促進大腦感覺統合。**因此，我們希望孩子的手腦並用，並不是早早就讓孩子認字寫字，反而是從生活中讓他多動手，從動中來學習！

“ 大人協助兒童精細動作的發展，
需把握兩大原則 ”

原則一：提供適齡玩具和用具來刻意練習

　　先了解兒童適齡的精細動作發展，聰明選擇適合能力的玩具與用具，讓孩子在有趣的遊戲中主動學習，讓手部肌肉靈活、精細動作發展、手眼協調與手腦並用發展。 現在就根據孩子的各階段小手來發展，兒童精細動作發展概況：

0 ～ 1 歲精細動作發展：

1. 嬰幼兒手部動作從出生就有的原始的抓握反射，如輕觸小手心就會抓握，到了 3 個月時嬰兒就慢慢發展出**可控制的抓握動作**。

2. 孩子的抓握動作會由小指頭側（掌抓握）方式，7 個月時會慢慢進展

到較有功能的**拇指端（前三指）來抓握物品**。

3. 5～6月的孩子會慢慢用**搖、丟、放、敲物品的方式訓練手腕的控制**，以及**兩手往身體中間，一起抓握**物品或把玩玩具的能力。

0～1歲陪伴訣竅：

1. 跟著嬰兒的大動作姿勢發展下，如趴著、躺著、坐或站時，在不同姿勢下來提供適合玩具，讓孩子去碰觸和把玩，如健力架、懸吊床頭玩具、玩具隧道……等。

2. 注意玩具材質安全性，**也避免小零件或過小體積玩具，塞入嘴中造成嚴重危**險。

3. 7個月以前可提供**觸摸型玩具**，如布書、震動玩偶，或**抓握型玩具**，如手搖鈴、懸掛玩具、固齒器。8個月以後可開始提供**按壓型玩具**，壓完有聲音或視覺回饋的玩具最有樂趣，如按壓音樂、聲光遊戲桌等。

1～3歲精細動作發展：

1. 1～2歲孩子，剛開始能行走，雙手會更忙碌進行多元探索，嘗試碰觸、丟放、撿拿、敲打或拆卸玩具物品……等各種基本的精細動作姿勢，而且孩子**很愛不斷重複同樣動作模式**，如不斷丟東西再撿回來，**為了建立大腦精細動作的基本模式**。

2. 2～3歲的孩子，善於學習模仿精細操作動作，熱衷於玩**扮家家酒的遊戲**，從中學

習有功能性的操作協調，如開關、切、舀、倒……等，更持續不斷累積觸覺、本體覺或視覺等感覺經驗，持續修正原有不夠有效的精細動作模式。

1～3 歲陪伴訣竅：

1. 別怕孩子弄亂環境，要多提供孩子**各種形狀、大小、質感或重量的玩具物品**，訓練孩童不同觸覺、本體覺和手眼協調經驗，練習有效的抓握，調整力量來把玩操作物品。

2. 讓孩子做他們主動有興趣的**每日生理自理**，如用湯匙、開瓶蓋、拿杯子、疊高、撕糖果紙、穿脫鞋子衣物，發展有功能的操作，訓練基本手指抓握、手腕和手弓的力量。

3. 1～2 歲孩子享受在用力**按壓敲打型玩具**，如拍打聲光鼓。孩子在敲敲打打中，可以學手臂、手腕、手掌與手指的力量控制與協調，也從操作玩具的結果了解到因果關係。

   這年紀喜歡用手把東西塞進小盒子或小洞中，**套放型玩具**也很適合，如形狀積木組、單片木質圖案配對板、套圈圈等、疊套杯等。他們透過不斷重複拿放，學到準確放入目標處的手眼協調。

4. 2～3 歲時，孩子特別喜歡模仿，**玩扮家家酒和角色扮演玩具**。而在遊戲當中，自然而然會許多工具操作的動作在裡面，如用湯匙、切蛋糕、使用杯子、開關瓶蓋、穿脫衣物、修理工具和轉螺絲等，對孩子的精細動作和情感互動發展都很有幫助。

3～6 歲精細動作發展：

● 3 歲前多是單手基本動作模式，3～6 歲開始能**左右手分工和兩手協調**，如一手拿紙一手撕貼畫圖，**更發展出慣用手**，以利高技巧精細動作學習。

● 發展出**高技巧的掌內小肌肉操作或手眼協調活動**，如穿線、畫圖著色、剪刀、夾子、筷子，協助未來運筆動作。

3～6歲陪伴訣竅：

1. 建立使用固定慣用手，不要左右開弓換來換去，提供較**有難度和挑戰的精細操作和手眼協調技巧活動**

2. 2歲後的孩子就會對**創意美勞型玩具**感到興趣，如貼紙、黏土、撕貼、剪貼、繪畫著色……等。創意美勞型活動通常充滿觸感，又可以很自由的創作，同時是需要較多的精細技巧，如搓、揉、撕、貼和剪，三指握筆繪圖動作，更是未來運筆的基礎。

3. 2歲前的孩子已有套放玩具的經驗，接著適合需手眼協調高技巧的**建構型玩具和穿串線型玩具**，如拼圖、立體積木、軌道組裝等都需要相嵌相扣的精細操作，或串大小珠或依形狀板穿線的穿針引線遊戲。這些遊戲訓練孩子的手眼協調，也培養了空間方向與認知專注能力。

原則二：在生活自理中，從自然情境練習

2011年台大職能治療系曾美惠教授，針對8歲以下孩童生活自理進行研究，內容包括自我照顧技能、移動和社會功能（獨立進食、扣鈕釦、拉拉鏈、綁鞋帶、上廁所擦屁股……等能力）。結果發現台灣4歲後孩子的自理能力，普遍落後美國兒童。

研究中提到，由於台灣父母較注重孩子的認知能力和學業表現，對日常生活發展較不重視，傾向直接幫孩子料理生活瑣事，根本沒有給孩子練習的機會，因此造成台灣孩子的生活自理功能較美國兒童差。

許多家長常常覺得自己總是很勞累很辛苦，抱怨著孩子生活大小事都要媽媽幫忙，但是身為家長，我們得試著思考，我們有停下來陪伴孩

子慢慢學習生活自理大小事嗎？孩子並不是不想做，其實孩子很早就有想自己做的動機，也有能力為自己做一些事了！**而大人為孩子做的這麼多到底是滿足，還是剝奪！？**

因此，我們先了解兒童適齡的生活自理發展，從每日生活情境中鼓勵孩子嘗試自己做，從生活經驗中自然的來學習，如吃飯、穿衣、幫忙作家事等生活自理活動著手。讓孩子**從生活自理做中學，培養孩子「我也可以參與生活的積極度」的觀念**，這也是孩子對未來銜接幼兒園適應的一大關鍵。

★ 認識兒童適齡生活自理能力：

年齡	吃	穿衣如廁	家事
0～1歲	• 自己扶奶瓶喝奶 • 抓住東西食物放進嘴巴裡 • 用手指拿小食物（如小饅頭、葡萄乾）吃 • 可以自己拿吸管水杯喝水 • 可以把小東西放到瓶子裡	• 試著自己脫帽子	
1～2歲	• 會吃固體食物 • 自己用湯匙舀食物來吃 • 會自己端杯子喝水 • 剝開簡單的糖果紙	• 自動伸出雙手或腿，配合穿衣和換尿布動作 • 自己脫掉簡單衣服褲子和鞋襪 • 尿布持續1～2小時乾爽	

2 ~ 3 歲	• 獨立吃飯，吃得還不錯 • 用湯匙吃飯，用叉子吃麵 • 小罐子倒水或牛奶到杯子裡（自己倒水自己喝） • 撥香蕉皮	• 自行完成洗手和擦乾步驟 • 表達如廁需求和訓練坐小馬桶大小便 • 自己穿衣物（沒扣子）、鞋子（沒鞋帶） • 大鈕釦打開或扣上 • 拉鍊可以拉上拉下	
3 ~ 4 歲	• 筷子扒飯	• 解開扣上大鈕扣 • 學習刷牙的步驟，可以吐出漱口水了 • 會擦鼻涕 • 自己去廁所，但是擦屁股需要幫忙	• 收拾玩具 • 髒衣服放在洗衣籃 • 花園挖土
4 ~ 5 歲	• 麵包刀切軟食物 • 拆開各種糖果紙 • 轉開瓶蓋	• 解開和扣上小鈕扣 • 自己選衣服穿 • 不會把衣服前後穿錯（分辨方向） • 自己梳頭髮 • 自行完成刷牙的所有步驟 • 練習自己擦屁股	• 分類待洗衣物 • 準備餐桌餐具 • 垃圾分類回收 • 用曬衣夾夾衣服
5 ~ 6 歲	• 筷子夾食物 • 湯匙舀湯不灑出 • 吐司均勻塗果醬	• 分辨鞋子左右 • 分辨男女廁所 • 獨立洗澡（完成洗手、刷牙、洗臉、洗澡、擦乾身體、穿衣等） • 自己把屁股擦乾淨	• 摺衣服 • 照顧寵物 • 洗碗、洗車、洗窗戶 • 幫忙購物

三大原則，陪伴孩子學習手腦並用與生活自理訓練

1. 切勿保護太多、做太多，把握孩子當下的學習動機

當孩子在生活自理中展現想自己做的動機時，即使孩子的動作很笨拙，也請靜靜的等待陪伴，大人可以示範更好的方式，讓孩子能夠成功。因為，錯過了孩子的學習動機，會錯過孩子相信自己能做到的自我肯定。

2. 設計適合孩子生活自理與精細操作的安全環境空間，自然而然學習

家長可以化被動為主動，刻意在居家環境中設計適齡的玩具遊戲區，如積木區、畫圖區、黏土區……等讓孩子能獨自專心的操作玩具。**刻意選擇適合孩子的居家擺放空間與器具**，如衣服放在矮櫃給孩子自己拿和選擇。小的工作廚房台，讓孩子跟你一起備餐與煮飯。小尺寸的掃把，讓孩子一起整理清掃。把設計好的空間，讓學習變得自然而然，大人只要靜靜的陪伴就好。

3. 孩子是家裡的一分子，從 3 歲一起做家事

當孩子進入家庭和學校時，他們渴望自己被看見與有歸屬感，因此一起參與做家事，為家裡付出貢獻，就是培養內心歸屬感的最好方式。

陪玩4 孩子的語言發展，需要真人眼神互動、共同專注和語言回饋

　　一個 2 歲多的男孩小新，媽媽發現到他語言發展落後，趕緊到我們專業團隊評估諮詢。我們藉著遊戲過程來評估孩子的狀態，發現到孩子對於聽懂簡單生活詞彙，但是過程中他始終緊閉著嘴巴不發一語。每當小新遇到困難時，卻只是用委屈泛淚的眼神看著媽媽，這時媽媽總會耐不住請求及時相救。細問之下，媽媽竟流下了眼淚吐露出自己的辛酸。他說小新是家中唯一的男孫，在家中小新若有個風吹草動，或者不順他的意而哀嚎哭鬧，長輩就會及時出手，甚至會責罵他這個媳婦失職。

　　長期以來媽媽十分害怕被長輩指責沒照顧好孩子，因此孩子無須學會表達需求，不須開口說話，甚至只要一個不如意的眼神，媽媽會立即滿足，避免孩子上演哭鬧劇碼。而其他時間，為了避免孩子吵鬧，都讓孩子在家安靜地看電視，最後讓小新成了不折不扣「茶來伸手，飯來張口」之人，這也讓原本語言能力偏弱的小新，因為環境的過度滿足，剝奪了小新需要主動表達需求的機會，衍生出明顯的語言遲緩問題。

　　兒童的語言發展狀況，通常是所有發展領域中父母最關切的一個部分，也是較容易被發現遲緩的問題。**然而「語言」的發展卻相當的複雜，他不僅僅是發出聲音如此簡單，語言它是兒童對外表達需求的溝通工具，語言它是需要在與他人互動中才能學習。因此，兒童語言發展與陪伴的大人習習相關，語言發展也與兒童的生活經驗最直接相關。**像是上方小新的例子，孩子的語言遲緩可能來自先天大腦發展問題，但更多

是後天長時間互動的照顧者沒有掌握到語言發展的重要觀念，讓孩子語言無法順利發展。

　　孩子通常在1歲左右開始會出現有意義的語言如喊媽媽，語言的適齡發展可參考後面「聽覺和語言適齡發展表格」(見p148)，但是語言的發展早在還沒開口說話前就已經開始學習。在一歲以前孩子仍不會說話時，照顧者每天生活中的互動方式，以及對著他們的呢喃話語和語言回饋，對孩子都是很重要聽覺語言輸入刺激，這些都是孩子往後語言發展的重要基礎。

　　在兒童語言發展初期，大人要在親子互動中掌握三大「語言發展陪伴關鍵」，才能讓孩子發展出語言互動的習慣，也讓往後的適齡語言能順利發展出來。

“語言發展陪伴關鍵①
語言開始前，要先有眼神接觸 ”

　　幼童大約在一歲左右，才會出現有意義的語言，像是爸爸、媽媽等。那在0～1歲的過程中，仍不會說話的小傢伙是要如何與人們進行溝通呢？

　　過程大概像是這樣：小孩靠著那天真無邪的眼神看著你，加上比手腳的肢體動作來表示需求，讓大人能從各種線索中來觀察判斷，我們會幫小傢伙說出他的需求，最後滿足他們。其實，大約在4個月的小寶寶身上，我們就能發現，這麼小的寶寶已經能和爸媽你對上眼，露出那可愛的神情，讓你不知不覺會想主動抱著他逗弄著他。**這種每天眉目傳情，每天一來一往的過程中，即使孩子沒有真正開口說出真正的語言，**

就已經形成「語言理解」和像是「對話」的過程了。而在這個細膩來回的過程當中，最重要的關鍵即是「眼神接觸」。親子之間要先有相互的眼神互動後，才能傳達出溝通意圖，慢慢地形成彼此間的語言互動，最後才能發展出有意義的溝通語言。

那要如何培養出大人與孩子之間的「眼神接觸和互動能力」呢？

" 語言發展陪伴關鍵② 讓孩子注意你， 才能發展出共同專注力 "

3 歲以前孩子的大腦設定，會主動去尋找大量豐富的刺激。因此幼童的專注力通常會比較分散，容易被外來刺激所干擾，去好奇各種新事物。**因此我們若希望孩子能專心的聽大人你說話，在發展出語言溝通前，一定要想辦法吸引孩子能「先注意你」。**

大人要如何「吸引孩子的注意」呢？

● 我們得從嬰兒時期，習慣靠近孩子臉蛋 30 ～ 40 公分距離的方式，近距離去逗弄孩子。其實，僅 4 個月大的嬰兒，就有能力能注視對方的眼睛了。

● 當孩子大一些，大人可以試著拿孩子有興趣的玩具放在臉孔前方，藉著玩具吸引孩子，同時也能注意到大人的臉孔和眼神。

● 最後，**大人自己一定要有「看著孩子，再說話」的習慣。**當孩子對臉孔習慣有關注後，慢慢的才能注意到「人在說話」的行為，接著誘發出口語模仿動機，最後形成一來一往的對話互動。反之，若是父母沒有習慣「看著孩子再說話」，孩子大腦會慢慢對人的興趣變低，自然

與大人的語言對話需求變少，就算父母在一旁說再多話，沒有眼神接觸的對話，孩子的語言理解無法提升，語言發展仍會較慢。

 治療師雙寶阿木悄悄話

　　若是你發現孩子在**眼神接觸互動上，明顯很弱也沒興趣。**即使有試著逗弄孩子，卻發現孩子和你很難共同關注在一件事情上，孩子在**共同專注力上明顯較同齡孩子更缺乏，**即使孩子會發出聲音，通常語言發展也會較遲緩，這時就請盡速尋求醫療諮詢和兒童發展評估，因為這即是**自閉類疾患孩童**很關鍵的核心症狀之一。

　　而上述「吸引孩子的注意」的方法，也同時適用在不擅於眼神接觸與互動的自閉症類孩童身上，可當生活中提升人際互動與語言的訓練方式。後面，我將會更詳細的介紹「自閉類發展疾患」。

語言發展陪伴關鍵③
孩子還沒開口前，
仍要多跟孩子面對面說話

　　當孩子能開始注意你，喜歡注視你時，父母或大人就得習慣跟孩子**多說話了。**從親密餵奶、換尿布、洗澡到遊戲時，每個小時刻都是能跟

孩子説話的時機點。

　　這些日常作息中爸媽在孩子一旁的耳語，除了能給孩子熟悉的安定感，更能成為孩子 1 歲以後，語言發展的重要資料庫。這些大人的日常話語，就能幫助孩子專心在學聽覺處理以及語言的理解力。

　　雖然一開始父母總覺得自己總像是在唱獨角戲、自言自語的，但是慢慢地**在逗弄孩子和說話的過程，你會發現，孩子會試著發出不同的聲音來回應著你，即使那還不是語言，卻是語言發展的起始。**反之，若父母在逗弄孩子的過程，嬰兒很少發出不同聲音，那可能在語言發展上會容易出現遲緩問題。

　　在兒童大腦發展過程，**4 個月的嬰兒喜歡注視對話的眼睛，直到 8 個月時，嬰兒會更常注視著對話者的「嘴巴」，甚至有孩子會跟著蠕動著嘴巴，彷彿要跟你對話一般。**這也代表著孩子正要啟動模仿大人口唇的動作，也是練習發音的開始呢！因此，在每個生活的小時刻，都要常常跟孩子「面對面」説話。

▲ 嬰幼兒會注視照顧者的嘴巴，是學説話前很重要的事。

　　像是治療師阿木我，最喜歡在餵食雙寶副食品的時刻，趁孩子坐在「高高的兒童餐椅」上，能輕鬆看到我們的臉孔，這時就跟孩子玩臉部表情和口語的互動！

" 掌握五大原則與孩子說話，
幫助兒童語言順利發展 "

　　當親子互動之間，我們多跟眼神接觸，多跟孩子説話，也發展出共同專注力時，我們更要接著掌握以下五大原則與孩子説話，慢慢地孩子即能順利的發展語言理解和表達，成為能聽、能説、也能言善道的人。

原則①：重複說孩子懂的語言

　　與嬰幼兒互動的過程，大人通常會很自然地轉換成寶寶語言來説話，如喝奶奶、換布布、抱抱、腳腳、痛痛、狗狗、車車……等。**像這樣的使用「疊字兒語」，確實是適合幼兒的語言發展，特別是 1 歲半以前的孩子。疊字屬於單字，會讓孩子聽知覺容易解讀辨識，也讓孩子較容易學著說出這樣的兒語。而且，要記得語言要多重複幾次**，讓孩子能更熟悉易學習，正所謂的「耳熟能詳」。

　　但是，**自孩子 1 歲半以後，為了提升語言能力，大人最好少用兒語。照顧者要開始使用「正確的詞彙」來對話**，幫助孩子進入下一個階段語言的學習，如喝奶、尿布、好痛、小狗、車子等。在語言發展中，1.5 ～ 2 歲的孩子常用的詞彙會很快進步到約 30 ～ 50 個，2 歲以後更進入雙詞彙組合，以及短句子，如吃糖果、爸爸抱抱等。這時，在生活中大人多説出情境中常見的詞彙，讓孩子聽懂後引導説出詞彙，對孩子會非常重要。

　　3 歲後，孩子更進入長句子語言表達的年紀，這時照顧者與孩子的對話，就得適時幫孩子「拉長句子」，在短句子中加油添醋，可以加入主詞、動詞和形容詞等詞彙，讓句子更完整。譬如孩子説：「去公園

玩！」我們可以延伸成：「我要去（熊熊的或前面的）公園玩」。孩子說：「去買糖果！」我們可以延伸成：「我要去超市買糖果」。孩子說：「小狗大大」！我們可以延伸成，「那隻小狗又白又大」等。

最後，除了與孩子多進行生活上的對話和拉長句子，**若是懂得每天陪孩子共讀兒童繪本，對於語言提升更會有事半功倍的效果**。因為兒童繪本中通常會有更豐富的詞彙，更完整的句型可以練習喔！關於親子閱讀的重要，我們在後面文章將會詳細的解說。

原則②：動作中同步語言解碼

至於大人要如何幫助仍不會說話的嬰兒，或語言發展較慢的孩子發展出語言呢？**首先，就是將「情境語言化」，大人在一旁「同步解碼」孩子的行動**，如當孩子正在玩小汽車時，大人在遊戲過程中加入語言，如「小汽車，開上路，gogo 好快！」你會發現孩子聽到你的加入回饋，會覺得更有趣，用眼神互動期待你更多的互動回饋。此舉目的是在增加兒童語言詞彙的理解，更培養前面提到親子間的共同專注力、眼神語言互動能力。當孩子正在放拼圖時，大人可以像旁白一樣說：「哇！小豬放進去了，小豬回家了！」。

讓孩子能理解「情境詞彙」，也記得要多重複說幾次，讓孩子反覆熟悉詞句。有時孩子聽久了，會突然跟著仿說出詞彙，慢慢即能成為孩子的新詞彙，這會讓大人時常感到驚喜！

在陪伴過程，大人多從動作中同步語言解碼，除了增加語言理解，**更重要的益處是提升孩子對「動詞」的理解學習**，如「放進去」。有些孩子跟大人的語言互動較少，往往只會說出名詞，像是狗狗、水壺等，而不會說動詞和其他詞彙，因此也難說出整個句子。一般來說 2 歲後的孩子，語言發展就能進步到將「動詞和名詞」結合後說出「短的句子」，

如「把小豬放進去！」，因此**大人在「動作中同步語言解碼」的過程，對於孩子學習到完整的句子就顯得相對重要。**

原則③：歌唱中學重覆語言

　　善用兒歌互動，也是一種讓孩子輕鬆學習語言的方式。以大腦角度來説，音樂能啟動兒童的右腦，而語言解讀卻在左腦。**因此唱兒歌的過程，即能大量的啟動左右腦的神經連結，讓孩童善用音樂的模式，將語言牢牢記住。同時，在兒歌中常常會有簡單而重覆的句型，同時還會有押韻，如此能讓孩子朗朗上口輕易學習**，如「兩隻老虎，兩隻老虎……」，讓孩子能反覆熟悉，進而理解記憶。

　　我建議爸媽們不一定很老派的唱現成的兒歌，我們也可以在生活情境中，善用原有的兒歌旋律搭配上自創歌詞，創造出專屬親子間的「獨家歌曲」喔！如「兩隻老虎，兩隻老虎，跑得快跑得快！」改成「睡覺刷牙，睡覺刷牙，好乾淨好乾淨！」

原則④：聲調提高且速度放慢

　　研究發現，兒童對於聲調偏高的言語，較容易從背景聲音中注意到。同時，孩子在聽知覺音韻處理仍不成熟時，要盡量放慢説話速度，讓孩子能從語言中，切割出詞彙、單字或單音，方便大腦做比對和辨識。**因此，大人不要總是碎碎念的方式說話，要當個優雅的父母，要跟孩子慢慢說話。掌握聲調提高、速度放慢的說話方式，最能讓孩子接收到你的話語。**

　　如果你真的不知道要如何這樣説話，建議你現在打開電視的卡通台，看看那些水果姐姐、香蕉哥哥的説話方式，你就能輕鬆的學到適合孩子頻率的説話方式。你想想，孩子們有多專心的在看他們的演出啊！

原則⑤：要停頓等待表達後再回應

有些家長非常認真的陪孩子多說話，但是往往疏忽了還有一個重要的原則：「要停頓等待」孩子。**有停頓，能讓孩子有時間辨識解讀大人說的話語。有等待，才能讓孩子有機會思考「要如何說出來」**。像前面提到小新的案例，媽媽因為環境的壓力，沒有做到停頓等待孩子，因而讓小新失去試著努力表達需求的機會，就連肢體表達需求都很少，因此語言才會遲遲無法發展出來。

即使是仍不會說話的幼兒，當孩子玩玩具的過程會停頓看著大人時，這代表著孩子期待大人的回應，這正是語言介入的最佳時機點，也是讓孩子學會一來一往對話的最佳基礎，這樣的真人陪伴和回饋，對語言發展非常重要。面對 3 歲以後語言能力較好的孩子，父母要學會讓孩子變成說話的主角，習慣停頓不說話，等待並聆聽孩子慢慢把語言表達出來。因為，光是有大人的聆聽，即能增加孩子語言的流暢度。同時，孩子的語言表達能力，也將影響著兒童的情緒調節穩定度，關於兒童情緒我會在之後的章節進一步討論。

 治療師雙寶阿木悄悄話

長期的疫情，讓大人都戴著口罩，就連貼身照顧孩子的人們與保母也得戴著口罩與孩子互動。長期如此，我們發現已經影響到嬰兒觀察大人臉部表情和口唇發音的動作，進而影響到許多孩子的語言發展。**建議照顧者要露出臉部表情，讓孩子看到口唇動作。更明顯的肢體動作，讓孩子理解語言。更清楚的語調，讓孩子辨識發音，幫助語言順利發展。**

英語環境重要，還是母語！？

　　曾經，我遇過一位很認真的母親，為了兩個孩子的教育，把工作辭掉全心教養，這讓我很感動也認同。但是，這位母親聽信親戚教育孩子的模式，採用英語和台語夾雜的方式，全日陪伴孩子，衷心期望兩個孩子都能像親戚的孩子般傑出，未來進入哈佛名校。這位母親，很努力也很堅持自己的教養理念，陪伴孩子閱讀全英語繪本，以英語或台語來和孩子對話。

　　慢慢的，她的孩子確實比起其他同齡跑跑跳跳的孩子，英語和台語能力更好。但是，我卻也發現，兩個孩子似乎較少與其他孩子互動，無法融入孩子的團體中。一開始，大家以為他們只因為習慣英語和台語對話，相對國語溝通不熟稔，造成他們較難理解其他孩子的互動語言。後來，這位母親的兒子「小朋」進入幼兒園後，與同儕相處時有衝突，也較無法表達出自己的情緒，最後才被診斷出患有自閉類疾患，而且是自閉類中能力最佳的「亞斯伯格症」。

　　在我的職能治療專業領域中，時常需要與和像小朋這類自閉症疾患的孩子相處。他們有著特殊的感官需求，因此剛剛好特別喜歡聽英語的音調。他們有著侷限的興趣，但是記憶能力佳，善於仿說與背誦，因此讓父母以為孩子能力過人，卻忽略孩子在社

會人際上的狀況。父母獨特的教養方式，沒有考量到對孩子更重要的不是英語，而是母語才能讓孩子與他人互動，才能早期發現到孩子的人際社交和情緒問題。

因此，父母正確的教養觀念，非常重要。多觀察自己的孩子，找出適合自己孩子的方式因材施教，會比聽信他人的教養方式來的重要。至於，兒童學美語部分，我並不反對幼兒學習英語，但是有一個學習原則：**「學會母語，優先於學外語！」在孩子生活環境中，一定要用母語來與外界溝通，孩子若是能把在地母語學好，能順利與他人溝通，之後再來學外語，也是不遲的！**若孩子聽覺處理較慢，排斥英語學習環境，像是全美語的幼兒園，我認為也不要過度勉強，打壞了孩子未來學外語的胃口喔！

語言落後也可能和自閉類疾患有關！

　　「亞斯伯格症」在醫療上屬於「自閉類疾患」中的一種亞型，是我們臨床治療上常見的一種兒童發展疾患。「亞斯伯格症」屬於自閉類疾患中，表現能力最佳的一群，不像典型自閉症有明顯發展的問題，也較無語言發展遲緩，甚至有許多孩子有過人天賦智商，但仍是有自閉類疾患的核心問題，像是感覺統合、社交人際、情緒行為等問題，因此容易讓父母較難看清孩子的核心問題！

　　自閉類疾患屬於先天造成的情緒行為障礙，通常在 3 歲前就會出現症狀和發展問題，除了常見的發展遲緩和語言落後，也常合併過動、注意力與智能問題，會明顯影響孩子的發展歷程、學習與社交，嚴重還會影響到孩子的一生，因此，需要長時間的療育計畫。

　　接著，我讓大家了解兒童的自閉類疾患的基本概念，讓家長能及早發現，早期評估和進入早期療育，避免錯失大腦良機。

"「自閉類疾患」：以 DSM ～ 5 為依據"

1. 最新的**自閉類疾患**診斷會使用**自閉症譜系**來稱之，因為裡面涵蓋了症狀與嚴重程度有不同輕重和差異的泛自閉症類型，包含原本的自閉症、亞斯伯格症、兒童崩解症和未分類廣泛性發展疾患。

2. 不管是哪種類型的自閉症，都會有下面兩項核心問題：

一、「社交能力上有質的缺損」

·口語及非口語溝通有不同程度困難：

從小就少有眼神接觸、不擅長模仿肢體表情和嘴型語言，以至於大部分孩子有語言問題。有些孩子好不容易出現語言，但時常是鸚鵡式仿說，說話也時常跟情境無關，有些有異常聲調。

·社交情緒相互上有缺損：

從小較少有分享情緒的表情和語言，孩子與他人共同專注一件事情能力差，不太會玩簡單遊戲互動（如躲貓貓、扮演遊戲），表情較冷漠、對他人的興趣不足，卻對某些物品有過度興趣，孩子難進行有來有往的對話。不太會表達情緒，或會用一般人難接受的激烈方式來表達情感。

・發展關係或維繫上的困難：

　　孩子對同儕缺乏較興趣，會對特定的對象較有反應，交朋友上會有不同程度的困難，無法察覺他人的需要與感受，較難同理他人，甚至不會有明顯分離焦慮與分辨陌生人。

二、「重複性固著行為」

・會有堅持的慣例或儀式化行為和口語：

　　孩子從小有困難接受改變的情形，如東西一定要用某些方式排列，要走固定路線，只吃固定食物嚴重挑食，容易有僵化思考。由於他們的堅持度極高，當大人想改變他們時，會有強烈的情緒行為，如哭鬧或不斷打頭。

・有刻板或重複的動作來使用物品或語言：

　　與物品的互動常有特定的刻板動作，如排列、輕彈、一直轉動拍打輪子，重複念和背誦一些話等讓人覺得怪異的行為。

・高度侷限的興趣，且強度焦點異於常態：

　　會強烈依戀不尋常的物品，如臭襪子，且侷限或持續重複這些興趣。

・對感覺刺激過高或過低的反應，而且有著不尋常的反應：

　　對聲音、材質、嗅觸覺、視覺、疼痛或溫度異常有反應和沒反應，如夏天要穿長袖，冬天不穿長袖，不斷搖擺、拍打或轉圈

藉此尋求某些感覺刺激。

治療師雙寶阿木悄悄話

　　當孩子被診斷有自閉症，有許多家長往往無法面對現實，認為孩子可能只是大雞晚啼而逃避問題。最後，讓孩子的社交固著問題不斷惡化，也使大腦無法及時多元刺激，引發更嚴重的發展問題。

　　以上詳列了「自閉類疾患」孩童的核心症狀，不管孩子有多少程度的症狀，若有發展疑慮，就請即早面對孩子的問題和需要。

　　唯有家長能面對發展問題，能及早就醫評估，能及早給孩子資源和機會，把握孩子大腦發展的早期良機，才能降低孩子未來可能的障礙。關於發展遲緩和早期評估與療育，可參考後面的章節。

陪玩5 親子共讀啟動大腦連結，提供多感刺激

前面的章節，我提到了要培養 6 歲前兒童的大腦專注學習力，在動中學習、動出專注力是個很重要的原則。但是隨著孩子年齡越來越大，認知語言和其他感官也迅速的發展，除了「動的專注力」，也同時需要陪孩子練習「靜的專注力」。除了上篇提到的精細操作能力之外，**「親子共讀和閱讀」也是我們陪伴孩子培養靜態專注力最必備的事情，也是啟發孩童大腦最值得投資的事。**

但是很可惜的，現代孩童大腦每日一定會接觸到的刺激，往往是 3C 螢幕影像聲音，而不是父母的熟悉聲音、對話和唸讀陪伴。因此我們在臨床發展評估中，常常發現到，**從小少有親子對話、親子共讀和閱讀習慣的家庭，孩童的語言認知能力顯得較弱，未來在國小國語的文字詞彙學習理解也相對偏慢。**

因此，這些年有許多教育人士極力推廣親子共讀，我和孩子們也是繪本的愛好者，我同時極力於在網路上協助推廣好的兒童繪本讀本，最重要的是閱讀能有效活化大腦神經結構。但是**閱讀不是天生的能力，而是需後天學習的一種能力和習慣！早期親子共讀的好經驗，將會決定孩子未來對閱讀的喜愛程度。而閱讀，能改變孩子的大腦，更可以改變孩子的人生。**哈佛大學教授 Jeanne Call 提出「Learning to Read; Reading to Learn」這代表大人需要先引導孩子學著閱讀，往後孩子才能從閱讀中受益與獲得知識。

「今天，你跟孩子一起**親子共讀**了嗎？」

「孩子還這麼小，他聽不懂也看一下就不專心啦！大一點再說吧！」

「哎呀！我就不是個很會說故事的媽媽（爸爸）啊！」

我們時常聽到爸媽因為這些原因，而無法耐心持續陪伴孩子親子共讀。若是爸媽們明瞭，親子共讀對孩童大腦的益處與神奇的效應，了解共讀小方法，我想即使家長再忙，也一定會願意陪伴孩子閱讀的！

" 親子共讀的神奇 5 大效應 "

效應 1、建立大腦連結迴路

學齡前的大腦可塑性最強，大腦神經的活動生長在此時最顛峰。當我們習慣陪孩子做某些事，誘發孩子主動參與和思考，就能在大腦裡留下痕跡，這些就是刺激神經分支生長與觸發連結。許多研究都顯示，**親子共讀的過程能提供給大腦多感官的刺激，有效活化神經和幫助神經網路連結。**

親子共讀與閱讀本身是一件需要活用大腦多區塊，並需要跨多腦葉的學習經驗，像是負責聽聲音語言的顳葉，負責看圖案文字的枕葉，還有負責說話、想像思考的前額葉……等。當孩子聽到大人**唸讀後跟著仿說**，必須跨越大腦前後腦葉的神經活化，看到**圖像並結合文字**，則是跨越左右腦葉的神經活化。**因此，親子共讀與閱讀是大腦視覺與聽覺神經連結最佳時刻，也是左腦連結右腦最好的練習**，常常閱讀的大腦，甚至在連結左右腦的胼胝體構造上也比一般人粗，代表著左右腦連結較好。

這些親子共讀的早期經驗，將能建構孩子大腦神經網路的架構，打下孩子未來語言、認知與文字的學習基礎。

在各種感官中，孩童的聽覺發展很早，從胎兒就已經開始，因此有些母親甚至在懷孕過程就開始與胎兒一起共讀。親子共讀美其名是胎教，但是目的其實是在於持續提供孩子聽覺的刺激經驗，讓孩子能在聽到熟悉的媽媽聲音而感到心安，同時孕婦本身在閱讀過程也能保持情緒的愉悅，一舉數得。而在寶寶出生後，當寶寶哭鬧時往往只要聽到媽媽的聲音則會感到心安，獲得安撫。**而一歲以下的幼兒，在共讀時雖然無法完全理解文字的內容，但聽覺卻特別靈敏，會很喜歡聽到媽媽唸讀故事的熟悉聲音，而感到平靜和愉悅。**

親子共讀除了從聽覺讓孩子安心，也能從觸覺來建立親子間的良好親密關係。當我們跟孩子共讀的過程，孩子總喜歡窩在大人的懷抱中聽故事，這是因為親子之間正在享受著彼此的觸覺親密接觸。**當我們用舒服的姿勢與孩子共讀的過程，除了讓孩子能較專心的關注在內容，也能讓孩子感受到被關注與被愛的氛圍，建立安全的依附關係。**

看到這裡，千萬別放過你身旁孩子的爸，像是我們家睡前都是讓爸爸陪孩子共讀的，讓白天疲憊地媽媽的能稍作歇息。**就讓孩子與他爸，透過每日的睡前共讀，為親子感情慢慢加溫吧！而關注內容，即能依偎在一起的感受讓孩子認為閱讀是美好的事、爾後**

自然而然的的愛上閱讀，也會主動閱讀。

　　親子共讀，並不是嚴肅的教學，更不是「你教我聽」的互動關係。當我們在與孩子唸讀故事過程中陪孩子進入情節，觸動孩子的各種感受，在摟抱中分享愛，也能從故事情節中了解孩子的內心和情緒，引領他在情境中感受情緒，更學到情緒辭彙的表達，達到情緒教育的一環。

效應 3、有效提升聽覺語言認知能力

　　我們都知道，多陪孩子說話或對話，是幫助孩童大腦聽覺和語言發展的最重要關鍵。**那麼親子共讀可以說是「親子對話的延伸學習方式」，同樣能有效地提升兒童的語言發展與聽覺專注力。**

　　我們鼓勵孩子多去戶外探索環境，透過打開眼界能學習到更多語言認知。當我們無法總是帶孩子去旅遊，但我們卻可以輕輕鬆鬆的拿起繪本，透過故事帶著孩子認知更多他們沒有見識過的事物。而當日復一日的生活中沒有新的話題和語言，或者我們突然不知跟孩子聊什麼時，打開繪本更是開啟話題，讓孩子學習新詞彙的好方式。

　　在讀繪本的過程，**當孩子聽到「父母的語言」結合看的「視覺圖像」，能提升孩子於事物的指認和命名，更提升孩子對複雜語詞聽的理解，同時培養聽覺專注力。**而繪本中的文字內容，常常與日常用語也有所差別，例如生活中我會常說「難過」，但繪本裡會用有深度的「悲傷」來敘述。繪本文字也是較完整並組織好的句子，孩子才能較有品質的語言輸入，慢慢讓孩子能說出完整的句型和辭彙。

　　另外，繪本中的文字往往是精心設計過的內容，像是**重複句型和有押韻的句子**，唸起來會充滿韻律感，就像一首歌曲，這會讓孩子容易記憶且朗朗上口。最重要的是，**父母為孩子朗讀的這些音韻，慢慢的會內**

化成孩子的語言和表達。因此，父母若總是擔心孩子語言發展較慢，不如此刻就開始來一場親子共讀吧！

效應 4、提升視覺文字學習專注力

在兒童發展中，聽覺雖然起步得早，但是視覺對未來學習更是重要。隨著年紀越來越大，視覺慢慢會成為兒童接受外來刺激訊息的最主要的管道，因為視覺學習最終將占據學習的 80%。

在親子共讀的過程，除了有大量的聽覺語音輸入，同時還有大量視覺圖像輸入。在閱讀繪本過程，我能陪孩子**簡單指認或認讀出圖像**，還可以引導孩子進一步從複雜的圖像中**去找出指定的人物圖像**。在這些大人陪伴著看圖說故事的過程，就能練習到孩子的視覺觀察、辨識、搜尋和視覺記憶能力，這都是培養認知學習以及視覺專注力很重要的練習。

在孩子 3 歲以前，我們強調親子共讀對孩童聽覺語言發展、親密安全依附關係的重要。而在**孩童 4 歲以後，孩子逐漸會對文字符號感到興趣，這時大人的朗讀、唸讀，是把語言和文字結合最重要的媒介！**親子共讀的過程，我們能透過視聽覺整合起來，為孩子對於文字認讀記憶打下基礎，更能訓練「依序」看文字的視覺專注力，幫助孩子國小後的讀寫能力順利發展。許多研究也顯示，早期的親子共讀經驗將與日後孩子的閱讀能力成正比，而目前的 108 課綱正好非常強調閱讀素養。

效應 5、提前發現兒童發展疾患

在親子共讀時，家長不要只著重唸讀，而能在互動的過程中多留意與多觀察孩子的反應，**在共讀時，還能提前發現到孩子可能的發展問**

題。針對 0 ～ 2 歲的幼兒，在共讀的過程雖然理解度較不足，專注時間會較短暫，但是家長必須注意到，**孩子是否能跟著大人注視繪本頁面或手指的圖案處有眼神關注，和大人有共同聚焦事物的能力**。因為，這將是發現「兒童自閉類疾患」的重要線索。大人要多去觀察孩子是不是只自顧自的玩書，孩子應該要能注意大人的表情和動作，也會去關注大人指的圖案頁面。雖然孩子不一定會說話，但是會觀察大人表情後發出嗯～啊～的回應，甚至還會模仿大人動作表情或說故事比手畫腳的樣子。

針對 2 ～ 4 歲的孩子，除了比 2 歲前的孩子更能坐下來看繪本，也更能參與親子共讀。這個年紀的孩子正是語言爆發期，能在看到圖案說出各種辭彙名稱，或在大人唸完後快速的學習到新的詞彙。**陪伴 2 ～ 4 歲的孩子，大人可以在共讀過程多觀察孩子的語言發展是否有狀況**，當我們指著圖來問孩子：「這是什麼？」，孩子能說出名稱，也會出現 2 個詞彙的組合句，如「小熊哭哭」。而 3 ～ 4 歲孩子則能主動用問句提問，如「為什麼他不見了？他在哪裡？」，也已經能跟大人一來一往的持續對話，也能說出 2 ～ 3 個詞彙組合的短句。

針對 4 ～ 6 歲的孩子，由於語言認知理解和專注力的進步，這時是**最享受閱讀的時期，也是培養靜態閱讀專注力的好時機**。4 ～ 6 歲年紀的孩子，我們可以多觀察孩子是否能專注聽故事一段時間，可以流利清晰的表達長句子，是否能看著繪本圖像，自己天馬行空說一小段故事。這除了可以觀察到孩子的語言能力，更能提前看到孩子可能的專注力問題，像是「注意力缺損過動」。另外，孩子在大班左右的時期，通常能唸讀常見的文字符號，這是提前發現孩子是否有「學習障礙」的一個時機。若你家是個好動的男孩，更要花時間閱讀，因為不管是注意力不足過動症或是學習障礙，都是男孩的比例較高。

" 九大原則打造美好的閱讀經驗，讓孩子愛上閱讀 "

既然親子共讀有如此神奇效應，那我們就來分享如何讓孩子從小愛上閱讀，**打造良好「閱讀的經驗」刻意營造「閱讀的氛圍」**。

愛閱讀，從來不是天生而來！ 閱讀是後天習來的一種能力，因此，不要期待小孩能主動喜歡閱讀，而是需要父母從小為孩子**打造美好的「閱讀經驗氛圍」**！

原則一：以「互動」與「陪伴」為主，而非技巧

親子共讀最大重點在於你的關注陪伴和愛的互動，包括肢體、語言與互動，而不只是讀本內容！因此爸媽無需太有壓力，認為自己不是唸書的料！只要你每天願意花點小時間，藉著繪本主題陪伴孩子說話聊天。**誰說一定要照著繪本文字唸呢，你想用唱的、用饒舌的當然都可以，只要孩子買單**。特別是幼小的孩子，通常只要用你陪伴著看圖說故事，讓孩子聆聽、等待孩子反應，其實就夠了。

原則二：以孩子關注內容為主

親子共讀不是嚴肅的讀書，不一定要從第一頁規規矩矩的唸完才對，其實親子共讀時，孩子才是主宰者。像是幼小的孩子注意力短，我們應該以孩子「關注的主題」開始，才能自然引起動機與興趣。同時，即使是同一本書，每個年紀的焦點也有所不同。當孩子對某些頁面圖案特別有興趣，就停留在此頁久一點，讓孩子一邊看著圖像，一邊聽著大人同步立體聲說明，也藉機引導孩子語言。孩子無法一次從頭到尾看完一本書，爸媽也不用太灰心，下一次再唸或分段進行都可以。

原則三：從圖片開始，再進入文字

　　大人別急著要求孩子看著文字逐字唸！**通常圖片是給孩子看的，而文字是給大人看的，特別是 4 歲前的孩子！**孩子看到繪本對圖片會較感興趣，而視覺影像也是大腦最容易記憶的部份。大人可以從孩子有興趣的圖頁，來開始解釋。首先用**手指向單一個圖引導孩子的專注或口語**，接著再**引導孩子去注意當中的細節**，最後再將每頁圖片**連結成故事的因果概念**。當孩子對內容較熟悉後，通常大概 4 歲以後，在用手指著文字部分，逐字逐句讓孩子慢慢對文字有概念！

原則四：家長不當唸書機，以肢體吸引專注，　　　　　互動輪替式問題誘發語言

　　親子共讀時不用像機器般逐字唸讀，爸媽可以適當發揮自己的好演技，用動作和誇張的語調來吸引孩子之外，過程中更**可以停頓、等待並回應孩子**，如此輪替式方式來進行。

　　對於年紀較小的孩子，即使沒有語言也要鼓勵等待他們用動作、表情或聲音來回應你，並回應他們。而這個非語言的溝通過程，是建立往後來回對話的基礎。像是問問孩子「小魚跑去哪呢？」，看著孩子、等待並請孩子幫你指出來。大人也可以用不同聲調扮演不同角色，或用自問自答方式讓孩子瞭解互動。與年紀較大孩子共讀時，也保持停頓、等待原則，善用問題讓孩子會觀察、能思考、能善用語言表達。像是問問他們「這是什麼？」、「在哪裡？」、「他怎麼了？」、「為什麼」等等。大人則安靜聆聽後，再適時的解釋回應他。4 歲以後的孩子，具備了因果敘述能力，更可以角色互換，不妨換孩子「說故事」給大家聽！

原則五：連結生活經驗，幫助孩子理解

大人可以挑選與孩子「生活經驗」較相關的繪本主題，藉此引導孩子把故事內容連結到生活中自身的經驗，最能引起孩子的興趣，也讓孩子思考理解因果關係，例如幼兒園焦慮、不收玩具或吃零食、手足衝突……等貼切生活的繪本主題。若孩子已有口語表達能力時，大人可以引導孩子一起說出人物自身的經驗，除了讓孩子樂於表達也練習表達，更對孩子的想法感受，能有更多的了解。

原則六：視孩子活動量調整親子共讀時間

何時進行親子共讀最佳呢？**若活動量高的孩子，可挑在睡覺前、午覺後、或動態遊戲之後來進行，會較能專注。**久而久之，我們會找到與孩子最佳的親子共讀間，也可以逐步的固定時間，成為讓孩子安定的生活儀式！

原則七：了解不同年齡的「閱讀行為」並引導

「你又跑來跑去不聽～媽媽不要唸書了啦！」、「你一直翻書～都沒聽我說！」這樣抱怨只會讓孩子把閱讀連結成媽媽的禁止與責罵。家長要願意理解孩子，才能有正確的期待，像是 **0 ～ 3 歲的孩子本來就喜歡用感官來探索書本，3 ～ 6 歲孩子才較能靜下來理解並享受閱讀。**認識不同年齡的閱讀並適時引導，親子共讀就會是最愉悅的時光。

原則八：讓孩子能模仿

大腦裡有著善於模仿和學習的「鏡像神經元」——讓孩子光是專注看著他人的行為，就能啟動大腦來模仿學習同樣的行為。這時，父母就得思考，你讓孩子能看到的行為是滑手機的時間多，還是閱讀的時間多

呢！？如果你現在正在閱讀這本書，恭喜你已經成功踏出第一步，已成為孩子模仿的好榜樣！

孩子的學習是透過模仿而來，父母要願意成為孩子模仿對象，如在餐廳等待上菜前、在喝咖啡空閒時、陪孩子到圖書館借書時，都能拿起書本閱讀。即使一開始**孩子只是裝模作樣，但是做久了，自然能發現書本中的樂趣。同時，當父母成為孩子的模仿對象後，老大自然也能成為老二的模仿對象呢！**

原則九：讓孩子隨手可得

閱讀，需要父母從小創造「書香的環境」！父母可以思考，家中孩子最常活動的區域，是擺放大螢幕電視，還是有個擺滿繪本書籍讓孩子隨手觸及的閱讀的角落呢？！臥室床頭也最好能刻意營造閱讀的角落，讓睡前有美好的閱讀時光。

透過「讓書籍大量曝光」的策略，讓孩子不知不覺就會拿起書吧！

 治療師雙寶阿木悄悄話

讓閱讀的重點在於樂趣，而不是學習！當孩子覺得閱讀是有趣的，學習就自然進行了！另外，當父母在閱讀過程，也要懂得樂在其中喔！因為孩子是感受得到你的溫度。讓我們為孩子**創造美好「閱讀的經驗和氛圍」**，讓孩子在環境中自然愛上閱讀吧！

❝ 0～6 歲各階段閱讀行為 & 家長正向陪伴的方法 ❞

0～2 歲閱讀行為：毛毛蟲玩書期

閱讀是遊戲，書本是玩具，孩子喜歡啃書、搬書、一直翻書，甚至撕書都是現階段正常的行為。

❝ 爸媽可以這樣做

1. 提供食物或固齒器給孩子啃咬，一邊滿足刺激，一邊閱讀。或者一邊閱讀，大人一邊觸覺撫摸，讓孩子抓著大人的手指一起進行指著圖的動作，滿足孩子的好動。
2. 提供有聲音、可動手按壓、觸摸或拉翻、布書、洗澡書、拼圖書等操作的遊戲書，直接滿足孩子的玩興。
3. 選擇一頁一圖、圖案鮮明、重複句型的繪本最佳。不拘泥閱讀時間的長短，短時間的共讀也可以，記得要多在乎互動的過程。隨著孩子翻到哪一頁，就專注在這一頁解說。
4. 喜歡動來動去的孩子，不要侷限要坐姿看書，隨處都能陪讀。
5. 多引導指出事物、說出名稱的能力，如「這是什麼？」「在哪裡？」

2～4 歲閱讀行為：認知概念期

因語言爆發，會好奇一直問為什麼，非常需要並期待大人的回應，會喜歡模仿大人的語彙。

66 爸媽可以這樣做

1. 提供重覆句型、有韻律結構的繪本，刺激語言仿說和唱唸，且易朗朗上口。

2. 選擇有基本認知概念的繪本，如認識顏色、形狀、數量，滿足孩子認知探索學習的欲望。也多選擇生活相關主題繪本，讓孩子容易理解。

3. 讓孩子多參與回答或問孩子問題，如大人不說完句子，讓孩子填空說出詞句來完成。在回答過程，幫孩子擴充語言詞彙，學習更完整的詞句。可以問孩子「有幾隻小豬？」「他們怎麼了？」……等。

4～6 歲閱讀行為：主動閱讀期

孩子能主動看書或請大人唸讀，想了解因果關係、推測情節。

66 爸媽可以這樣做

1. 可多元選擇繪本，提供較複雜畫面的繪本，訓練孩子一邊聽故事，一邊練習視覺搜尋辨識，培養視覺專注力。

2. 提供有情節的故事內容，滿足孩子想預期結果的好奇。引導孩子去思考「發生什麼事？他會怎麼做？」「接下來你會怎做？」等，能深入討論和有邏輯思考的主題。

3. 常問為什麼時，可反問孩子「你覺得呢？」，引導自己來思考，幫它連結生活經驗 中類似情景，也請孩子練習等待故事的劇情和因果。

4. 選擇刻意放大文字的書籍，過程中引導孩子多注意文字，培養自主閱讀能力。選擇有注音的繪本，讓孩子唸讀和說故事，為我們或對著娃娃說故事，練習語言敘述組織能力。

3C 正在傷害孩子大腦，
不良刺激直接影響大腦功能！

❝ 過早接觸螢幕 3C，竟讓幼兒
失去了生存的能力 ❞

　　我定時與家扶基金會的專業團隊，到偏鄉進行兒童評估諮詢。眼前，來了一個眼睛相當深邃、白淨又可愛的女娃兒，可愛到我們不禁想抱起來逗弄她。帶著女娃兒來評估的是她的兩個姑姑，因為孩子的爸爸帶著年邁阿嬤去看醫生，孩子的越南籍生母則是早已不知去向。姑姑們説：「這孩子都 2 歲了，就連站起來走路都不會，怎麼可以把好好的孩子養成這樣呢！」

　　通常我們評估的場地都會在色彩繽紛的遊戲室，因此即使是僅會爬行的幼兒，一進門都會興奮好奇想探索。但是這可愛的女娃竟然只是靜靜的坐著，張大眼睛看著我們，真得就像個娃娃般。這時，我拿著幼兒的聲光玩具靠近孩子，孩子竟然只是被動地看著玩具發出聲音。

孩子的手部動作是沒有問題的，但是孩子竟連將手伸出去把玩玩具的動機都沒有，最後還是我帶著孩子試著玩玩具，孩子才會試著去碰觸玩具，雖然他仍不太會操作玩具。

　　由於孩子將近 2 歲，我試著從腋下扶著孩子站立，想觀察孩子的粗大動作，希望能讓孩子扶著桌面站立。但是讓人很難過是，孩子的雙腳竟然一碰觸地板就緊張地縮起來，怎麼樣也不願意踩著地板，甚至腳踝因常常曲坐著，關節還緊繃到難以踩平在地板上。

　　孩子的狀態，讓我一度懷疑孩子可能有腦部損傷，而影響到動作正常發展。但是在詢問過姑姑後，才知道孩子已經到醫院檢查過腦部，而且醫生告知家長，孩子的腦部構造上是正常的。那孩子怎麼可能會發展如此的緩慢呢？我再深入仔細地詢問姑姑們後，我終於得到了答案。

　　由於爸爸要工作，沒有母親照顧的女娃，只能由年邁的阿嬤來陪伴照顧。而阿嬤的膝蓋不太好，行動上不方便，只能盡到讓孩子吃飽與安全上的照顧。孩子的阿嬤從小整天都把他放在遊戲床上，一邊開著電視讓孩子不要吵鬧就好，孩子成了不折不扣 3C 保母陪伴長大的孩子。因此，從 0 到 2 歲應該發展坐、爬行、走和跑階段，應該要好奇去探索去摸東摸西的孩子，很遺憾的由於環境剝奪，用大量提供電視視覺刺激，把活潑的孩子限制在同一個框架裡，逐漸的讓孩子竟然失去生存能力，失去想嘗試站起來、伸手碰觸好奇玩具的動機，只剩下眼睛被動看著電視聲光刺激的能力，實在是讓人難過。

過度使用 3C 螢幕，會讓孩子成為過動高危險群

　　一位幼稚園小班的男孩名叫小朋，長得壯壯肉肉的很可愛，在幼兒園上課時總是坐不住，會走來走去、摸來摸去，對於幼兒園的規範時常是狀況外，因此被老師懷疑是否是過動問題，老師最後建議家長要到醫院去接受評估。詳問之下，了解到男孩的媽媽經營服飾店，因為每天理貨忙碌，從嬰幼兒時期開始，他幾乎都把孩子放在遊戲床內玩，更時常直接丟平板給遊戲床中的孩子，如此一來孩子自然安安靜靜的不吵鬧。這樣 3C 保母的生活一直持續到了幼兒園時期，即使孩子已經就讀小班，下課回家後，貪圖方便的媽媽，依舊把 4 歲的孩子限制在遊戲床中，繼續讓他乖乖的盯著螢幕。

　　但是事實上關掉螢幕後，孩子卻變得比幼兒時期更加躁動、更講不聽，即使玩玩具也無法專心，呈現像過動的狀況。長時間盯在強烈聲光螢幕的孩子，失去了如摸、拿、搖、爬、跑、跳等動作來探索真實世界的經驗，讓大腦無法主動執行動手動腦的實體活動，這樣的孩子往往到幼兒園新環境中，會出現像不聽指令，忍不住不斷探索且盲目行動。這些父母習以為常的 3C 生活模式，竟阻礙了孩子全面的發展，更讓孩子成為了「過動兒」的高危險群！

　　在我們進入幼兒園進行發展評估過程，發現像小朋一樣躁動

的孩子，其實越來越多。資深幼兒園老師也時常跟我吐苦水，說在班上像這樣難帶的孩子，通常不只一個。老師也發現近年來小班新入學的孩子們，一年比一年難帶，有許多孩子上課會有坐不住遊走，吃飯動作差沒耐心，講不聽且語言理解弱，情緒易失控不會說等的問題，即使經驗豐富的老師，也常常是束手無策！**而根據臨床調查發現，躁動和無法專心的孩子背後，常常是因為父母過度依賴 3C 來育兒的明顯後遺症。**

台灣師範大學和親子天下在 2022 年公布一項調查顯示，台灣 3 至 5 歲幼兒有 9 成會在家使用 3C 產品，而年齡越小的使用時間越長，其中 3 歲幼兒平均每天使用達 2 小時 17 分鐘。調查顯示，社經地位低的幼兒，使用 3C 時間也較長，其中低社經地位的 3 歲幼兒，每天使用更達 3 小時 2 分鐘。而人類發展與家庭系教授張鑑也表示，幼兒使用 3C 越長，親子互動的時間就相對越低，對認知、語言、社會、情緒、身體動作和整體發展狀況都呈現顯著負向關係。

❝ 兒童長期使用 3C 會傷害大腦，造成學齡前的三大發展問題 ❞

《關掉螢幕，大腦重新開機》這是本探討電子產品對兒童大腦和身體造成負面影響的書。猶如這句話的意思，螢幕對人類的大腦造成了相當程度的影響，兒童精神科醫生鄧可莉，在書中揭

露與解釋人們因長期接觸電子螢幕媒體而出現的一系列症狀，以及螢幕造成的許多身心功能失調的問題，像是情緒、認知、行為等，他稱為「電子螢幕症候群」。

若是原本就有身心症狀的孩子，如過動、自閉症、妥瑞氏症等，症狀將會更加劇。鄧可莉醫生在臨床上針對五百個兒童、青少年和年輕人使用嚴格的「電子禁食」，他稱之為大腦的「重設計劃」。結果發現到有 80% 的人們明顯得到了改善，有 50% 的症狀因而消失（如發脾氣，容易激動，無法專注等狀況）。

雖然，一直以來我都深信著 3C 對孩童大腦專注力有相當程度的負面影響，但在詳細讀完此書後，著實讓我大為震驚，也因此我在親職演講場合中，總會不斷的提醒家長們，要重視螢幕對孩子大腦的傷害，別讓螢幕取代孩子該有的感官發展，特別是正在迅速發展大腦的幼兒們。

但是，在這些年兒童發展評估的現場，卻仍然時常遇到因為家長忙碌，讓孩子過度依賴 3C 螢幕，最後造成孩子種種的發展問題，這總是讓我非常的感嘆。而過度使用 3C 螢幕，又是如何影響兒童發展呢？

1、過度使用 3C 抑制大腦感覺統合，形成類過動症狀與動作發展慢

2019 年〈Trends in Neuroscience and Education〉期刊研究發現，長期使用 3C 的幼童在腦電圖中的腦波變化，與注意力缺損過動症的兒童腦波有極高相似性。幼兒長期過度使用 3C，長

期下來對孩子的專注力、認知能力、行為和學業都會進而產生有害影響。

加拿大阿爾伯塔大學（University of Alberta）近期研究也發現，5 歲以下的幼兒，每日使用 3C 產品超過 2 小時者，出現臨床注意力缺損過動症狀的機率，會是每日使用 3C 產品 30 分鐘以下者的 7.7 倍。

研究當中雖然沒有明確指出，螢幕會造成過動機率增加的機轉，但是這些研究不管是針對兒童腦波的結果，或直接從兒童行為症狀上發現的結果，都與我們臨床兒童發展評估看到的現況十分符合。特別疫情改變我們的生活型態後，孩子關在家的時間更長，使用螢幕的時間又更多了，這些狀況只會有增無減。

從大腦發展的觀點來分析，3C 螢幕造成孩子過動或注意力問題可能原因在於，長時間看螢幕讓孩子生活變得宅化和靜態化，因而大量抑制 6 歲前孩童用動態感覺動作方式學習的經驗。在感覺統合的五感之中，足夠的動覺經驗，除了能讓孩童肢體動作健全發展，更能協助幼兒發展出專注力，因為「動」的本身就能活化神經傳導物質，讓大腦功能活化形成專注力。你應該能發現到，幼兒整天都處在動不停的情形，因為他們正忙著練習使用自己的身體，他們會在主動操控動作中，才能專注的完成事情。

在兒童各大發展中，以**動作發展**最為優先和重要，因為動作將是其他感官或認知發展的基礎。因此，0～5 歲的兒童在動作發展上通常會非常的迅速，短短的時間內可以從躺在床上的嬰兒，到翻、爬、走和跑，甚至更高的動作技巧。一個行動能力自

如的孩子，才有能力離開固有的環境，能主動探索並認識到更多元的事物豐富視聽覺和認知。孩子透過觸摸、動手操作的過程，看似都只是在活動玩樂，其實孩子正慢慢藉由動態中培養出專注力和理解力。

　　而快速發育中的大腦，特別容易受到外在環境經驗改變所影響，**若是孩子在大腦發展最有利的時間點，都在使用 3C 螢幕被動的接受視覺刺激，首先會錯過重要的動覺與動作發展敏感時期**。大腦若長時間缺乏動覺的刺激，會難以從動作經驗中的學習修正，無法練習和其他感官一同整合的「感覺統合」歷程。最終，我們會看到依賴 3C 的孩子，出現了動作操作能力差、專注持續力短暫、躁動靜不下來、學習能力偏弱。長期缺乏動態活動下，也使大腦活化功能弱，因此當孩子需要用到跨腦區的專注和思考力時，會明顯得反應不好，甚至最後他們會成為大腦活化差的真正過動兒。關於大腦感覺統合的重要性，以及孩子是否是過動兒，將會在下面章節更詳細來探討。

2、過度依賴螢幕的視覺刺激，　抑制兒童聽覺處理和語言能力

　　許多家長以為，自己沒空跟孩子說話聊天，因此用 3C 螢幕的聲光來刺激孩子的語言認知能力，這可是大錯特錯的想法。在臨床發展評估中，我們發現到一個現象，早期大量使用 3C 螢幕的孩子，語言發展往往會偏慢。即使孩子已經出現詞彙也會說話，仍會出現對話時眼神互動少、聽知覺語言理解的問題。換句

話説，長期被螢幕吸引的孩子，常常無法察覺別人在與他説話，不習慣看著他人眼神，並傾聽內容和對話，除了語言發展可能落後，更造成無法完全理解情境線索，出現「有聽沒有懂」或「有聽沒有到」的聽知覺問題，甚至影響社交人際能力。

大人往往認為螢幕中有大量視覺和聽覺刺激，應該就能增加孩子語言和認知，但是事實並非如此。**幼兒的大腦功能仍未成熟，是無法同時整合多種感官。在看 3C 螢幕接受過多強烈的視覺刺激時，大腦會感受超載，反而會抑制聽覺刺激輸入。因此孩子只是被動的接受影像刺激，無法真正進行視～聽整合學習，也無法真正理解內容，對學習沒有益處。**3C 除了無法提升語言，更可能造成聽覺理解弱、語言、認知和動作發展上的問題。因為，孩童要能聽懂別人對話中的意思，通常需要搭配眼前的真實情境或別人的肢體訊息，在真人互動的來回過程中，才能真正達到語言理解。在快速的視覺螢幕中，是無法學習到的。

在大腦感覺統合的感官中，聽覺早在胎兒時期就有了，因此聽覺發展應該早於視覺。但是隨著年齡越來越大，孩子的視覺逐步發展，而視覺輸入更加快速，成為最強勢的感覺輸入來源，有時還會影響到聽覺輸入的效率。

而 3 歲以前，是幼童聽覺與和語言發展的重要敏感時期，千萬不能用大量螢幕的視覺刺激，而搶奪了孩童聽覺處理最重要的發展時期。家長應該在實體環境中提供聽覺刺激，像是一來一往的語言互動，唱唱跳跳的兒歌音樂，透過真實視覺情境，結合真人語言互動，才能協助孩子盡早發展聽理解、語言和認知能

力。別讓孩子只能看得懂，卻總是聽不懂意思，影響兒童未來溝通能力以及人際社交能力。

3、螢幕影響兒童情緒穩定度，暴力內容更逐漸扭曲兒童價值觀

螢幕讓孩子失控的場面，應該在很多家庭都會上演，劇情如下：大人告知孩子該關掉 3C 螢幕，但孩子完全不理會，當大人決定直接關掉螢幕的那一刻，孩子失控倒地大哭大鬧，大人火氣也隨之爆發。大人原本是想用 3C 來安撫孩子的吵鬧情緒，最後卻演變成關掉 3C 孩子情緒更糟，如此不斷的惡性循環每天上演。

長時間使用 3C 螢幕會讓孩子情緒控制能力明顯變弱，是有原因的。首先，**久坐不動就已經會減少大腦血清素的分泌，讓孩子感到煩躁不安。而 3C 螢幕快速強烈的高刺激量，會讓孩子「高度聚焦」，使大腦和身體出現過度超載狀況。**

最後，高度喚醒孩子的神經系統下，孩子光是看刺激螢幕就出現原始情緒反應（逃跑戰鬥反應），讓孩子情緒像遇到壓力般的一觸即發。你會問我，那大人為何沒有這麼明顯的情緒反應，請記住，孩子的大腦仍未發展成熟！大人成熟的大腦能夠清楚分辨真實與虛幻，但是在未成熟的孩子大腦卻無法做到，螢幕的刺激情境，就能讓孩子如臨大敵，情緒猶如備戰狀態，讓孩子情緒激動。

當你瞬間將螢幕關掉後，孩子的心中仍是餘波盪漾，會讓孩

子在虛擬戰爭中精神過度消耗，因而情緒一秒崩潰。另外，互動式螢幕遊戲中，也會讓孩子習慣得到立即的滿足，久而久之讓孩子情緒無法等待，無法延遲滿足，脾氣更是時常暴怒。**若長期依賴 3C 電子產品，孩子更彷彿像吸毒一般，神經系統更容易過度興奮，也易瞬間崩潰，造成荷爾蒙紊亂和情緒失調。**

另外，**螢幕讓孩子情緒控管不良的原因，還有螢幕暴力問題！**電視節目或卡通，常有英雄主題，內容也易挾帶著暴力行為。有個案例是，當蜘蛛人卡通十分盛行，有個小男孩因為沉迷蜘蛛人角色，每天都想當蜘蛛人。上幼兒園時，他不但喜歡穿著蜘蛛裝扮，更是逢人就上演打鬥姿態。若剛好遇上小男孩一起起鬨加入他的劇碼，孩子們也就真的打起來。

孩子以為人生都像卡通畫面，根本搞不清楚真實的打鬥是會疼痛、會受傷的，會造成危險的，這讓老師們困惱不已。

正值模仿能力很強的孩子們，在真實情境中或遊樂場上的經驗過少，卻只是長期浸泡在虛擬劇情中耳濡目染，世界彷彿都變成了電視情節，人都像卡通刀槍不入，死了還能站起來，打架暴力竟然都變得很自然，實在令人擔憂。我們大人要理解，孩子在青春期以前，大腦很難篩選訊息，常常是無意識的學習方式，會將生活中常見的訊息慢慢內化在大腦中。同時，**大腦也容易習慣化，最後血腥暴力也會變得習以為常，這絕對不是好事！**

"兒童使用 3C 六大守則 "

1、年紀越小越不要

在黃瑽寧醫師《安心做父母,在愛裡無懼》書中提到,3 歲以前孩子把時間在花在看語言影片和看似優良的卡通上,詞彙反而更少。每天只要多看一小時電視,未來語言能力就會下降 15%;若每天看三小時,那就是下降 45%,真的是非常驚人的副作用!

3 歲以下的孩童,需要用身體感官去認識世界,才能形成完整認知,需要真人互動,才能理解語言的意義,形成溝通動機。因此,家長常常問我,孩子最多能看多久螢幕?我的回答會是 **3 歲以下完全不須使用 3C 螢幕,孩子需要你的陪伴!**

2、越方便越不要

越容易取得的電子 3C 產品,越不要給孩子使用,像是隨身攜帶的手機。比起被動的電子產品(電視),互動型的電子產品(手機遊戲、電玩)會更容易讓孩子上癮,造成更多失調問題。同時,電視螢幕是固定式的,當孩子吵鬧要看電視,我們只要帶孩子離開室內,就能適當遠離,改進行其他活動。但手機大人也

是不離身，因此孩子到哪裡，都能吵著要手機。最後家長在情緒威脅之下，往往都會屈服。同時，若我們都已經帶著孩子離開室內，外出活動或旅遊，就是期待孩子能用眼睛感官去觀察世界，而不是讓孩子又沉迷在小螢幕的世界裡。

3、越晚越不要

當大腦夜晚接受到大量螢幕的亮光，就像白天日照一般，會抑制睡眠需要的褪黑激素以及其他荷爾蒙分泌，影響到孩子的入睡時間、深層睡眠和睡眠品質。只要孩子有長期睡眠問題，即會影響到白天學習的專注和記憶，甚至是情緒穩定度和衝動控制。

因此，**睡前三十分鐘至一小時內，儘可能遠離 3C 螢幕，鼓勵孩子去翻閱書本，陪孩子親子閱讀吧！**

4、有盡義務才能使用

當孩子越來越大，我們生活又無可避免有螢幕產品在家中時，那怎麼辦呢？父母可以堅守「有盡義務，才能用螢幕」原則。當孩子要求想使用 3C 產品時，我會先問問我的孩子：「你想想看，你應該做的事情完成了嗎？」「晚餐吃完了嗎？」「作業已完成了嗎？」「洗碗和洗澡了嗎？」。希望讓孩子能理解，自己的事務要先完成，再來爭取權力！

此舉並非用螢幕來當孩子的獎賞，而是讓孩子習慣事情有其

有先後順序和輕重緩急，別因為沉溺 3C 螢幕而忘了生活中自己該盡的責任。同時，不讓螢幕干擾影響到孩子寫作業時的專注度。

5、定時定量合理使用

　　3 歲前的孩童，建議完全不需使用 3C 螢幕！那 3 歲以後可以看多久呢？鄧可莉兒童精神科醫生書中提到的電子螢幕症候群，即使成年的年輕人也會發生。只是兒童大腦相對較敏感，對於兒童發展會造成負面影響。而前面研究也有說明，5 歲以下的孩子每天超過 2 小時的螢幕時間，過動機率將會大增。**因此，我真心建議，家長要先考慮孩子肢體運動時間夠不夠多，有沒有安排固定的閱讀和遊戲時間，最後有剩餘的時間，才能讓孩子使用3C 螢幕。**

　　孩子每天下課後的固定作息，適當安排固定的流程，包括吃飯、洗澡、運動、遊戲和閱讀後，剩餘的時間才讓孩子使用螢幕。讓孩子養成「定時定量使用螢幕的習慣」，不能每次只要用吵鬧的就能成功獲得 3C，也是訓練孩子延遲滿足的好方法。同時，為顧及眼睛視力和大腦耐受度，我們建議讓孩子每看 30 分鐘後，就得休息一下。

6、把它當成工具使用

當孩子越來越大，甚至需要使用線上課程，我認為就得讓3C 螢幕不只是淪為休閒娛樂，反而讓孩子把 3C 螢幕當作學習工具，像是查資料、查地圖或使用自學軟體⋯⋯等。讓孩子合理並正確使用螢幕，也保持每看 30 分鐘就得休息一下的原則喔。

 治療師雙寶阿木悄悄話

孩子的大腦發展非常敏感，除了先天的遺傳、飲食營養之外，更重要的是家長提供的環境。你餵養大腦什麼，它就展現什麼能力！大腦的用進廢退，需要孩子去做和去行動，才能讓大腦長出更豐富的神經迴路。

你仔細思考一下，生活中給孩子大腦帶來的都是什麼樣的刺激？**你有義務限制孩子的螢幕時間，還給孩子健康的大腦！**雖然科技始終始於人性，但別用 3C 傷了孩子大腦，讓孩子失去人性！

孩子最有趣的玩具，就是相齡的玩伴

陪玩6

　　小欣是家中的獨生女，在家沒有玩伴，多與大人互動。而她從小就較敏感怕生，也容易哭鬧，讓媽媽覺得照顧起來特別辛苦。好不容易小欣進了幼兒園，但是她總是無法與同學玩在一起，不知道怎麼加入團體，總是一個人默默的待在一旁看著大家。小欣在與老師面對面說話時也總是很緊張焦慮，老師認為可能是較內向乖巧的緣故。但小欣回家後，卻總是哭鬧著說他不想去幼兒園上學，讓爸媽著實很頭疼。

　　「媽咪！他們都不跟我玩！？」在公園遊戲現場，或在幼兒園放學回家後，也總會有孩子因為遇到社交人際上的困難，而回家找父母哭鬧求救。這時，有些爸媽會憂心忡忡，且內心小劇場閃過的畫面是：「我家孩子是不是被同儕排擠和霸凌了？」「老師怎麼都沒有在關心，我家孩子都被欺負了呢！」

　　當積極的爸媽決定到校跟老師理論一番，但老師通常只會淡淡回答：「媽媽，你太緊張了，小孩子玩在一起，常會有這樣的情形，過一陣子就會好了啊！」各位父母親看到這裡，可能對老師有些動怒。但請先深呼吸，先別把孩子的社交圈想得如此黑暗，孩子口中的「他們都不跟我玩，他們不給我玩！」也許，有時真的遇上壞人，但也有可能不是別人造成的，而是孩子有著社交人際能力上的問題，是我們需要陪著孩子，一起學習社交人際的課題了。

　　在少子化的現在，像上面情境這樣社交人際能力不足的孩子不算少

數。特別是新冠疫情中出生的孩子們，因為疫情限制了人與人的社交距離，因此剝奪了孩子正常的人際社交經驗，也剝奪了孩子在自然的社交衝突中學習的好機會。而且有許多家長認為，孩子社交人際能力在進幼兒園或國小之後，自然而然就能學會。不料孩子在進入幼兒園前，並沒有任何的團體社交經驗，往往在進入到人數多的學校，在適應與社交上會面臨相當大的困難，更影響到孩子的學習能力。

美國公共衛生期刊（American Journal of Public Health）研究更認為，**孩子社交情感能力，是未來人生成功率的有力預測**！懂得與他人分享、合作且樂於助人的學齡前兒童，在 20 年後，要比缺乏這些社交能力的孩子更有可能獲得大學學位和全職工作。能夠與他人和睦相處的孩子，在過量飲酒和觸犯法律的可能性也會較小。因此，**社交人際互動從幼兒就要開始，趁他們容易被調整，盡早發現到孩子社交方面的弱點，以利協助孩子往後發展出良好社交能力。**

雖然父母是養成孩子性格最重要的人，但是隨著建年齡增長，孩子會從他人的反應經驗中來認識自己，特別是在同儕關係中。孩子從同儕中，了解自己是不是受歡迎的人，也才能學會適切的人際互動模式。等到孩子進入國小後，人際關係會變得比幼兒園時期較複雜，更可能會牽涉到孩子學業上的表現。因此即早在幼兒時期，了解孩子人際互動的狀況，相對非常重要。

" 人際互動是孩子最佳的刺激練習、情境學習方式！ "

我們在前面章節提到，對大腦發展最關鍵的三件事中，包含了吃、

睡和玩，而**遊戲、運動和閱讀都是玩的多元型態，對兒童大腦發展也都是重要的事。**而在遊戲過程中，除了要有玩具之外，我認為有玩伴更為重要。**因為，對孩子大腦最好的刺激，並不是昂貴的玩具，反而就是「玩伴」。**因為玩伴是最活生生的玩具，能帶來不同的玩法，刺激著孩子的大腦反應。**「玩伴」永遠有無可預期、最多元豐富的刺激，從肢體、語言、到情緒的互動，都是孩子是最佳的情境學習方式。**

　　記得兒時的我們，放學不是跟手足就是鄰居同學，一起爬樹、一起玩紅綠燈或打卡通紙牌。當時家中生活並不富裕，沒有豐富的玩具，更沒有電視手機為伴，但是我卻有許多不同的鄰居玩伴，甚至會跑到家境好的同學家，一起玩他家的機器人和新玩具。而現今生活較為富足，孩子放學回家可能有滿山滿谷的玩具，甚至電視、平板等電子產品樣樣不缺，卻連個手足互動的機會都沒有。

「我們一起來玩躲貓貓，好不好？」一群孩子興奮的躲了起來……。

「哈！找到你了！」

「哼！我不要當鬼啦，怎麼每次都是我被捉到！我不要～」

「不然，小馨，我幫你當鬼……」

「如果不要，那我們來玩爸爸媽媽遊戲好了……我來當媽媽，你來當小孩。」熱心的孩子試著在調節現場的僵局……。

「哼！為什麼我每次都要當小孩，我不要！」

　　在一大群孩子裡，總會有不同情緒氣質的孩子。有的孩子喜歡當鬼捉人的控制感、有的喜歡躲著讓人找不到的刺激感，更有孩子愛耍寶、會不按規矩玩。有人輸了愛耍賴、有人輸了積極的想報仇。有的喜歡指責別人的不守規矩、有的富有同理心會幫助弱者。有的孩子總有新點子

能主導遊戲、有的當小跟班卻總是很開心。有的總是很受歡迎、有的總是哭著說沒有人要跟他玩。

在遊戲互動中，總會產生不同化學反應，也正是孩子學習的時機。當霸道的孩子遇上有主見的孩子，會因為堅持而失去玩伴！當膽怯的孩子，遇上富有正義感的孩子見義勇為，可能因此變得較易融入，也能更勇敢一些。**每一次遊戲互動中，孩子就得學著少點「自我中心」並「察覺他人」情緒，必須練習用不同方式與玩伴相處，學會「自我控制」來融入團體。必要時孩子必須練習「同理他人」的處境，幫助總是弱勢的同學，這樣遊戲才能進行的下去。**

以前玩伴多的生活環境下，孩子遊戲經驗多，即使沒有大人幫助的情況下，仍必須自己去面對社交人際，比較懂得控制情緒來配合他人。而現在的孩子，通常進入幼兒園才開始有互動經驗。幼兒園雖有同儕互動，但老師通常會以避免衝突的方式，以維持教室和平為目標。當孩子回家後，又只能面對大人，孩子總是可以用耍賴、哭鬧方式來要求大人妥協配合。所以孩子在面對他人的情緒或衝突的發生，始終沒有演練的機會。

兒童的社交人際能力學習過程相當的複雜，它受到發展年齡、先天氣質和後天社交經驗所交錯影響著。我們先詳細來探討這些原因，如何影響著孩子的社交人際能力，再進一步的協助孩子培養社交人際能力。

➤ 透過遊戲互動中，
　培養兒童的社交能力

了解適齡的社交階段，才能依階段引導

首先，年齡一定會影響孩子的社交能力，父母可依此觀察孩子是否有適齡的社交動機，可從中發現孩子的問題。另外，不同年齡層孩子，在遊戲中的社會行為有所不同。**父母若有發展概念，在對的時機提供的對的團體環境，接著提供有細節的協助，才能讓孩子發展出良好的社交能力。**

❶ 1 ～ 2.5 歲以前：單獨遊戲

1 ～ 2 歲的孩子，就會用行動來引起大人注意或觀察別人且試圖模仿。但這時兒童大部分少跟其他孩子玩，喜歡獨自玩，會與其他幼兒玩不同的玩具。

➡ 爸媽可以這樣做：
不強迫與孩子互動，與大人互動為主。

這時兒童與大人互動較多，可以先著重在培養遊戲能力，如「玩的動作」和「認知和語言能力」。

❷ 2.5 ～ 3.5 歲：平行遊戲

兒童與旁邊的幼兒相鄰靠近，玩類似的玩具，但是少有互動。3 歲孩子已有意願想要加入他人團體遊戲了，但方法不很熟練，也容易以自我為中心有衝突。

➡ 爸媽可以這樣做：不排斥旁邊有人一起玩就好！

⑤ 有情緒行為障礙：
泛自閉症疾患、注意力不足過動、發展遲緩

臨床上許多兒童發展疾患的孩童，會面臨社交人際問題，像是以下常見發展疾患——

1 泛自閉類疾患：對人反應過低、喜歡玩自己的、不會跟隨眼神、眼神持續互動時間極短。

2 注意力缺損過動症：對人過度反應、人來瘋無法持續專注互動、無法等待輪流、衝動行為多。

3 發展遲緩孩童：社交人際上較被動固執，容易不懂指令和語言較弱而造成社交互動問題。

➡ 爸媽可以這樣做：

有任何疑慮請諮詢兒童發展專業人員，如醫師、治療師與心理師。父母能儘早治療，幫助孩子創造最多可能性！下一章節會詳細介紹兒童發展和遲緩問題，請詳見 P138。

❝ 大人請成為孩子從小能模仿的好榜樣 ❞

你知道嗎？其實孩子從小都在學習爸媽的一舉一動，孩子要學會良好的人際社交行為模式，其實不是用教的，而是來自大人的示範！

孩子的學習從模仿開始！幼兒即使仍不會說話，也能透過觀察大人肢體表情後，模仿出同樣行為。**培養孩子良好的人際社交行為也是如此，大人要先熱情的為孩子示範如何做，並同步做解釋。**像是說話時會

有眼神交流、看到人要微笑、別人說話時要有回應、外出遇到人打招呼時要說你好、要多說謝謝、請、幫忙或借過、要排隊輪流……等，趁孩子很樂於模仿的時機，透過大人本身的以身作則，潛移默化孩子的社交行為。

在我全職陪伴雙寶的時候，我經常帶孩子出門，當遇到熟人、公園的小朋友，有時就連路邊的阿貓阿狗小動物，我也會熱情的為孩子示範打招呼的動作語言，因此孩子也能開心的模仿。而這樣的熱情，最後也成為了兩個孩子長大後有禮貌的好習慣。

" 在遊戲中演練社交能力 "

對於學齡前的孩子，玩即是最容易學習的方式！培養兒童良好社交人際能力，當然也能在遊戲中學習。

2～3歲以前的幼兒時期，我們在家可以透過大人陪孩子，或是手足一起**玩扮家家酒遊戲，練習一來一往的互動、等待與對話**。在扮演中模擬社交情境，用輕鬆的方式讓孩子練習基本的社交技巧。同時，在扮演不同的角色時，孩子要學著跳脫自我，探索更多不同的關係，感受到他人的感受，逐步培養出社交能力。

當孩子2～3歲後，你會發現孩子一個人玩似乎很沒有樂趣，或一直要拉著你陪他玩，這時家長你

除了想著要生個弟妹來陪他之外，更好的選擇是帶孩子踏出家裡，到公園遊樂場玩遊戲和找玩伴囉！

孩子從遊戲中交朋友，3 歲後是孩子交朋友的年紀，因為他們有互動遊戲的能力了！這時的孩子會渴望進入社會，家庭已無法滿足孩子的人際互動！但是也別急忙的推孩子入幼稚園，這只會讓沒有團體的社交經驗的孩子反而過度挫折、無法適應大團體的生活，甚至討厭上學。因此，**孩子的社交人際，別到了進入幼稚園才開始！**2 歲開始，就能陪著孩子進入社區公園遊玩了，像是親子館、公園、學校、教會團體等，讓孩子接觸家庭外的人事物，製造社交經驗，家長同時能了解孩子的人際互動可能出現的問題？至於如何進入團體，可以參考前面有提到的分齡的兒童遊戲社交行為，來適齡適度的引導，詳見 P126。

另外，除了動態遊戲之外，**與孩子共讀社交人際主題的繪本，也是透過遊戲中學習社交的一種好方法。**親子共讀中能讓孩子透過繪本情境，學著用第三者的角度客觀學習到人際社交細節的對話和方式，讓孩子在沒壓力的情境下，先在大腦想像演練社交情景，或與孩子用繪本當劇本演戲社交當然更好，**這樣針對內向敏感易退縮型的孩子特別合適。**

" 有細節的引導社交人際行為 "

現代兒童心理發展專家認為，兒童人際社交能力，除了受先天氣質影響，更受後天團體互動的環境塑造。但現代孩子常常只有電視陪伴，缺少真人互動，缺少互動的彈性和經驗，容易自我為中心、不懂分享合作、不懂輪流禮儀、不懂欣賞他人、也容易輸不起，遇到困難衝突更是不會解決！那家長們要如何「有細節」的引導社交行為呢？

1、幫孩子找玩伴和社交環境，大人再從旁觀察

我們的孩子在團體裡是什麼樣貌，是如何跟同儕互動，你清楚嗎？上幼兒園前，建議就得多製造機會，鼓勵孩子主動去跟小朋友互動，像是到公園學校的遊玩環境。偶爾，也可邀請鄰居孩子到家裡來玩，在熟悉的環境裡，讓孩子自然的與他人相處，將經驗類化到幼兒園上學。當孩子上幼兒園後，我也一向不會在放學後匆忙的離開學校，還會刻意讓孩子留在學校跟同儕玩。除了幫孩子找「玩伴」，更希望能從中能觀察孩子在團體中的狀態，了解孩子社交上的困境，也藉機能正向引導。

有些家長認為，孩子有手足應該就有社交經驗了吧！事實上，手足關係不等於同儕關係，因為手足的年齡或排行會有難以改變的地位差距。**孩子在不同團體，會就有不同姿態！因此，我們可以「有細節的幫孩子找玩伴」。**像是個性較內向溫和的孩子，我們可以找同齡或小一點的孩子，讓內向的他們有機會在團體中當大哥哥姐姐協助他人，有助於展現能力增加自信。而衝動活潑的孩子，可找同齡或大一點的孩子，讓大孩子能用口語反饋他們的自我控制，也能有良好的模仿對象，建立正向行為規範。

另外，讓孩子在**熟悉固定的場域（親子館或公園）和玩伴中**，學習社交互動與碰撞，會比起在不熟悉的人事物中互動，更能讓孩子與家長輕鬆學習與引導。

2、在實際互動中觀察意圖，適時示範協助技巧

接著，父母要觀察並了解孩子的氣質度，再適性引導合適的社交行為。當孩子是較內向被動型，你會發現他想跟別人玩時，會在一旁徘徊或故意拉媽媽過去！家長要察覺並抓緊孩子想一起玩的意圖，**幫孩子說出「你是不是想一起玩？」**，除了允許孩子能先觀看，更示範並鼓勵孩

子說出「我叫 OOO，我可以跟你們一起玩嗎？」，示範讓孩子能開啟話題，加入團體的能力。

當孩子是較衝動自我型，就不是急著讓孩子進入團體，反而要**陪孩子學等待先觀察（陪孩子了解玩什麼？規則？）、學尊重使用語言（問玩伴「可以一起玩嗎？ 我可以先當鬼歐！」、要複誦一次規則）、學遵守要輪流（再度提醒要排隊、不開心也勿動手找大人協助！）**

確認孩子是否能持續跟朋友互動，或者還需要引導一些互動技巧，**如互動的肢體或語言（眼神注視、打招呼、牽牽手）、等待輪流、了解規矩、分享行為、幫助他人的舉動、學會道歉……等**。通常孩子較為自我，大人則需多觀察孩子互動過程中發生的衝突問題，適時引導孩子了解別人不喜歡與他玩的原因，如沒排隊不守規矩、沒問他人就拿別人玩具、不懂得分享、生氣就大哭等，也實際地告訴孩子怎麼做才是適當的行為！

大人無須過度介入孩子的社交互動，但是可以當孩子的社交顧問，**幫孩子察覺自己的弱點**，如遊戲中過度在乎輸贏，陪孩子探索互動過程中衝突的原因或找出解決方法。當然，有時進入團體也可能遭拒絕，如果這群孩子不願跟你家孩子玩，也記得讚美孩子的勇敢和嘗試，再陪孩子找找還有什麼更適合的玩伴！

正向回饋良好社交行為

陪伴孩子，不能只有著重在負面行為的改善，更需要對正向的社交行為給予關注回饋，才能讓大腦牢牢記住，將良好行為變成習慣。

當孩子做出正向的社交行為，父母應給予回應，像是孩子熱情跟我

們打招呼時，要給予相對的回應，增加被認同感。當孩子在團體中有輪流等待或遵守規則，也要記得正向回饋讚美孩子的好行為，讓孩子感受我能感和自我價值。

當孩子上幼兒園後，家長與老師要有良好溝通，了解孩子在校社交狀況。除了有不良社交行為適時討論調整，更重要的是當孩子在有良好的社交行為時，家長回家後也能正向回饋鼓勵孩子在校的好表現，如「今天小花哭哭了，老師說你貼心的安慰她，這樣很體貼呢！」透過正向回饋方式來逐步建立社交好行為習慣。

 治療師雙寶阿木悄悄話

　　孩童的大腦與情緒學習，就在孩子的社交人際互動中！孩子用原本的氣質與他人產生連結，從父母的親子互動、同儕的人際互動、環境的多元互動經驗中，**持續刺激原有的大腦神經產生新的人際社交與情緒迴路**，最後形成**人際社交的認知**、情緒感受調節模式，逐步形成大腦的習慣。

　　我們千萬別當個老是擔心孩子在團體中被欺負霸凌的焦慮父母，也別在孩子面臨社交困境時，急著衝到最前面幫忙擋著的父母。試著幫孩子找玩伴，讓孩子去面對「玩伴」的多元刺激與挫折，而父母只要協助孩子了解自己的情緒氣質，適當引導孩子解決問題策略與互動技巧，就是對孩子最實用的大腦與情緒學習。

　　父母別總是期待學校老師來幫忙訓練社交能力，畢竟教學

現場人數眾多，老師壓力龐大，情況常常複雜難以釐清原因。

因此父母在生活中，要提供孩子「團體經驗」，從中「觀察孩子的社交行為」，更「有細節的介入」，才能真正幫助孩子脫離「沒有人要跟我玩」的困境。

兒童發展遲緩知多少？父母守株待兔將會錯失大腦進步良機！

〈案例一〉

　　小傑從小就是個可愛的男孩，白天在保母家時不像一般男生那麼好動到處惹麻煩，反而是喜歡自己在一旁玩弄操作玩具。剛好小傑的父母都是學校教職人員，認為孩子安靜不衝動莽撞是好事。但是父母漸漸地發現小傑雖然好帶，但是語言似乎較慢，學習新事物的能力也較慢。之前由於新冠疫情風險，爸媽鮮少帶孩子外出，而最近疫情較為趨緩，爸媽開始帶小傑出門遊玩，孩子雖然很開心，但是走路走久時，常會因為累而耍賴，探索遊樂器材時動作不協調而容易挫折，又因為語言較弱無法表達而不斷哭鬧。因此，在小傑 3 歲時，爸媽著實擔心他的發展而帶來讓我們進行聯合發展評估，最後小傑被診斷為**混合性發展遲緩**。

〈案例二〉

　　3 歲半小諾長的眼睛渾圓、白皙又可愛，是爸媽期待已久的小男孩。但是小諾從小似乎跟父母沒那麼親，很少對他們撒嬌，

也不太會看著大人玩躲貓貓小遊戲，更不像其他孩子，在父母離開時會有分離焦慮。2 歲以前他跟大部分的孩子一樣，從會趴、會坐、會爬到會走，也會發出嗯嗯啊啊拔拔的聲音。但是從 2 歲以後突然不出聲音，也仍然不會開口說話，爸媽認為男孩子可能「大雞晚啼」，再觀察看看好了。

因為小諾是男孩，爸爸幫他買了許多小汽車，從小他就特別喜歡玩小汽車，爸爸看他喜歡因此買了更多。每次他都會固定把他的小汽車按照顏色排列，重複的玩法一玩就能玩很久，顯得很乖巧。有一次大人不小心打亂車子順序，孩子竟然大哭失控，甚至出現撞頭行為，嚇壞了爸媽。3 歲多的小諾仍然不開口說話，情緒也越來越多，讓爸媽十分擔心，因此不得不帶到醫院求診。最後，小諾被診斷為**自閉症**。

〈案例三〉

小齊從小就是個活蹦亂跳的孩子，打從 1 歲開始會走路，媽媽整天為了看顧他而疲於奔命。孩子除了睡眠時間比較少，還一下子爬上櫃子跳下來，一下子跑到陽台疊椅子要看外面，讓媽媽整日提心吊膽。孩子整天動不停，媽媽很努力想要陪伴他看看書或玩玩具等靜態活動，但是小齊卻總是興致缺缺，坐沒幾分鐘就跑掉，讓媽媽十分挫折，心想是不是自己不會教小孩。爸爸總說他是孫悟空投胎才這麼活潑，應該送到幼兒園去給老師治一治才會學乖。

接近 4 歲時，終於能送孩子到幼兒園，讓媽媽喘口氣。結

果事與願違，在幼兒園的小齊依舊坐不住，在教室遊走就算了，甚至干擾同學與上課，讓老師每天跟媽媽抱怨。曾經有一次，小齊因為想跟同學玩而不斷的拉扯同學，但是同學似乎不想跟他玩而拒絕，小齊竟越扯越大力，最後把同學拉到大哭。同學回家後，媽媽發現孩子手有異狀，帶去醫院檢查，最後才發現這孩子的手，竟然就被小齊這樣拉到脫臼。最後，小齊被家長帶到醫院進行聯合發展評估，確診為**注意力不足過動症**。

❝ 面對發展遲緩勿守株待兔，父母更應積極進入早期療育 ❞

　　發展遲緩兒童，指的是未滿 6 歲的幼兒或兒童與同齡孩子相比**在運動、知覺、認知、語言溝通、社交或生活自理等方面**，出現有一種或數種發展速度落後或品質上的異常狀況。

　　根據台灣衛生福利部聯合國兒童權利公約統計，2021 年發展遲緩兒童早期療育服務個案通報共 26,392 人，其中男性 18,249 人（占 69.1%），高於女性 8,143 人（占 30.9%）。若觀察個案年齡，以「2～未滿 3 歲」6,383 人（占 24.2%）為最多，「4～未滿 5 歲」5,107 人（占 19.4%）次之，「3～未滿 4 歲」4,881 人（占 18.5%）再次之。

　　當家長發現孩子有發展遲緩問題時，往往會很執著的想找發生的原因。像是上面的小傑，即使父母都是高知識份子，仍可能

面臨到發展遲緩。**因為引起發展遲緩的原因很多，但是大多數成因仍是不明**，目前能被發現的原因約僅占 20% 至 25%，其中包括後天不良環境、先天後天腦神經、肌肉系統疾病等，例如：腦細胞分化異常、先天代謝疾病、染色體異常、懷孕產程腦缺氧或缺血、中樞神經感染、早產、腦外傷、遺傳、受虐兒等原因。**其實疾病原因往往較難以確定，但孩子目前面臨到發展問題卻是能肯定的，因此父母不應只是忙著後悔過去，應該朝向孩子未來的早期療育方向而前進。**

像是上面三個孩子的例子，不管是發展遲緩、自閉症和注意力缺損過動症等，都是我們臨床早期療育中常見的兒童發展疾患。他們雖然是不同的醫療疾病診斷，但是都會出現各種發展遲緩的問題，也都是需要**早期評估**和**早期療育**介入的一群孩子。

大腦神經發展科學與醫學文獻都指出，**0 ～ 3 歲是發展遲緩兒童首要的黃金療育期，3 ～ 6 歲次之，更有研究指出 3 歲前接受早期療育的療效，將會是 3 歲後的 10 倍**。但是以近 10 年國內通報遲緩年齡來看，國內半數以上的發展遲緩個案是在滿 3 歲後才被發現，最多是在入學後與同儕有差距才被發現，甚至還有 5% 是滿 6 歲後才通報，大大錯失了早期療育介入的最佳時機。

在學校現場，我們遇到許多家長因為怕醫療診斷標籤化孩子，因而忌諱求醫，讓孩子發展遲緩問題遲遲無法改善。延誤療育的結果，更造成孩子與同儕能力差距日益懸殊，更併發孩子其他心理人格問題，後悔莫及。像是沒有及時就醫診斷的過動兒，往往被不斷被誤解打罵，最後演變成品格行為障礙。自閉類疾

患，沒被培養表達情緒能力，最後演變憂鬱焦慮而自傷。

我身為早期療育團隊的一員，衷心的提醒大家：**面對發展遲緩，父母若守株待兔，將會錯失孩子大腦進步的最佳良機。**

" 面對兒童發展與遲緩，父母應該掌握 3 大早期觀念與觀察 6 大發展領域的原則！"

3 大早期觀念：
早期觀察發現、早期篩檢評估、早期療育

許多的兒童發展問題，如自閉類、注意力缺損過動症、某些發展遲緩等，是無法從常見的醫療儀器檢查來診斷的，如驗血、腦部斷層等。因此，診斷評估需要大量的觀察行為和能力，同時透過有臨床經驗和專業的醫療人員來評估診斷。而這時，家長對孩子的生活觀察就變得格外重要，這些都能成為發現孩子發展問題的重要關鍵。

因此，在孩子呱呱落地之後，在我們成為父母之時，**先不用急著想教育孩子，而是在多陪伴中早期觀察孩子的發展狀況**，或是定期到衛生所、兒童社福單位或幼兒園進行早期篩檢。若有發展遲緩疑慮時，尋求早期評估了解孩子的發展現況，更要盡快介入早期療育，在大腦可塑性還很強的學齡前的年紀，孩子的潛能

是很大的，各項發展的進步是很多的，甚至有些發展遲緩的孩子是能在 6 歲前達到一般同儕發展，順利進入國小學習。

1、早期觀察發現

那父母要如何在陪伴孩子過程，可以**早期觀察發現**孩子的發展遲緩問題？

兒童發展是否正常，通常分為生理生長和大腦發展兩部分。生理「生長」是指身高、體重與器官體積的成長；而大腦「發展」，則指的是語言、動作、認知、情緒、溝通與社會適應等的成長。生理上的發展通常在外觀就能輕易地得知，如身高和體重，但大腦的發展卻往往需要長時間的耐心觀察孩子的各項表徵。**關於孩子的大腦發展狀況，大人可以在一下的六大發展領域中進行早期觀察，發掘可能的發展問題。**

兒童六大發展領域

兒童的發展可分為六大發展領域，這六個發展領域乃是息息相關，每個孩子在不同年齡階段均有不同的發展重點。同時，這也是我們專業人員在進行發展評估的六大觀察重點。

① **粗大動作**：手臂、腿部和軀幹等大肢體的動作發展。如：翻身、坐、跑、跳、丟球、騎腳踏車等。**動作是所有學習最初的基礎，粗大動作發展會影響到孩子的身體知覺、對環境的反應速度、力量和平衡控制調整，最明顯會影響到精細動作和生活自理發展。**

② **精細動作**：與手有關的小肢體動作發展。如觸碰、抓握和操控物品工具，會張手抓取或拍打玩具、有力氣抓緊媽媽的手或拉住玩具不讓他人搶走、拿湯匙、撕糖果紙、拉下拉鍊握筆塗鴉、組裝模型、剪紙、串珠和畫圖寫字等。**這些需要「手眼協調」的精細動作，會與視知覺發展最相關，更影響到生活自理學習力，同時也影響認知學習與未來寫字運筆能力。**

③ **語言理解與語言表達**：了解他人非口語與口語的訊息，能以非口語與口語方式表達自己需求或意見，對話（把話說對、對的時機點給予回應）。如：聽懂他人講的名稱並做出動作（如拍拍手）、一歲時會對正確的人叫爸媽、二歲會說出常見事物名稱、三歲會說句子等。**語言能力發展，則最明顯會影響到認知發展與社會人際的能力。**

④ **認知學習**：認知概念的學習能力，包含注意力、記憶力，以及高階的執行和組織能力。如：會分類顏色、大小、形狀、會組拼圖裝積木、理解相對詞概念、數量概念、聽懂生活或上課指令並完成任務等。**認知能力會明顯影響到未來課業學習，也影響社交人際的適應能力。**

⑤ **社會情緒行為**：對他人有適齡的人際互動興趣、社交互動技巧、情境感知和情緒調節。如：認得媽媽的臉、懂得怕生與危險、負向情緒能被媽媽所安撫、喜歡跟人一起玩、主動分享、關心他人的感受、一起玩或輪流玩遊戲的能力等。**社會情緒行為會影響到理解他人、情緒控管和團體人際互動和學校適應能力。**

⑥ **生活自理能力**：日常生活中自我照顧的
能力，譬如自己拿奶瓶、喝水、拿湯
匙吃飯、刷牙、穿衣服、背包包等。
生活自理能力與其他五大發展領域都
息息相關，良好生活自理能力協助精
細動作發展，也維持情緒穩定等。

　　在衛生福利部國民健康署的《兒童健康手冊》中，就有提
供簡單的 0～6 歲孩童的發展里程碑的「兒童發展連續圖」，
可讓家長當早期觀察的依據。若想更詳細的了解，我則以表格
方式在下方呈現 0～6 歲不同年齡兒童的六大領域發展，讓家
長或老師能更詳細的了解兒童適齡發展能力，當作早期觀察發
現問題的參考。不過，當家長發現孩子有發展疑慮時，請務必
進一步尋求醫療專業的發展聯合評估才對。

年齡	指標	粗大動作發展
0〜1歲	頭頸部和軀幹力量控制	• 4 個月能抬頭（大人抱坐時頭能穩定和轉頭／趴姿時能抬頭並手撐直 3 秒）／ • 4～6 個月能翻身／6～7 個月能坐的挺／7～8 個月能爬行（從蠕動到小狗姿）／9 個月能扶物品站立／1 歲左右開始走路 （家長觀察：孩子是否有出現異常張力或左右動作不對稱的問題）

年齡	指標	粗大動作發展
1～2歲	走路品質 動作轉換	• 1～1.2歲能從小熊姿—長跪—站—走路等動作轉換／用四肢爬的上下樓梯 • 1.5歲開始有跑的動作 • 1.5歲能坐—站、1.7歲能蹲—站、彎腰撿球後站好、1.3～2歲扶著上下樓梯 （家長觀察：走路時是否有異常姿勢，例如，雙手張開／步態過寬／無法轉彎停下／墊腳尖／左右不平均）
2～3歲	初階平衡 爬樓梯、跳躍	• 雙腳跳動作（2歲能雙腳原地跳／2.5歲能從台階上跳下，單腳原地跳／2.9歲能跳5cm高障礙） • 上下樓梯（2.3歲扶著一腳一階方式上樓梯／3歲能不扶上樓梯） • 2歲能走寬線、踢球、翻跟斗、墊腳尖、過肩投球 • 3歲能快跑、騎三輪車
3～4歲	中階平衡	• 可以單腳站5秒、單腳原地跳5下、跳遠65～75cm • 可以走直線（寬10cm）、跑步成熟姿（重心在腳尖，腿抬，繞過障礙） • 手臂接球（大球）、騎三四輪車
4～6歲	高階平衡 技巧動作	• 4～5歲：直走平衡木（寬10cm），腳跟尖走線、單腳站10秒、折返跑 • 5～6歲：跳躍（5歲能單腳跳格子和左右跳，腳跟連腳尖倒退走，6歲能跳跳繩3下）

年齡	指標	粗大動作發展
		• 遊戲技巧（丟接 10cm 小球、自己盪鞦韆、攀爬滑梯、騎車繞障礙）

年齡	指標	精細動作發展（手眼協調）
0～1歲	玩控雙手	• 3～6 月：3 個月會手抓物品就想塞入口中 • 4～5 月：能張自如的張開手指，會玩自己的手腳，能兩手各抓物品並搖‧敲‧拉等動作 • 6～9 月： 有拇指往其它四指碰觸的對掌動作，用前三指拿玩具食物，手腕會轉搖，丟擲動作 • 9～12 月 前兩指有力拿葡萄乾小物，會兩手拿物品互敲（拍手），拉襪子 （家長觀察：手會不會抓緊有異常的張力？玩具能平順的換手或搖動玩具？）
1～2歲	功能性手部動作	• 會敲和拿放玩具、會翻硬書、放柱狀插棒、拿杯子和湯匙、會推大球 • 1.6 歲以上會撥糖果紙，會放簡單木頭形狀板、會塗鴉畫直線、會疊積木、會使力脫鞋襪衣物 （家長觀察：玩具是不是只有放嘴巴不會玩？會不會模仿他人操作動作？）
2～3歲	生活自理動作	• 會簡單積木組裝、塗鴉橫線畫〇 • 2.6 歲會串大珠、會嘗試穿鞋襪衣物、使用生活工具（瓶蓋、敲槌、湯匙、切黏土），會用手撥食物（像葡萄、豆子）

年齡	指標	精細動作發展（手眼協調）
3~4歲	慣用手 三指抓握	• 會扭發條和插細差棒入洞、會串小珠珠、會使用大夾子、會剪刀剪線、仿畫簡單□○＋、會組裝簡單積木造型、把黏土搓長條
4~6歲	單指運筆 美勞積木	有正確運筆姿勢、單手指能靈活比動作 • 4歲：會用小夾子、會推投錢幣入洞、會仿畫（X △）、著色、剪下基本形狀、點數手指 • 5歲：能仿寫數字和注音，做黏土造型，簡單摺紙，畫點線畫，會剪貼，會做複雜積木造型

年齡	指標	聽知覺和語言發展
0~1歲	眼神互動 聽懂生活用語	• 4個月：對他說話會注視微笑或發音，發出不同聲音 • 6~7個月：會尋找聲音來源，跟大人玩臉部躲貓貓，叫名字有反應，喃喃發音 • 8~11個月：會模仿動物叫聲（汪汪），用肢體表達或模仿動作（如點頭搖頭、指物、揮手再見）、理解聽（知道名字和不可以的意思）、聲音的多樣化 • 1歲：能聽懂熟悉的生活物品名稱，說出有意義的話（如爸爸，媽媽，抱抱，奶奶）

年齡	指標	聽知覺和語言發展
1〜2歲	牙牙學語 簡單詞彙	• 1〜1.5 歲：肢體表達意圖多於語言，聽懂簡單指令並做出（去拿鞋鞋），發出單音（媽媽，要） • 1.6〜2 歲：沒有手勢提示下，聽懂短指令（拿給爸爸，丟掉衛生紙，坐下），能用語言、動作眼神示意表達意圖（搖頭點頭，再見，要），仿說單音或詞彙（如小狗，姊姊，杯子，手手） • 2 歲：能回答「這是什麼？」、說熟悉詞彙（10 個穩定詞）說 30〜50 個詞彙、會唱常聽歌謠，會說要尿尿
2〜3歲	語言爆發 出現詞彙短句	• 很有仿說動機，每天有能有新的詞彙，語言比肢體語言多（約 30〜500 個） • 語言非單詞（會說蘋果而非「果」）、會組合語彙（如弟弟喝水） • 能理解辨識「大小」「相同與不同」「明天和現在」「快慢」「物品的用途」 • 聽懂較的長句子（先……再……）、理解代名詞（你我他，說出我要糖果！） • 會回答問題，能輪流對話，會提問「誰，哪裡，為什麼」 • 會背誦 1〜10，會回憶一周發生的事
3〜4歲	複雜理解 表達對話	• 能聽懂複雜句子與回答、口語表達能讓多數人能聽懂 • 能聽懂描述（如：哪個動物在水裡游？什麼東西用來開門？）和空間詞彙（上下左右）

年齡	指標	聽知覺和語言發展
		• 能覆誦 3 個數字，説出 4 種顏色，説物品的一種特徵，能唱完整的歌，背誦 1 ~ 10 • 能用組合 2 ~ 3 個單詞與人對話，會提出問題， • 會使用代名詞，形容詞副詞（大、很多、裡面、這個），會回答哪個多和少 • 畫圖前説出畫什麼內容
4 ~ 6 歲	表達流暢 長句對話	• 説話清晰流暢、合乎語法句子 • 4 ~ 5 歲：能覆誦 9 個字長句子，説空間詞（上下，旁邊，前後），背誦到 50 • 5 ~ 6 歲：能説出物品用途，左右，全部或一半，多和少，以前以後一問一答、使用 4 ~ 5 單詞句子對話、理解相對詞（冷熱、男女、長短、大小）、清楚表達需求感受情緒、敘述生活事件因果、有興趣主動閱讀、對文字開始有興趣唸讀注音，可以背誦 1 ~ 100

年齡	指標	視覺與認知發展
0 ~ 1 歲	眼神接觸 互動	• 4 ~ 6 月：看不到人會哭，看到人和玩具會笑興奮，陌生處會四處張望，與爸媽互動時有眼神接觸，且微笑表情回應或模仿 • 6 ~ 12 月：認識家人，對陌生會警戒，躲貓貓時會找大人的臉，主動伸手玩玩具，移位至玩具處，愛丟東西後觀察，會看大人手指的位置或方向，模仿簡單手勢動作和互動（躲貓貓，丟球，擊掌）

年齡	指標	視覺與認知發展
1〜2歲	視覺模仿	• 玩玩具獲得「因果概念」，如按壓會有聲音，預測桌底下滾過的球的位置而去追能記住物品位置，想辦法獲得需求（轉瓶口取出小餅乾），辨識手勢和簡單表情意義（抱抱） • 放○△□積木入凹洞，分類相同顏色和形狀，指出圖案中的動物
2〜3歲	視覺區辨	• 指認照片中的家人，顏色形狀**配對和分類**，分辨大小，可以指認 6 個身體位置 • 點數 1〜3，能拼 3 片拼圖
3〜4歲	認知 手眼協調	• 數概念（唸 1〜10、認讀數字 1〜5），指認 4 顏色和辨別基本 3 個形狀 • 辨別大小長短、簡單分類（人，非人）、4〜8 片拼圖，分辨上下和旁邊，仿畫○
4〜5歲	數數概念 視覺記憶	• 擁有數數概念（多與少、背數 20〜50、點數 20、認讀數字 6〜10） • 辨別複雜圖形（長方形，星型）、能拼 8〜12 片拼圖，畫 2 種不同圖（花，房子） • 排序（一堆大小，前中後，1〜10 數字排序），三堆中的最多，最少
5〜6歲	複雜視覺 辨識認知	• 數數概念（背數 50〜100、點數 20 以上、11〜20 認讀和排序），有一天時間概念和看時鐘 • 複雜分類（食物動物）、分辨男女、認識各種顏色形狀（菱形，橢圓，咖啡橙色） • 空間建構遊戲、有主題畫圖、拼 20〜30 拼圖、寫數字 1〜9，認寫注音

年齡	指標	視覺與認知發展
		• 猜拳遊戲,基本常識(幾隻手指頭?眼睛幾個?)

年齡	指標	社交人際發展
0～1歲	依附關係分辨熟悉和陌生	• 2～3月:餵奶時和媽媽有短暫眼神接觸/哭鬧時抱起能被安撫 • 3～5月:不喜歡陌生人抱,被大人逗弄會微笑,被丟下一人會哭鬧不高興,眼神跟著走動的人移動 • 6～11月:和大人玩躲貓貓或拍掌會笑會模仿,會拍打鏡中自己的影像,陌生人抱會哭鬧,大人微笑讚美會重複正進行的動作
1～3歲	主動與大人互動	• 12～18月:主動要跟大人玩,稍微離開媽媽探索環境,但會回頭看媽媽 • 19～24月:會靠近小朋友,有時黏人有時拒絕幫忙,不喜歡被中斷遊戲 • 2～3歲:可以選玩具自己玩15分鐘,對小朋友有興趣靠近他但各玩各的,會玩扮家家酒(假裝掃地),陌生環境鼓勵後能和媽媽稍微分開遊玩
3～5歲	與小朋友互動加入團體	• 3-4歲:會輪流排隊,提示下會用肢體或語言說「謝謝,對不起」 大人帶領下遵守遊戲規則,有2-3人團體遊戲互動,會分享玩具

年齡	指標	社交人際發展
		• 4-5 歲：主動參與成人帶或兒童組成的團體遊戲，和其它兒童玩合作性遊戲，如組積木城堡。理解他人感受，問過他人同意才使用他人物品，可以靜坐 10 分鐘聽故事和音樂
5 〜 6 歲	合作型 互動 情緒理解表達	• 玩有競爭比賽遊戲 • 玩自己的遊戲不打擾他人 • 和同儕一起合力完成工作任務 • 說出自己的情緒

* 根據以上大領域的適齡發展皆呈現在上方表格中，除了**生活自理**部分的發展表格，要請你參考前面章節【陪玩 3 大腦做中學：陪孩子手腦並用，訓練精細動作有助大腦發展（P.72）】

　　根據這六大領域的發展來看，常見的發展遲緩兒童也有六大類型：動作發展遲緩（粗大動作與精細動作）、語言發展遲緩、認知發展遲緩、社會情緒發展遲緩、全面性發展遲緩（如：動作加語言）、非特定性發展遲緩（視覺、聽覺、知覺、感覺統合）。

　　另外，還以幾個常見的兒童發展患，如**自閉類疾患、注意力不足過動症、腦性麻痺和唐氏症**等，在這六大領域也有不同程度落後問題，這都有需要兒童聯合發展評估來確認和積極治療。

治療師雙寶阿木悄悄話

　　在 0 ～ 6 歲的六大發展面向中，往往家長通常會特別注重在孩子的語言、認知能力上的發展，卻容易**忽略了動作、社會情緒以及生活自理**等向度，反而讓孩子發展出現失衡的現象，甚至出現發展遲緩或注意力的問題。而上方呈現的 0 ～ 6 歲六大領域發展，除了可以成為早期觀察的依據，更能讓家長能了解到孩童不同年齡層的**「適齡發展能力」**，了解後就能及早準備適齡的環境與互動方式，協助孩子往下一步前進，減少環境刺激不足造成的發展遲緩。**同時大人對孩子有適當的期待，才不會過度要求揠苗助長啊！**

2、早期篩檢與評估

　　「早期篩檢」指的是較簡單的學齡前兒童發展的普篩，通常在每個縣市衛生所、社區療育據點、政府辦理的親子館（可上網查）或幼兒園會定期舉辦兒童發展篩檢諮詢的活動，請家長可以善用，幫孩子的發展進行初步把關。若你使用上方的 0 ～ 6 歲六大領域發展表格或《兒童健康手冊》連續發展圖，發現到孩子似乎有發展里程落後情形，或者在早期篩檢活動中發現有其疑

慮，請先試著調整教養方式和環境，若孩子仍然是明顯的有發展落後，建議及早到各縣市的「兒童發展聯合評估中心」進行**早期評估**。

而**早期評估**所指的則是與衛生局合作的醫療院所的專業兒童發展聯合評估，由醫院不同科專業醫療人員，對兒童進行一系列的發展評估和鑑定，如小兒科、心智科、神經科、復健科（物理、職能和語言治療師）、社工等。除了可以了解孩子的發展狀態和鑑定出兒童疾患外，專業人員亦可同時提供接下來的早期療育建議。**想了解全台 22 縣市的兒童發展聯合評估中心，可以上網參照衛生福利部網站，亦可掃 QRCODE 詳見資訊（見右圖）**，如確定為發展遲緩，就能及早得到診斷與介入。

3、早期療育

現在常聽到大家說早療「早期療育」指的到底是什麼呢？**當學齡前兒童出現發展遲緩徵兆時，提供醫療復健、特殊教育、親職教育、家庭支持、社會福利等多方面的早期介入。**讓發展遲緩孩童有機會盡快趕上一般孩子的發展，降低各方面的障礙困難發生，減輕家庭的照顧壓力。

而早期「療育」主要包含兩個概念，即是「治療」和「教育」兩部分。治療指的是在早期評估後醫院能提供的治療，包含復健科的職能、物理和語言治療的復健治療，小兒心智科（精神科）的心理、藥物治療，另外還有音樂、藝術治療。治療過程各

個專業人員都有其專長，會透過肢體訓練、遊戲治療、感覺統合、心理學等理論手法，目的都是讓孩童在六大領域發展上有所進步。

而教育指的是**認知訓練、特殊教育**。**認知訓練**一般是受過特殊教育訓練的老師，針對孩子認知遲緩的部分進行時段課程，包括基本的認知能力，像是物體的概念、形狀、顏色、時間、數學、邏輯等。

而**特殊教育**則分為兩部分，一種是巡迴特教老師會進入一般幼兒園，協助發展遲緩孩子進行的時段認知訓練。另一種，是**早期療育日間托育中心**，主要是讓障礙較明顯全面發展的孩子就讀的幼兒園。當孩子無法在一般幼兒園環境自動學習，需要較多的協助或一對一訓練，則需要這種有特教訓練過的幼教老師環境下，進行像幼兒園的全日學習。同時，申請特教服務的孩子，特教老師每個學期還會依照孩子個別能力，為孩子量身打造「個別教育計畫」，讓孩子能在大環境中仍有個別教育目標，針對孩子的弱項長期加強，降低學習與適應問題。

不管是哪種療育方式，**面對兒童發展遲緩沒有特效藥，而是治療和教育缺一不可，而這些都需家長陪伴孩子經年累月長時間的配合**，才能讓孩子逐步發展健全和適應社會。

如何尋找早期療育資源呢？

復健治療因為需要長時間每周多次的課程，一般建議尋求就近的醫療院所的**復健科與兒童心智科**。不過若住家離醫療院所較

遠，也可考慮由政府委託民間辦理的**早期療育機構**，讓遲緩兒在特定時段接受療育。而特殊教育的時段認知訓練，也可以尋求諮詢這些**早期療育機構（如家扶中心等）**的社工協助。至於幼兒園內的巡迴特殊教育，則需要學校來提出申請，才能獲得資源。

不過最重要的是，發展遲緩的孩子想要獲得早期療育的資源協助，家長必須早期觀察發現，慎重的面對孩子發展問題。當孩子進行正式專業的早期評估確認後，才能從中受益得到早期療育的資源協助。

 治療師雙寶阿木悄悄話

很多家長擔憂孩子進行早期評估和療育後，會容易被老師同學標籤化而排擠。但是在學校現場輔導孩子的多年經驗中，我發現發展遲緩的孩子並非是被診斷名稱而標籤化，而是因為自己的能力遠遠落後同儕，長期跟不上大家，最後演變成被忽略、有衝突或找不到玩伴的現實。因此，**建議家長勿忌諱就醫，要即早面對孩子的問題！父母寧可多心，也不要無心，兒童發展問題越早面對越好，才能給孩子有機會更好！**

CHAPTER

02

陪玩這樣做！
五感統合遊戲，
打造專注力和學習力

想要孩子專心，
大人就要專心陪伴！

　　曾經，一位友人較晚結婚，也因此花了許多的時間才能順利懷孕。夫妻倆好不容易生了一位可愛的小公主，讓夫妻倆欣喜不已！某天，友人卻來向我求助，希望我能協助他們。他擔憂的告訴我，快 2 歲的女兒竟然不太會玩，即使媽媽買了許多昂貴有趣的玩具給孩子，她卻總是丟來丟去，無法像其他孩子能獨自專心的玩，沒有玩法和玩興。同時，孩子快兩歲了，即使是女孩子，語言發展卻很慢，會說的話仍然很少，總是會用哭鬧來表達需求和不如意，讓他們很頭痛。

　　這時，我拿出了我家孩子小時候的舊玩具，試著吸引著小女孩的注意，但是孩子因為怕生而不願意靠近我，反而是害羞的躲到友人身後。友人認為孩子對我的玩具興趣不高，因為他們買給孩子的玩具更新穎有趣。但是我的專業可不是省油的燈，我先試著自己一個人像孩子般的操弄著玩具，讓怕生的小女孩從友人身後慢慢的看向我，讓他覺得玩具似乎很好玩，最後女孩成功的靠近了我，一起與我玩這個舊玩具。而且光是這項玩具，我們就一起玩了將近 15 分鐘之久。友人看到我光是用一項玩具，竟然還是這麼不起眼的玩具，就能跟她的孩子遊玩這麼久，讓他感到相當的訝異。

　　你們想知道，我到底對孩子施了什麼樣的神奇魔法呢？我跟友人說，**孩子能如此專心的玩，如此開心的玩，如此長時間的玩同一個玩具，關鍵魔法不在於玩具，而在於大人專心的陪伴！**

因為，玩具之所以會變得好玩，是由於陪伴的大人很好玩很有趣，讓孩子在遊戲的過程充滿了歡樂，孩子也從大人的示範互動中學會了專心和玩法。孩子，不是丟玩具用物質來滿足他們就足夠的。臨床研究顯示，只要父母願意花時間陪伴孩子，孩子的發展、專注力與行為的問題將會較少。**孩子，需要大人花心思的示範和陪伴。孩子，要陪玩就對了！**

　　當然，除了一定要放下手機，專心的陪伴，過程還是需要再施一點神奇小魔法囉，那是什麼呢？首先，我在陪伴女孩的過程，使用了前面語言章節中所提到的重要原則，**要有眼神接觸、重複說孩子懂的話、動作中同步語言解碼、聲調提高且速度放慢、要停頓等待表達後再回應。**再來，父母要對「玩」這件事有更深入的了解，因為玩中富含許多滋養大腦的重要養分。**懂得用多元又均衡的「感覺統合」理論融入遊戲中，讓孩子玩的開心，玩的盡興，玩出大腦專注力。**同時，也能從「感覺統合生活遊戲」中減少可能的發展遲緩問題。

66 **會玩，才能學會專心：
用感覺統合為基礎，降低發展障礙，
玩出大能力！** 99

孩子，就要盡情的玩！

　　傳統觀念，認為孩子應該要學習乖巧聽話，因為古人說：「業精於勤，荒於嬉。」大人總認為，孩子會因為玩樂，而荒廢了學習。但是，

對於 7 歲以前的孩子，「玩」是孩子的天職，是孩子學習的方式，是孩子尋求感官刺激大腦的過程，更是讓孩子能快樂紓壓的方法。美國人類學家 Ashley Montagu 阿什利‧蒙塔古曾說：「玩耍的能力是兒童心智健康的主要評判標準之一。」

美國國家玩耍研究院 Stuart Brown 史都華‧布朗博士在 TED 演講《Play is more than just fun》上，介紹了相關的研究。實驗如下：科學家將小鼠分為兩組，一組能自由玩耍，一組則被限制玩耍。之後，將一個帶有貓氣味的項圈放入了兩組小鼠的活動領域內，它們都因害怕，同樣快速逃竄躲藏。不同的是，能夠自由玩耍的小鼠組，很快就能出來繼續試探活動。而被限制玩耍的小鼠們卻再也沒有出來，而在困境之下的它們最後全都死了。布朗博士強調，**玩耍能夠給包括小鼠在內的動物，帶來更加積極正面的情緒與生活態度**，而被剝奪了玩耍權利的動物，大腦功能發育將受到嚴重影響，並且會更容易受到負面情緒的困擾。換句話說，「玩」的對立面不是「工作」，而是消沉和憂鬱。

這個世代的孩子，其實是玩不夠的！而這些玩與遊戲經驗不足的孩子們，容易出現感覺統合失調和專注力上的問題。根據統計，歐美國家約有 15%，台灣約有 17% 的孩子有感覺統合失調的問題。**孩子若是感覺統合失調，即使有些孩子智力皆是正常，仍可能會出現動作笨拙、學習問題、情緒不穩、情緒衝動、注意力不足或是出現行為問題，會讓孩子的表現顯得力不從心。**

家長似乎很疑惑，「孩子整天都在玩，怎麼還會玩不夠！」以前的年代，小孩大多跟鄰居朋友在室外奔跑，玩躲貓貓、爬樹、玩沙……等，玩得滿身大汗回家。這些真實的遊戲過程，可是充滿了各種大腦需要的感覺刺激，像是玩沙的觸覺，爬高爬低的前庭覺和本體覺，還有躲貓貓的視覺與聽覺等，這些都能協助大腦的感覺統合發展。同時，在有

玩伴的遊戲過程，還能培養出孩子的語言對話、社交互動，以及解決問題的能力。

而現在的都市環境，讓孩子普遍待在室內，就連在幼稚園都是在室內活動較多，回到家中大部分時間又被 3C 所占滿，造成感官刺激上的不均衡。光是生活中缺乏「動態」體能的遊戲刺激輸入，就會讓孩子動作協調差、情緒不佳、坐不住、也靜不下來專注學習，長期甚至造成大腦前額葉的發展慢，影響未來的學習。

曾有個案例，一位媽媽因為白天需要上班，因此將孫子托給阿嬤來照顧。每次下班回到家中，媽媽發現家中總是很亂七八糟，因為 2 歲的孩子沒有一刻能靜的下來，總是喜歡把家中的物品搬來搬去，如此不斷重覆也樂此不疲。媽媽看到家中如此混亂，忍不住要斥責孩子不乖，也要求孩子立刻停止動作。但是，這時阿嬤卻很有智慧的說：「你就讓他玩吧！不玩，孩子在家裡是要做什麼！」這位阿嬤的做法，應該說是相當的有經驗，更富有智慧。

在阿嬤過去帶孩子的經驗中明瞭，這年紀孩子的發展過程，就喜歡用搬來搬去的遊戲，不斷的練習使用身體。這時，不讓孩子玩，是要孩子做什麼！我想，很多家長看到此刻混亂的狀況，應該會選擇打開電視，讓孩子乖乖安靜下來吧！但是，在打開電視前，請先回顧第一章節，我提到的「螢幕對兒童大腦的負面影響」（見 P108）這時，你應該會認同，阿嬤的作法真是相當有智慧吧！

「玩」的真正意義必須是「主動」的，不是被動看著 3C 螢幕刺激。玩遊戲中大腦會主動思考，思考後執行出各種玩法，才能讓孩子學會專注。 現今的腦科學中發現，玩遊戲的過程，大腦會釋放更多的神經營養因子（BDNF），讓大腦神經長出更多分支。主動的玩中學習讓神經網路變得更緊密後，甚至能形成神經基礎迴路，讓孩子的反應更快，也慢慢

形成行為習慣。另外，有嬰兒的研究指出，遊戲中能降低壓力荷爾蒙的分泌（皮質醇 cortisol），減少嬰兒因壓力對幼兒的不良影響。特別是體能型遊戲，會讓大腦釋放大量的血清素，使孩子情緒愉悅且穩定。所以，**學齡前的孩子，我們不用強迫孩子只去學習邏輯和知識。要讓孩子盡情地去玩，用遊戲的方法讓孩子多元發展，就是對大腦最好的訓練。**

前面提到的阿嬤，選擇讓孩子盡情的玩，而不是讓電視螢幕陪小孩，非常值得鼓勵。但是如果你是自己陪伴孩子的家長，我則建議除了讓孩子盡情的玩，若能在環境中融入感覺統合原則，透過設計過的遊戲使孩子有均衡的感覺輸入，對孩子的大腦發展將更有益處。

第一章節，我們提到讓大腦健康發展的重要三件事——吃、睡和玩，而這個章節我們即將針對「玩」做詳細的介紹。我會以「感覺統合」的概念起始，先讓大家理解五大感覺系統對兒童發展的影響，以及兒童在各種感官失調時，可能出現的問題。接著，將「感覺統合」原則融入遊戲中，讓大人能陪伴孩子開心的玩遊戲。由感覺統合著手，能減少孩童刺激不足造成的感統失調和發展問題，也讓孩子從「感統生活遊戲」就能玩出大腦專注和學習力。

▲ 陪孩子盡情的玩，對孩子大腦發展益處多多。

大人若要將「感覺統合」融入兒童身處的環境與遊戲中，幫助孩子大腦發展，首先就要先了解感統合是什麼，以及重要的五大感覺系統。

"什麼是感覺統合?"

　　感覺統合學說,是由美國職能治療師艾爾絲博士提出。「感覺統合」主要是探討「各種感覺類別」、「大腦中樞神經」與「人類的各種行為反應」的關係。感覺統合學說認為我們人類做出來的反應,包括行動、情緒和行為,都是源自於感覺刺激輸入,刺激經由神經與大腦處理解釋後,所做出的適應反應。**換句話說,感覺統合即是探討「感覺刺激輸入→大腦中樞神經→動作行為反應」的歷程和關係。**

　　那感覺統合為何對 0 ～ 7 歲的兒童會特別重要呢?艾爾絲博士認為,孩童在 7 歲以前,大腦就像一部**超級感覺處理器**,因此這時期的兒童會愛動也很難控制,他們會忙著一直尋找感覺刺激,但卻很少用大腦去思考,這也稱作兒童的「感覺動作期」。**在這個時期,若有足夠的感覺刺激,有較多的感覺動作經驗,大腦就能因此獲得較多的學習經驗。這對孩童未來的動作協調、情緒穩定、認知學習、運筆寫字、課業學習和適應社會,都會產生極大的益處。**相對的,如果兒童在生活上明顯的感覺刺激不足或不均衡,將會造成孩童發展、情緒和行為上的問題。

　　兒童的大腦不像成人已累積了多年豐富的感覺經驗,能像大人做出任何反應都能既迅速又自然,因而大腦「感覺統合」的學習歷程對兒童相對的重要。兒童在適應環境的過程中,需要先透過各種感官,如手腳、耳朵、眼睛……等,來蒐集多元的刺激訊息,以察覺環境狀態和自己狀態,接著讓大腦學習去過濾、選擇、判斷和處理,才能做出反應面對環境所需。

　　透過如此不斷的「感覺輸入→大腦知覺處理→動作反應」的歷程,讓孩子學習做出各種行為反應。當這些行動反應不夠良好,看起來就像是孩子的犯錯經驗,而這都能回饋給大腦進行修改,讓孩子下一次用更

有效率、更快速的方式來回應環境。反覆經驗的感覺統合過程，就能讓大腦神經連結更複雜更多元，形成嬰幼兒在各領域上的適齡發展，如動作、認知和語言能力，孩子的各項反應也會越來越良好且快速。

更多的感覺統合內容，也建議可以再回頭看第一章「陪玩1」（見P48）的解說，我們接著來認識重要的五大感覺系統。

認識重要的五大感覺系統

感覺統合的歷程中，「感覺刺激」即是啟動歷程的原動力。**而感覺刺激的輸入需要透過身體各處的感覺器官來收集，包括了七大感覺系統，觸覺、前庭覺、本體覺、聽覺、視覺、嗅覺和味覺。在這當中，又以前面五大感官在遊戲中是最為重要**，我會進一步逐一為大家說明。而後面的嗅覺和味覺，我們會建議從副食品與進食吃的過程中，嘗試多元的食物來當作嗅覺和味覺的漸進式練習，因此就不在此另外說明。

一般人總會認為，孩子要有專注和有學習力，需要在孩子很年幼時就給予大量的視覺和聽覺訓練，因此許多家長會拼命從嬰幼兒期，就讓孩子多「看」圖卡和「聽」英文來開發大腦。但事實上，在感官發展順序上，反而是**觸覺、前庭覺、本體覺**最為重要也最為基礎。當觸覺、前庭覺和本體覺系統先有良好的發展後，**視覺和聽覺**才會如虎添翼般有效率的發展和整合。因此，了解感覺系統的發展，才能在對的時機提供有效的陪伴。另外，各種感覺系統雖然各自獨立的發展，但是會相互整合且相輔相成。

各種感覺系統都有要透過「受器」來接受外來刺激，再經由神經系統把訊息傳遞到腦幹組織，再由大腦負責區塊處理後形成「知覺」解讀，最後做出對此感覺刺激的行動與反應。

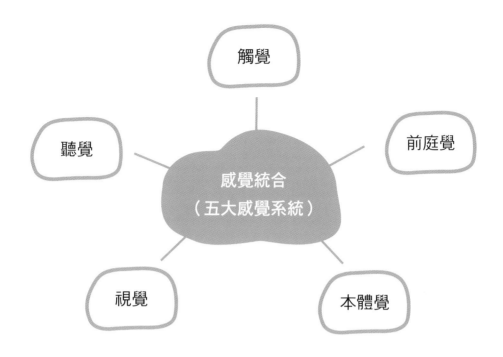

觸覺

聽覺

前庭覺

感覺統合
（五大感覺系統）

視覺

本體覺

　　「觸覺」的接受器就在皮膚上，傳遞至大腦感知疼痛、溫度、碰觸、物體質感……等，**影響孩子吸吮生存反應與全身動作發展**。「前庭覺」的接受器在內耳，傳遞至大腦感知平衡、頭部位置和對抗地心引力，**保持孩子動作平衡且避免危險**。「本體覺」接受器在肌肉關節裡，傳遞至大腦感知肢體位置和動態，**控制著孩子的每個姿勢和動作**。觸覺、前庭覺和本體覺這些感覺系統，都影響著孩子最早期和「初階」的能力，像是吸吮生存、避免危險的平衡和動作反應，因此在五大感覺中相對的重要。

　　而聽覺與視覺的受器，在眼睛和耳朵，影響著較「高階」的能力，像是聽覺影響聲音語言的辨識和理解，而視覺影響著顏色、形狀……等認知學習與手眼協調。這五大感覺系統，理當都要在生活中均衡的提供刺激得以發展，不過聽覺和視覺系統的發展可以慢慢來，等初階感覺系統先健全更為適合。

將遊戲融入五大感覺刺激，均衡發展大腦與專注力

　　在臨床上，我們職能治療師會使用「感覺統合理論」放在治療課程中，幫助各種感覺統合失調與發展問題的兒童，也包括發展遲緩、學習障礙、注意力不足過動症、自閉症、早產兒等。我們會評估孩子在感覺系統上的問題，在遊戲課程中量身訂作提供適量的感覺動作活動，改善孩子感覺太敏感或太遲鈍、動作計畫或協調不佳、警醒度或專注力不穩定、前庭反應不足和好動、精細操作笨拙和不靈活……等感覺統合失調問題。

　　在一般兒童發展上，我則建議大人要有「預防勝於治療的概念」。在孩子沒有明顯發展問題前，就要主動了解五大感覺系統對於發展的重要性，將均衡的感覺刺激放在兒童生活中和遊戲中，減少孩子感覺統合失調與發展問題，也逐步培養出大腦專注與學習力。簡單來說，**我們即是善用大腦感覺統合，對孩子因材施教。**一個感覺統合良好的孩子，能有協調的動作、愉悅的情緒、穩定的專注和適應環境的彈性，更能給人聰明和開朗的印象。

　　接下來，我們將逐一說明，五大感覺對兒童發展的重要影響，以及跟孩子一起來玩感統生活遊戲囉！

▲ 感覺統合對兒童發展非重要，良好均衡更能使孩子專注、穩定、有適應力！

觸覺 親子間最初的互動語言，玩出好情緒

「觸覺是親子間最初的語言，觸覺加上動覺是孩子學習的起始！」

小信是個白皙可愛的孩子人見人愛，但是媽媽從小卻覺得他很難照顧。每當小信睡覺時，總會輾轉難眠，即使睡著也很容易驚醒。睡覺時，一定要大人陪在一旁，但是大人想擁抱著他睡，他卻不太喜愛還會掙扎。房間一有個風吹草動，有窗戶亮光或開門聲音，都能驚動孩子醒來哭鬧。每次洗澡洗臉或穿衣服時，小信也特別難搞，很容易沒來由的哭鬧。而讓爸媽印象最深的是，爸媽第一次帶小信到大草原遊玩時的情況。當小信光著腳踩在草皮上的那個時刻，小信感覺非常的緊張，甚至到最後還哭鬧到歇斯底里。越來越大的小信，爸媽發現他不喜歡團體中別人的碰觸，也很容易感到緊張害怕，情緒起伏比其他孩子大，甚至不時的會習慣咬自己的手指和腳指甲，讓爸媽感到十分困擾。

像小信這樣的狀況，其實可能就是面臨到感覺統合裡的「觸覺系統失調－觸覺敏感」的問題，讓小信面對外界環境過於敏感，也需花較多時間來適應環境。現在，我要讓大家一一認識感覺統合的五大感覺系統（簡稱五感），五感對於兒童發展的重要影響，以及兒童感統失調時會出現的狀況題，最後，我會帶著家長陪孩子玩，用感覺統合生活遊戲主動刺激大腦神經學習。這個單元，我就從「觸覺系統」開始來詳細說明。

認識觸覺系統

　　觸覺系統可稱為五大感覺系統之首，因為觸覺的受器，遍布在我們全身的皮膚之中，**是人類最廣大的感覺系神經系統，具有生存保護和避免危險的重大意義**，它對兒童發展扮演著最基礎、最重要的角色。

　　觸覺系統能讓孩童能察覺到自己身體和外界環境的訊息，而訊息主要分為兩種「初階的觸覺感知」、「進階的觸覺辨識」。

　　「初階的觸覺感知」指的是，輕觸、觸壓、疼痛和溫度等，感知這些無須大腦參與的簡單訊息。它通常跟生存與危險反應有關，如寶寶碰到奶頭會轉頭吸吮，寶寶遇到毛巾遮住臉孔會掙扎撥開，尿布濕了會不安哭鬧，媽媽擁抱後會感覺舒服。

　　「進階的觸覺辨識」則是觸覺定位感、質感、重量感、物品大小實體感、兩點辨別感等，感知必需由大腦參與判斷的複雜訊息。它通常與動作控制和精細操作有關，更影響著孩子進階的學習能力。

觸覺會如何影響兒童發展

多撫摸，能促進孩童生長

　　當你還在擔心，孩子哭鬧時，抱起寶寶會寵壞孩子，那就大錯特錯。觸覺撫摸竟然能刺激迷走神經，進而刺激生長激素、胰島素的分泌，讓孩子營養吸收好，生長的更好，腦神經也能長的好。在臨床研究中發現，體重較輕的早產兒，能透過多撫摸和擁抱，協助他們的生長、

體重和生存，也讓他們能早點出院。**親愛的爸媽們，別再害怕抱孩子會慣壞他們了！多抱，孩子會成長得更健康！**

光是觸覺擁抱，能穩定孩子情緒

每當寶寶一哭鬧時，只要媽媽一抱起撫摸就能乖乖安靜，這就是觸覺的神奇魔法。觸覺擁抱是一種愛的荷爾蒙，當親子間緊貼的肌膚時，會讓寶寶和媽媽都能分泌催產素，讓彼此感到舒適愉悅，感到被愛著的安全感。事實上，當寶寶感到不舒服有壓力時，他們也會透過吸吮手指頭的觸覺方式當作自我安撫。

觸覺也可以說是親子間最初的語言，親子間無須語言，只要透過觸覺擁抱，就能建立良好依附關係。觸覺能撫平負面情緒，幫助孩子的情緒發展，幫助孩子相信環境和社會化。因此小時候多擁抱孩子、親子間建立良好的依附關係，都能成為孩子長大後的自信和正向人際關係。臨床發現，**若孩子觸覺刺激過少、或先天觸覺過度敏感，嬰兒期會有情緒差愛哭鬧、個性內向，容易分離焦慮等狀況。**

觸覺良好，能輔助孩子大小動作、視知覺的學習

觸覺加上動覺，是孩子學習的起始！孩子能透過觸覺和動作先認識自己的肢體，也認識碰觸的物品形狀和感受，最後學會用動作計畫來操控物品。因此，良好精準的觸覺，孩子才能有靈活的動作操控能力，就連未來孩子的寫字能力，也與觸覺息息相關。孩子的手指觸覺不靈敏，無法有效調整操作力量與姿勢，生活自理活動或寫字時，動作會顯得較笨拙也容易覺得累或吃力。

寶寶時期的視覺仍未成熟，他們視力較弱是無法單用眼睛來看，而是需要透過大量的觸摸經驗協助他們發展出視知覺，像是辨識物品的大小、形狀和外觀。因此，觸覺系統能輔助兒童早期發展視知覺與許多認知概念。

66 從那些日常行為察覺 觸覺系統失調 99

當孩子觸覺系統失調，包括觸覺太敏感與頓感，孩子可能會出現的以下的這些狀況，家長可在生活中多觀察留意。（下方勾選的項目越多，代表著觸覺失調狀況越明顯）

- 拒絕不經意地被碰觸，會有情緒反應過大或有攻擊行為。
- 討厭髒兮兮，避免手或身體接觸他認為髒的東西，如黏土、顏料或泥巴。
- 生活中討厭被觸碰，從被擁抱、洗臉刷牙、洗頭或剪髮會有討厭情緒。
- 特別挑剔某些材質衣物或床單，討厭穿襪或脫襪
- 不合天氣的衣著，如夏天穿外套，冬天不穿長袖。
- 討厭害怕草地、沙地、球池或毛絨絨的布偶等。
- 在排隊擁擠人群中，顯得討厭焦慮有情緒。
- 副食品吃得不好、吃飯很挑剔。
- 對疼痛反應過大，小傷也過度反應。
- 手過分地喜歡摸東摸西，異常愛脫鞋赤腳
- 異常愛咬手指、撕皮或咬東西
- 過分地喜歡肢體接觸或大肢體碰撞
- 觸痛覺遲鈍、感覺神經很大條，有時受傷也沒感覺。

孩子的感覺統合失調問題，可能來自先天遺傳和後天的刺激不良，家長無須自責與過分緊張，但可以在生活中逐步給予機會練習和適應，孩子就能慢慢的進步囉！不過，如果家長可以在生活中努力保持下面的生活原則或提供豐富的觸覺遊戲，持續一段時間後仍感到孩子發展有疑問和狀況，建議請尋求職能治療的專業協助。

" 協助觸覺系統發展的生活 & 陪伴原則 "

爸媽可以這樣做

1 多擁抱和嬰兒按摩

嬰兒時期除了多擁抱孩子外，大人要時常給予肌膚的按摩，透過觸覺建立感情與幫助孩子情緒穩定。大人可以選擇徒手按摩或用乳液來按摩，一邊按摩時可一邊跟孩子輕柔對話或唱歌，增加孩子的安定感。孩子的觸覺通常較敏感，建議嬰兒按摩時，要以「順毛髮」方向慢慢按壓，從「較不敏感的背部、手腳部位開始」。

2 多趴多爬行

寶寶 3 個月開始，即可時常放孩子在趴姿下去逗弄他，讓身體能大面積去接觸事物。寶寶會翻身後，不要總是讓孩子躺著，要多趴著遊戲和往前觸摸。6 ～ 7 個月後，孩子開始會爬行對兒童更是重要，因為爬行時能提供大量的觸覺刺激，也同時幫助動作發展。

3 多元嘗試食物：

從孩子 4～6 個月大就開始讓寶寶嘗試副食品，能減少往後口腔過度敏感影響吃或挑食的狀況，隨著孩子年紀長大，也要逐漸多元嘗試各種的食物。在孩子 7 個月開始，可以讓他們用手碰觸食物和拿食物起來吃，除了提供觸覺更能銜接往後孩子自己動手吃的能力。

4 多動手操作：

觸覺與手部精細操作密不可分！大人不要害怕會麻煩與髒亂，從小要多提供孩子生活自理能自己操作的機會，如穿脫衣褲鞋襪。生活中也提供孩子手部操作的多種玩具，如塗鴉、黏土與美勞活動……等，讓孩子在嘗試錯誤中學習，讓觸覺能更敏銳，操作能更精細。

5 多親近大自然；

說真的！絕對沒有比戶外大自然擁有更豐富觸覺刺激的地方了，像是草地、沙地、樹枝樹葉、水……等。大人不要捨近求遠，多帶孩子奔向大自然的懷抱，可以跟孩子一起赤腳，可以一起躺在草皮上，去感受豐富觸感的大自然吧！

玩吧！0～6歲觸覺為基礎的感統
生活遊戲，玩出大能力

　　當孩子有良好的觸覺系統，他能自然而然接受觸碰不反應過大，用觸覺來認識這個環境與世界。他能有觸覺的敏銳度，能明瞭並認知危險或生活的事物。他能不用特殊的觸覺行為滿足自己，如一直吃奶嘴和吃手。他的觸覺和動作也能相互整合，使孩子的動作與操作能自如輕鬆，輕鬆的應對生活的需要。

　　那在親子陪伴過程，要如何來促進孩子觸覺整合呢？當然就是玩遊戲囉，讓孩子從玩中學習，效果是最好的。我們無須買昂貴的玩具，只要善用生活素材和簡單的玩具，將其融入觸覺原則，就能輕鬆玩出大腦專注與學習力。

　　雖然以下介紹的遊戲是以觸覺為基礎，但是仍會有其他感覺系統同步整合，達到相輔相成的功效。像是孩子的身體動作將能提供更多的身體觸覺，而觸覺也與孩子的手部精細動作密不可分，達到相互整合與相輔相成。快陪孩子，玩吧！

▲ 經常和孩子擁抱，也能促進觸覺發展。

擠沙拉‧切披薩

器材	適合
無（只要爸爸媽媽溫暖的手）	不分齡，但最適合 0 ～ 3 歲兒童 適合黏人情緒多，觸覺敏感和需求大的孩子

這樣玩

「擠沙拉」是針對手和腳四肢的部位，進行觸覺按摩。擠沙拉的方向由肢體近端（肩膀／髖部）往遠端（手指／腳丫），幫四肢順毛髮的深壓，就像媽媽在擠美乃滋一樣的方式進行。可以一邊擠沙拉時，一邊唱身體部位唱歌，如「手手手手，媽媽摸手手。腳腳腳腳，媽媽壓腳腳」……等。

「切披薩」是針對背部和腹部的部位，進行觸覺按摩。切披薩可以建議先從觸覺較不敏感的背部開始，最後再進行較敏感的腹部，這樣孩子比較不會感到不舒服或有情緒。我們可以先幫披薩塗上番茄醬，「塗番茄醬」這個步驟會以從上到下深壓並兩手掌輪替進行。接著，切披薩的步驟，則是用手側邊進行輕輕敲背的動作，腹部則不適合輕敲，只適合塗番茄醬的步驟喔！

最後要跟孩子說：「媽媽要吃好吃的披薩囉！」用一個大擁抱來結束！

小提醒：觸覺按摩時，可以直接以手掌肌膚按摩，冬天時也可用嬰兒油或乳液來按摩喔！

176

好好吃春捲

器材

小棉被或小毯子

適合

不分齡，最適合 4 個月～ 3 歲兒童或
觸覺敏感、觸覺需求高的兒童

這樣玩

1. 讓兒童躺在小棉被的一側，臉和頭部要在小棉被外面，避免悶住危險。

2. 大人將兒童像春捲一般慢慢的捲動，直到棉被的另一側。包春捲的過
程，大人可以一邊哼唱自創的歌曲（如
包春捲，包春捲，大家都來包春捲！）

3. 孩子在小棉被中當春捲時，大人可
撫摸孩子的臉龐，讓孩子認識自己
五官，也可以跟孩子一起哼唱歌
曲或一起數數。透過大人的陪
伴，讓孩子慢慢感受深壓觸覺的
安定感。

小小球池

器材	適合
彩色小球、浴缸或大收納箱	不分齡，但最適合 7 個月～ 3 歲兒童

這樣做

先準備幾個小球，把它貼上大大的貼紙，將這些貼紙小球混合進其他小球中。

跟孩子一起把不同顏色的塑膠小球，一一投入大收納箱（適合 1.5 歲以前的小寶寶）或者是投入浴缸中。這樣浴缸或收納箱，瞬間就能變身觸覺小球池。

讓兒童全身泡在充滿小球的球池中，在身體充滿了小球的觸感時，孩子會繼開心又興奮（若使用浴缸，請務必注意避免孩子去開熱水水龍頭，家長須全程陪伴）。

我們請孩子悠遊在小球中，請孩子把有貼紙的小球一一找出來，接著用力丟到前方的收納盒中。

如魚得水

器材

浴缸，沐浴泡泡，
洗澡小玩具，小水杓

適合

安全考量不建議 1 歲以下寶寶，
最適合 1～3 歲兒童

這樣做

1. 將浴缸中放七～八分滿的洗澡水，在水放入寶寶專用泡泡沐浴乳，讓水中充滿了泡泡，讓孩子除了感受水的觸感，也能有泡泡的觸感。

2. 將洗澡小玩具放入水中，像是塑膠小鴨、小魚等玩具，讓玩具能在水中漂動著。

3. 給孩子一個小水杓，請他一一的把水中小玩具撈起來，放到大盆子中。另外，也請孩子將水中的泡泡，用雙手捧著慢慢的蒐集在另一個盆子中。

4. 最後，將泡泡一一在放在孩子不同部位的肌膚上作奶油畫，如頭髮、鼻尖、肩膀……等，促進觸覺刺激與整合。

小提醒：請注意熱水，大人須全程陪伴。

手指印印畫

器材	適合
無毒手指膏、無毒手指印、大白紙或圖畫紙、彩色筆、紙板和美工刀	適合一歲以上的寶寶，或觸覺敏感或觸覺需求高的兒童

這樣做

玩法一：

選擇一張大白紙，大人可以先自由在上方畫上孩子喜歡的主題，像是小魚、氣球、蘋果、汽車等年紀較小的孩子，使用小手指壓手指膏，直接印在小魚、氣球…等的圖形上，除了提供觸覺大量的刺激，也培養手眼協調動作。

若是年紀大一點的孩子，可鼓勵孩子依照大人示範的圖案，試著用手指模仿出圖形。當然，也能鼓勵孩子用手的不同部位，用不同顏色來創作各種造型喔！

玩法二：

大人先裁剪紙箱來當紙板用，在紙板上畫出圖形圖案，如愛心、車子…等，再用美工刀裁掉圖形，讓其變成中間簍空的狀態。

把裁剪好的圖案紙板，放在一張大白紙上。讓孩子選擇喜歡的手指膏顏色，使用手指一一印在紙板簍空處，直到用手印填滿。接著，將紙板拿起後就會孩子用手指印出的美麗圖形了。

食物家族

器材

無，需要躺在床上

適合

2～5 歲的兒童最適合，
屬於家人睡前親密小遊戲
適合觸覺、敏感和需求高或情緒多的
孩子

這樣做

1. 每個人依序為自己取上同類別的食物名稱，如
弟弟是小香腸、姊姊是小米腸、媽媽是大米
腸、爸爸是大肥腸……等。

2. 遊戲前，家人都躺在床上或軟地板上。每
個家人要輪流上菜，而輪到的人要喊出
至少兩種菜名，如：「大米腸加小香
腸，上菜了！」，這時大米腸要去找
小香腸「緊緊的觸覺擁抱」，而其他
家人負責用觸摸身體四肢方式來品嘗
食物。

3. 透過深壓擁抱當睡前小遊戲，能增加孩子
情緒的穩定，也能提升家人的親密關係。

麵團黏土玩創意

器材	適合
豆類（黃豆、紅豆或綠豆）、麵粉、鹽、食用色素、大碗公或無毒黏土	安全考量建議 1.5 歲以上兒童較適合，適合觸覺需求高、觸覺敏感和手指力量不足的孩子。

這樣做

初階玩法一：

2 歲以下年紀較小的孩子，我們建議使用全天然的材料來玩，即使誤食也較無仿。全天然是選擇麵粉來做成麵糰，年紀較大的孩子則可直接使用無毒黏土來玩。

麵粉要做成麵糰，需要在大碗公中放一杯麵粉並加入半杯鹽，慢慢加入半杯水後陸續攪拌，最後加入喜歡的食用色素顏色，讓麵團變成各種顏色的黏土。這整個過程，都能讓孩子共同參與，若是直接使用無毒黏土，以上步驟則可以省略。

讓孩子將麵團或無毒黏土搓揉後壓成扁圓形，接著拿出準備的豆類，讓孩子用手捏著豆子一一壓在麵糰或黏土上。可以讓孩子隨意按壓創作，或者由大人示範在黏土和麵糰上壓出一個臉譜或各種圖案造型，讓孩子模仿做出來。

初階玩法二：

1. 請孩子將麵糰或無毒黏土捏做正方形、三角形、圓形等各種形狀，訓練孩子手部力量控制和協調。

2. 再請孩子在不同形狀上，畫出不同表情臉譜。

豆袋尋寶

器材

束口布袋、豆類（黃豆、紅豆或綠豆）、各種形狀積木或小玩具

適合

適合 2 歲以上兒童，適合觸覺敏感、觸覺辨識差或頓感的孩子

這樣做

初階玩法一：

1. 準備 3 個束口袋，將整大碗的豆子一一倒入束口袋中。再準備三種不同形狀的積木堆，分別放入 3 各束口袋中。三種積木分別留下一個，讓孩子能看的到積木分別的形狀。

2. 拿出其中一種形狀的積木，告訴孩子要從袋子中找出一樣的積木。接著讓孩子手伸入分別到三個束口袋中一一摸索，找出一樣的形狀的目標，並將積木組合起來。之後，可再分別找出其他種類的積木。

進階玩法二：

1. 準備家中的一些小玩具，先一一用手機拍照下來。

2. 準備一個大束口袋，將整大碗的豆子倒入束口袋中，再將小玩具都放入。

3. 打開手機中的照片，指定一個目標照片，先讓孩子看到目標物，再請他手伸入束口袋中去找出一樣的目標物品。不用眼睛，光用觸覺來辨識物品，對孩子是相當大的挑戰和訓練。

貼紙列車

器材

各種顏色圓點貼紙（年齡越小
貼紙選擇越大的圓點）、
彩色筆、白紙或圓點圖底紙

適合

適合 1.5 歲以上的兒童，
適合培養兒童初階手眼協調

這樣做

在白紙上畫上卡通圖案，再畫上幾條粗的直線或曲線（如圖）

用彩色筆將圖案塗上幾種顏色，同時選擇與圖案顏色一樣的圓點貼紙。

貼貼紙過程除了培養手眼協調，也讓孩子能認識配對顏色。

大人將圓點貼紙撕下後，貼在孩子的手腳皮膚上，讓孩子善用觸覺分別
找出來並撕下貼紙，按照不同顏色一一貼在直線上。若孩子不排斥貼紙
貼在皮膚上，也可以讓孩子自己撕下來貼在小手小腳上喔！

當孩子年紀大一點，則可以讓孩子自己畫圖，自己沿圖貼圓點貼紙。

海綿寶寶

器材

洗車或洗碗海綿、二個小盆子

適合

適合 2 歲以上的兒童，適合
觸覺敏感和觸覺需求高的孩子

這樣做

1. 將一個小盆子裝五分滿的水，放入一塊洗碗或洗車海綿。

2. 讓孩子用手把海綿吸滿水，再把它用力擠乾到另一個小水盆中，同時要
鼓勵孩子能控制動作不把水擠出來。來回反覆，直到另外一小盆的水裝
滿為止，簡單小遊戲卻能滿足孩子觸覺需求與觸覺動作整合。同時也訓
練孩子的手部力量和控制。

撕紙貼畫

色紙或廣告紙、
白紙或畫圖紙、膠水

適合 2.5 歲以上的兒童，適合精細
動作力量差和觸覺敏感的孩子。

這樣做

大人可以在準備好的白紙上畫卡通圖
案，或上網列印免費或付費提供的圖案
亦可。

準備色紙，請孩子用前二指指尖兩手協
調，分別往相反的方向來撕紙，必須盡
可能撕成小片。

用膠水塗在圖案上，請孩子發揮創意，
將各種顏色紙撕小片一一貼在圖案上，
創作美麗的圖畫。

猜字遊戲

這樣做

1. 大人將數字、注音或簡單的文字分別寫在紙條上,當作出題的題庫。
2. 陪孩子用手指,沿著紙上的符號,像寫字動作方式來比畫練習。
3. 接著,大人用手指在孩子的手心上寫出題庫中的數字或文字符號,讓孩子猜猜看答案與哪張紙條的字一樣。
4. 交換角色,讓孩子依照題庫出題,寫在大人手上,讓大人來猜字。

※ 除了以上介紹的遊戲,你也可以和孩子創造屬於自己的專屬遊戲喔!

前庭覺 感受重力、發展平衡、動出專注力

「前庭覺讓孩子在搖頭晃腦中練平衡，
更讓孩子能在動靜之間學專注！」

舉例一

　　小偉是媽媽辛苦安胎 3 個月才生下來的寶寶，雖然小偉出生時身體十分健全，沒有任何生理上的問題，但是媽媽在陪伴他成長的過程，卻發現小偉似乎在學坐、學爬與走路的歷程似乎都比別的孩子慢。因此，媽媽決定要多會帶小偉到公園的遊樂器材去遊玩，希望孩子動作能進步。第一次溜滑梯時，小偉看起來既期待又興奮，但溜了 1～2 次之後，他便開始排斥上去溜滑梯了。媽媽決定帶孩子試試看盪鞦韆，但是小偉上去盪鞦韆準備要搖晃時，就已經臉色驚慌並急忙跳下來。當媽媽拉著他再上去嘗試，他卻賴坐在地上大哭的拒絕。從此之後，媽媽就不再勉強孩子玩這些遊樂器材，認為這個孩子可能是書生型氣質，天生不愛跑跑跳跳。直到小偉上了幼兒園，被老師發現他動作總是跟不上同學，上課很容易恍神不專心，老師的指令反應也較慢，人際互動上也較被動不易融入團體。

舉例二

小泉也是個讓爸媽十分的頭痛人物，他與小偉剛好完全相反。小泉家裡是書香世家，家中非常強調要文靜聽話，可是事與願違。小泉從會爬開始，就非常的活潑好動，在家總是爬高爬低，沒一刻停的下來。就連媽媽要陪他念讀繪本和玩玩具時，他都顯得很沒耐心，一下子爬到媽媽背上再滾下來，一下子跑去騎三輪車還會故意去撞牆壁。不過他最喜歡當空中飛人，每次都從沙發上一躍而下，讓媽媽覺得這孩子實在太沒規矩了。上了幼兒園後，小泉上課依舊是動來動去、注意力不集中，上課常常是狀況外，聽指令總是有聽沒有到，讓身為教職人員的媽媽感到很無奈。

像小偉和小泉這樣的狀況，可能就是面臨到感覺統合裡的「前庭覺系統失調」的問題。小偉是前庭覺過度反應的狀況，因此他不愛動作和有速度的遊具。小泉可能是前庭覺反應不足的狀況，讓他過度尋求刺激活動，這兩種狀況都可能影響孩子的專注學習。接下來，我會針對「前庭覺系統」部分來詳細說明。

66 認識前庭覺系統 99

前庭覺系統是五大感覺系統之最，因為**前庭覺是兒童最早發展出來的感覺系統**，打從胎兒初期就已經開始發展，而且大部分的時間都在默默工作，神經也與小腦、腦幹相連通，對腦部是相當重要的基礎感覺。前庭覺的受器在內耳的三半規管和耳石器官，**負責偵測人體面臨的地心引力（重力、加速度與減速度）**，調整頭部位置和身體平衡，用以保護人類的在最有利的姿勢，避免失去平衡有危險。

前庭覺是個默默辛苦做工的感覺系統，只要我們的頭部有任何的一點動作，就會產生前庭刺激。當孩子在學習抬頭、轉頭、搖晃、翻身、爬行、攀爬、跑步或跳躍過程中，前庭覺其實都在感受身體在空間中速度的變化，努力控制身體能保持在最佳的姿勢位置，讓人類能做出想做的反應來適應環境。

內耳的三半規管負責感受快速的變化移動，而耳石器官則負責慢速持續性的移動，各司其職幫助人類在移動中做出反應。**前庭覺不但能刺激兒童肌肉張力和力量的發展，更與本體覺合作做出平衡動作、姿勢控制和兩側協調，讓我們能維持在良好的姿勢活動，甚至影響著眼球的肌肉控制。**前庭覺更能影響著其他感覺系統的發展，對兒童腦部發展扮演著很重要的角色。

前庭覺會如何影響兒童發展

前庭覺影響身體和運動能力

前庭覺透過不斷的偵測重力，幫助孩子從嬰兒時期發展出「能抵抗地心引力的力量」，形成駕馭環境、自主控制動作的能力。前庭覺同時會與本體感覺訊息整合，協助孩子能隨時調整姿勢和動作控制來適應環境，讓孩子在任何學習過程中都較輕鬆靈活。**若前庭覺失調的孩子，可能會像趴趴熊一般較無力、容易累、害怕姿勢的改變、操作時身體姿勢不良、動作笨拙、動作計畫和技巧不好等狀況。**

前庭覺系統同時控制著眼球肌肉動作的協調性，影響兒童頭部或身體移動時，眼球持續注視和追視的功能。**若孩子的前庭覺失調，眼球追視會不平穩，因而出現丟接球很差、閱讀不流暢、寫字時會漏字跳行、寫字時空間配置怪異等狀況。**

偵測地心引力的前庭覺，也影響著孩子在速度中學習前後、遠近、高低和左右的視知覺與空間知覺。**若前庭覺失調，會造成孩子視知覺、空間概念弱，如形狀、方向、左右會分不清楚的狀況，讓拼圖、寫字等學習能力較弱。**

不同的前庭刺激，對情緒會產生不同效應，例如坐在慢慢搖晃的搖椅上，可穩定孩子的情緒、使孩子舒服而入眠；而快速的盪鞦韆搖晃刺激，可使孩子感到興奮、警醒與清醒。因此，前庭覺也會影響到兒童情緒的穩定度。

而前庭覺還有過濾訊息的功能，讓孩子能維持在穩定警醒的專注度。前庭失調的孩子，會對加速度刺激過度反應與不反應。當孩子對前庭覺過度不反應，會出現有好動停不下來，過分喜歡刺激的狀態。而當孩子對前庭覺過度反應，卻反而有過度害怕高度和移動，以及注意力不集中的狀況。前庭覺的過於不及，都會影響到兒童警醒度、專注力與活動量的發展。**臨床常見到過動兒、自閉症病患的兒童，都有前庭覺失調的問題。**

前庭覺影響著聽知覺

　　前庭覺的受器和聽覺系統同樣都在內耳的位置，同時兩者的神經傳遞都交會到第八對腦神經，因此息息相關且相輔相成。我們在臨床上發現，**天生聽力障礙的孩子，透過前庭覺刺激的感覺統合治療，對於聽力與動作協調上都會有改善。**

" 從那些日常行為察覺前庭覺系統失調 "

　　當前庭感覺系統失調，包括前庭覺過度反應與不反應，孩童可能會出現以下的這些狀況，家長可在生活中多觀察留意。（勾選項目越多，代表前庭覺失調越明顯）

前庭覺過度反應

☐ 對空間較害怕，或腳離地過於焦慮（怕蹺蹺板、跨過水溝、手扶梯樓梯不敢放手）。

☐ 不愛玩有高度的遊戲（舉高高、盪鞦韆、攀爬或打鬧遊戲）。

☐ 怕旋轉或加速遊戲、容易暈車（溜滑梯、盪鞦韆、旋轉設施）。

☐ 在熟悉環境中，也會黏著人或家具，似乎不敢放手。

☐ 明顯不愛動態活動（如木馬、盪鞦韆、翹翹板）。

☐ 肌肉張力低、坐姿或站姿不良、容易喊累。

- -

前庭覺過度不反應

☐ 一再重複刺激活動（如高處跳下、盪鞦韆）、好動坐不住。

- 一再反覆旋轉搖晃（如轉椅子、旋轉咖啡杯、翻滾），都不覺得暈和累。
- 動態環境後過於興奮，醫醒專注起伏大，注意力不易持續。
- 平衡較差，彎腰起來易失去方向，容易跌倒或撞到頭。
- 不時的會轉圈圈或不自主搖晃身體。

　　孩子的感覺統合失調問題，可能來自先天遺傳和後天的刺激不良，家長無須自責與過分緊張，但可在生活中逐步給予機會練習和適應，孩子就能慢慢的進步！不過，如果家長在生活中努力保持以下的生活原則或提供豐富的前庭覺遊戲，持續一段時間後仍感到孩子發展有疑問和狀況，建議請務必尋求職能治療的專業協助。

66 協助前庭覺系統發展的生活 & 陪伴原則 99

66 爸媽可以這樣做

1 不只是躺著，多變化身體姿勢：

即使是嬰兒時期，也不要讓寶寶整天看著天花板發呆。大人若能多給孩子感受不同的姿勢，如抱起、搖椅、搖床、趴姿、直立坐起、翻滾和爬行等，才能刺激前庭覺系統以及動作發展。

❷ 在安全空間，多讓孩子探索：

讓孩子每天能自由的移動身體，才能發展出良好前庭覺與動作發展，也能刺激大腦神經連結。因此，大人最好從小為孩子準備好安全與足夠的活動空間，如鋪上大地墊、防撞裝置或寶寶圍欄。4 個月以後會翻身的寶寶，就應該給於安全環境，多鼓勵他們能用身體去移動、去探索，去體驗移動與速度。大人別過度擔憂，而限制孩子行動，也限制了兒童大腦發展。

❸ 親子間，多玩姿勢動作小遊戲：

家長可以跟孩子玩一些簡單的親子姿勢動作小遊戲，如抱著孩子玩小飛機飛高高，坐在爸爸腿上玩碰碰車，也可以扶著孩子趴在大龍球，感受搖晃加速度等前庭覺刺激的親子小遊戲。除了協助前庭覺發展，更增加親子眼神互動與情緒發展。後面，我將會介紹更多小遊戲喔！

❹ 騎乘各種交通工具，讓孩子體驗不同高度與速度

大人可讓孩子嘗試乘坐嬰兒推車、乘坐腳踏車。當越來越大後，3 歲以後可讓孩子自行騎乘三輪車、四輪車和腳踏車，藉由這些騎乘類玩具讓去感受體驗不同的速度刺激，也學會動作控制，幫助動作發展與專注力。

5 多到戶外，
探索高低起伏的環境和遊具

1 歲以後的學步兒，請大人就要少抱在懷中，多鼓勵孩子善用肢體去行走。多帶到戶外，在不同於家中的環境刺激，才能讓孩子能感受不同平面、樓梯和斜坡，藉此調整動作與練習前庭覺的平衡。若能帶著孩子到公園或遊樂區探索會更好，如盪鞦韆、溜滑梯、攀爬架……等這些器材，都能讓孩子在爬高爬低中運用身體，更好體驗高度與速度的前庭刺激。

" 玩吧！0～6歲前庭覺為基礎的感統生活遊戲，玩出大能力 "

當孩子有良好的前庭覺系統，肌肉能有力量去做出各種肢體動作，自然的能學會坐起、爬行、行走和跑步等動作發展。孩子能喜歡在生活中用肢體動作去探索新環境，能不害怕走樓梯、跨障礙物、爬過高處、能接受盪鞦韆和溜滑梯的姿勢改變。兒童有了更好的移動能力，能更勇敢的面對挑戰，從新環境中獲得更多的學習刺激大腦。

前庭覺整合良好讓孩子有適當的活動量，但不過度尋求高度旋轉或加速衝撞的刺激。孩子能在動態與靜態之間轉換與維持專注力，隨時隨

地保持在輕鬆且良好姿勢下，完成日常生活大小事。孩子的前庭覺、本體覺和視覺能相互整合，輕鬆的調整姿勢平衡、動作控制和眼球追視，進而學習到技巧活動，如丟接球、寫字、腳踏車……等。

那在親子陪伴過程中，我們要如何來促進孩子前庭整合呢？當然就是玩遊戲，讓孩子從玩中學習，效果是最好的。我們無須買昂貴的玩具，只要善用生活素材和簡單常見玩具，將其融入前庭覺原則，就能輕鬆玩出大腦專注學習力。

雖然以下介紹的遊戲是以前庭覺為基礎，但是仍會有其他感覺系統同步整合，達到相輔相成的功效，特別是前庭覺與本體覺，會在肢體動態遊戲中同時輸入並且不斷相互的協調。我們就來陪孩子，玩吧！

▲ 有良好的前庭覺，對於孩子的姿勢平衡、動作控制和眼球追視，皆有幫助。

人體碰碰車 / 人體小飛機

器材

無（只要爸爸媽媽溫暖的身體）

適合

7 個月～ 3 歲的兒童，屬於輕柔型
前庭刺激，適合提升親子關係

這樣做

玩法一：人體碰碰車

1. 把孩子放在大人的腿上，面向著孩子，扶住孩子的腰部。

2. 大人告訴孩子：「爸爸要開車囉～」，扶好孩子的腰部，爸爸開始輕輕搖晃大腿，接著可以往前、往後、往左和往右。讓孩子感受前庭刺激與親密觸覺的興奮感，也可讓孩子自己決定要往哪個方向喔！

玩法二：人體小飛機

1. 大人躺在地上，讓孩子坐在大人的腳背上，孩子肚子貼在大人小腿前側並扶住大人的膝蓋或大腿處。

2. 大人雙手扶住孩子的腋下身體處，告訴孩子：「飛機起飛了！要抓好歐～」，接著大人上抬自己的小腿並放下，讓孩子像飛機姿勢一樣往上和下降，重複多次這樣的遊戲，讓孩子感受移動的快感，也記得多和孩子眼神語言的互動喔！

大球搖搖任務

器材	適合
大龍球、軟地墊、大箱子	不分齡，但建議 6 個月以上兒童較適合，適合活動量大和肌肉力量較差的孩子

這樣做

初階玩法一：球上搖搖：年紀較小的孩子，可先從前庭覺刺激較少的坐姿開始。

將孩子以坐姿放在大球上，大人必須雙手穩定扶住孩子的腰部骨盆處，慢慢有韻律的幫孩子上下搖晃。我們可以幫孩子一邊數數，讓孩子知道數到數字幾，我們會停下來。

前庭覺刺激較強的姿勢，則是以趴姿在大球上。大人必須一手從孩子的腰部壓住固定在球上，確保前後搖晃過程時，不會有滑下的危險。接著，像海盜船一樣，幫趴在球上的孩子前後慢慢搖晃。觀察孩子是否能跟著上下搖晃，能把頭部有力量的跟著上抬，誘發出孩子伸直的肌肉張力。同時大人也能觀察孩子，是否過度害怕或過度需求前庭搖晃刺激。

進階玩法二：球上任務：讓孩子趴姿在球上，步驟和玩法一相同，只是增加遊戲的難度與玩法。

在地上放上幾個玩偶或小球，當孩子趴在大球上往前下方搖晃時，鼓勵孩子撿起地上的玩偶或小球，接著抬高身體用力往前丟到大箱子內。重複多次這樣的遊戲，讓孩子在搖晃中調整重心和動作控制，將地上的玩偶或小球全部投進前方大箱子中。

小提醒：以上活動建議在軟墊上進行，避免危險發生！

超級魔毯

這樣做

1. 選擇一個大空間,讓孩子仰躺在大棉被上,頭必須朝著大人的方向,而腳在另外一側。

2. 跟孩子說:「魔毯要出發了……」讓孩子有心理準備,接著大人慢慢拉動小棉被,讓孩子感受前庭覺的速度快感,也可以讓孩子自己決定快或慢的速度喔!

3. 若想要進階玩法,讓孩子加強背部的肌肉力量,建議讓孩子在同樣的位置上,改以趴姿方式,手要抓著小棉被,接著大人即可開始拉動魔毯出發了。

紙箱火車

器材

幾個大紙箱、小皮球

適合

最適合 7 個月～ 3 歲的兒童，
適合正在學爬或學走的孩子

這樣做

準備一個夠大的紙箱，讓孩子坐在其中。跟孩子說：「火車出發了……嘟嘟嘟！」，大人接著推動紙箱往前進，提供孩子前庭覺加速度的大腦刺激經驗。

再準備一個大紙箱，當作火車隧道。當紙箱火車抵達隧道時，請孩子下車，要改用鑽爬的方式過去。鼓勵孩子在一邊鑽過隧道時，能一邊推皮球到另外一側，完成任務才算抵達終點。讓孩子鑽爬的過程，能提供前庭覺與本體覺經驗，促進動作發展和肢體空間運用。

咻～

滾滾大熱狗

器材

大軟墊、小皮球、大玩偶

適合

適合 1.5 歲以上的兒童，
適合活動量較大和好動型的孩子

這樣做

1. 準備大軟墊或有地墊的空間來進行，先讓孩子平躺在地墊上。另一側的地板上放幾個大玩偶，當作等下翻滾後要投球的目標。

2. 讓孩子雙手舉著一顆小皮球，鼓勵孩子用身體力量來滾動身體，想像自己像是 7 ～ 11 賣的大熱狗一樣的滾動，直到滾到大地墊的另一端。滾動的動作對兒童並不容易，需要良好的動作協調，若孩子動作不好，建議大人可以在孩子滾動時，像學翻身一樣適當用手輔助從腿部跨到對側來啟動滾的動作。

3. 當大熱狗滾動到另一端，最後要求孩子在趴姿時把皮球往前丟投，擊中前方的大玩偶目標物。如此重複多次遊戲，即能促進前庭覺輸入和整合。

小提醒：滾滾大熱狗活動不建議睡前進行，容易過興奮而難入睡！

兔子被大熊吃掉了

器材	適合
多顆枕頭	適合 2 歲以上的兒童，適合活動量大和動作協調不佳的孩子

這樣做

找個家中空曠的空間，在地板間隔擺放幾個枕頭當作障礙物。

讓孩子假裝自己是小兔子，鼓勵孩子一一跳過枕頭障礙，直到空間的另外一端。

到另一端後，小兔子要被大熊吃掉，因此孩子要變身為大熊。變成大熊則要用手和腳撐在地上，以臀部翹高的姿勢並用手腳協調方式來走路。請孩子把枕頭當作手和腳中間的分隔島，慢慢用大熊姿勢走回起點，就完成這次任務囉。

接著，來回重複小兔子和大熊交替動作，就能滿足活動量大好動的孩子們的動覺需求，並培養兒童動作計畫和協調。

小兔子跳過障礙物

變身大熊，以四肢撐在地上走路

火車開鐵軌

器材
長繩索或 2 組跳繩、小玩具、
塑膠托盤

適合
適合 2 歲以上的兒童，
訓練動作平衡不佳的孩子

這樣做

1. 準備一條長繩索或跳繩放在地板上。簡單的玩法可以把繩索以直線擺放，難度玩法可以把繩索彎曲的擺放，並在繩索的另一端地板上擺放小玩具或拼圖。

2. 鼓勵孩子當小火車，行駛在鐵軌上運送貨物。請孩子當火車時，要用腳跟接著腳尖的方式，走在繩索上練習平衡能力。直線的繩索走起來較為簡單，彎曲的繩索就需要較佳的平衡能力。同時，我們讓孩子雙手端拿托盤，把小玩具當貨物放在托盤，請孩子將貨物一一運送到另外一端，全部完成後就算達成火車任務。

兔子過河

器材

2 個兒童呼拉圈

適合

適合 2 歲以上的兒童，適合兒童發展
雙腳跳或雙側不協調的孩子。

這樣做

先找到寬闊的小空間，站在其中一邊。準備 2 個兒童呼拉圈，請孩子當
小兔子站在一個呼拉圈裡面，手上再拿著另一個呼拉圈。

請孩子把手上呼拉圈放在前方的地上，告訴孩子：「小兔子要過河了，
要跳在小石頭上才不會掉到河裡！」，接著請孩子往前跳到下一個呼拉
圈（小石頭）裡。再請孩子轉身拿起剛剛前一個地上的呼拉圈。再次重
複剛剛的動作，往前放呼拉圈後，往前跳到下一個呼拉圈（小石頭），
直到跳到空間的另外一邊，　　　　　　　代表小兔子安全過河了！

204

紙盤溜冰

蛋糕紙盤、小拼圖

適合

適合 3 歲以上的兒童，適合衝動好動型和下肢肌肉力量不足的孩子

這樣做 ▶

1. 選擇一個地板平滑的空間來遊戲，準備兩個蛋糕餐盤放在地上，空間的另一端放些小拼圖

2. 讓孩子雙腳分別踩在蛋糕紙盤上，用紙盤當作溜冰鞋。穿上溜冰鞋的孩子，腳步一前一後方式走路跨步需要更仔細控制平衡才行。孩子穿上紙盤溜冰鞋後，要慢慢的拿拼圖到另一側的拼圖底板上拼進去。來回重複動作，直到完成整組的拼圖。

老鷹捉小雞

器材	適合
無，但至少要 3 個人以上，人數越多越好	適合理解遊戲規則的 3 歲以上的孩子，適合好動型或動作協調不足的孩子

這樣做

老鷹捉小雞的遊戲，會有三個角色，讓孩子可以輪流嘗試當三種角色。

一開始，建議讓孩子先當小雞，先熟悉遊戲規則，再來當老鷹或母雞。

爸爸或哥哥姐姐可先當老鷹，媽媽先當母雞，母雞以手打開姿勢來保護小雞，而孩子當小雞並站在母雞後方。小雞必須隨時控制動作，跟好並抓住前方移動的母雞，才能避免被前面移動的老鷹捉到。

當跑來跑去移動過程，老鷹捉到了小雞，就代表遊戲結束。接著，就讓孩子試著當保護小雞的母雞，或是當老鷹來捉小雞。在追逐過程，能滿足孩子的速度刺激和訓練動作協調。

※ 除了以上遊戲，你也可以創造你和孩子的專屬遊戲喔！快陪孩子，玩吧！

本體覺 控制肢體、靈活操作、動出學習力

> 「孩子的好動有理，本體覺建立肢體動作基礎，
> 讓大腦能進階學習！」

小齊是家中的獨生子，從小爸媽就寵愛有加，整天都把孩子抱在懷裡或背在身上。小齊在家時，不像其他男孩子那麼活潑好動，也讓媽媽覺得這孩子是來報恩的小天使。

但是慢慢的，媽媽發現小齊似乎從小動作發展都偏慢，沒那麼愛翻身和愛爬行，就連走路都比較慢才能放手走，出門也總是吵著要大人抱。特別是每次只要走樓梯、手扶梯或暗巷時，小齊就會特別黏人並感到害怕。

吃飯時刻，孩子總是吃的很慢，也吃得亂七八糟，因此媽媽喜歡直接用餵食的，而懶惰的小齊也享受被媽媽餵的輕鬆。小齊的生活自理能力（如脫衣鞋襪……等），總是顯得笨手笨腳，做不好也容易生氣。玩新玩具時也總是不太會玩，要大人不斷示範，精細操作能力似乎不太好。上幼兒園時，每次只要遇到唱跳課程時，小齊便會跟不上大家而在原地發呆。下課在遊樂場遊玩時，小齊很容易找不到同學能一起玩，因為每次孩子們在玩追趕跑跳碰時，小齊很容易跌倒而生氣，讓同學對他漸行漸遠。

像小齊這樣的狀況，其實可能就是面臨到感覺統合裡的「本體覺系統失調」的狀況，讓孩子身體力量不足，大小肢體動作發展也都受到影響。現在，我就針對「本體覺系統」部分來詳細說明。

認識本體覺系統

本體感覺與前面的觸覺與前庭覺，三者皆為兒童發展最基礎的感覺系統，它們三者能相輔相成且互相協調，最後形成兒童的動覺和基礎動作發展。

本體感覺的受器，在我們的肌肉、關節、骨骼和韌帶等深層組織內。它的任務是感知著人在動作中的肌肉收縮或伸展力量，以及關節的角度位置，讓我們能感知自己的肢體空間位置，進而學會動作控制與微調精細操作。

幼兒時期的活潑愛動，其實都是兒童發展動覺的練習方式。孩子會在不斷反覆肢體動作中，提供大腦訊息和經驗，而每次的結果會回饋給大腦，調整下一次的動作能更靈敏。透過重複動作練習，兒童的動作協調將會一次比一次精準，甚至變成無須耗費腦力的自動化，形成兒童的基礎動作模式！

而良好的動作基礎，將是兒童其他高階認知能力發展的重要基礎。而本體覺也會與其他感覺系統相互合作整合，對兒童腦部發展扮演著很重要的角色。

"本體覺會如何影響兒童發展"

讓孩子認識身體位置，靈活與協調的運用肢體

　　本體覺讓孩子感覺自己肢體的空間位置，形成身體的地圖，讓孩子能自如的控制肢體和靈活操作工具。**當孩子本體覺失調時，易出現從嬰兒期即有肌肉張力較低，容易流口水和不愛咬食物，孩子較不喜愛動、動作慢與笨拙，或動作平衡較差、容易跌倒的狀況。兒童會在學習新動作技巧時，明顯動作較慢或姿勢不良，不管是粗大動作或精細操作上，會過分依賴視覺來協助。**造成兒童在體育課、美勞課，還有運筆寫字上會較吃力與討厭。

協助孩子的視覺和視知覺能力發展

　　前庭覺與本體動覺能共同控管著眼球肌肉，讓孩子的眼睛能平穩持續的看著物品或移動中的物品，如流暢的閱讀文字、來回接球或拍球。本體覺還能透過動作上的體驗感受，搭配著視覺所看到的經驗，讓兒童學習到許多抽象的視知覺概念，如形狀、重量、空間和數量等認知。

　　本體覺的動作微調與視覺同步整合，能讓孩子要有良好的手眼協調與運筆寫字能力，而這些皆是兒童往後讀、寫、算……等學業能力的重要基礎。

動作發展是孩子最基本的能力，當孩子能靈活自在的控制肢體，通常較能勇敢地面臨有挑戰的環境，也較能專心的去學習新事物。**一個動作反應靈活的孩子，往往會比較有自信與勇氣。**

" 從那些日常行為察覺本體覺系統失調 "

當孩童的本體覺系統失調時，孩童可能會出現以下的這些狀況，家長可在生活中多觀察留意。（可選項目越多，代表本體覺失調越明顯）

- 嬰兒期動作較同年齡慢，像是翻、坐、爬和走等。
- 咀嚼能力差，愛吃流質或容易流口水。
- 動作笨重緩慢，容易碰撞桌椅、易跌倒絆倒平衡較差，如走樓梯、攀爬或獨木橋。
- 比較不愛動或出力活動，活動時容易累或疲倦。
- 腳踏車、跳繩或球類運動……等，需技巧的活動學習比較的慢。
- 坐姿和站姿不良（駝背、手撐著頭、趴桌上或凸肚）。
- 手無力，容易失手或掉落。
- 力量使用不當：容易弄壞玩具、打翻東西、寫字會過度用力、著色畫圖難畫在範圍內。
- 慣用手建立慢，生活上雙手協調不佳，如用湯匙、穿脫鞋襪扣釦子等。
- 過度好動，喜歡使力碰撞或刺激活動。

孩子的感覺統合失調問題，可能來自先天遺傳和後天刺激不良，家長無須自責與過分緊張，但可在生活中逐步給予機會練習和適應，孩子就能慢慢的進步囉！不過，如果家長在生活中努力保持下面的生活原則或提供豐富的本體覺遊戲，持續一段時間後仍感到孩子發展有疑問和狀況，建議請務必尋求職能治療的專業協助。

❝ 協助本體覺系統發展的生活 & 陪伴原則 ❞

❝ 爸媽可以這樣做

1 跟嬰兒玩動動體操：

嬰兒時期大多是躺著的寶寶，大人要時常動動他的小手和小腳，輕輕伸展他們手腳的關節，如可以讓孩子兩腳像踩腳踏車一樣動一動，刺激本體關節感覺。寶寶清醒時，要時常要將寶寶直立抱起來或依靠著大人坐直，刺激頸椎和腰椎力量的發展。

▲ 嬰兒期可直立抱著，有助發展孩子的本體覺

2 在適齡時刻，主動協助動作發展

在寶寶清醒的時刻，主動協助孩子動作的發展。3 個月的寶寶，能開始適時的把寶寶放在地墊上讓其趴著，刺激胸椎力量的發展。在寶寶

4個月時，開始有翻身的動作在發展，大人能協助其翻身的動作，如輕輕推動肩膀或腿部幫助寶寶翻身。

7個月時，可以把寶寶擺在小狗四足撐的姿勢，刺激孩子的四肢關節，鼓勵孩子去爬行。在寶寶接近1歲時，提供孩子能扶著站的器具玩具，刺激下肢關節用力，讓孩子學習站立和走路。當孩子再大一點時，也允許孩子能勇敢踏出腳步去探索，允許孩子嘗試跌倒後自己能再站起來的動作能力。

3 多帶孩子到戶外活動：

不要總擔憂孩子會跌倒受傷，由於孩子的動作不夠靈活，更需讓孩子去練習。已經能自由行走的孩子，非常需要大量的戶外空間來練習動作控制，如社區公園、學校遊樂器材。大人要鼓勵孩子多走路、練平衡、多攀爬和多嘗試錯誤。在反覆的動作練習中，讓身體能更有力量，動作能更加靈敏。當動作靈敏後，孩子看的世界更廣，也會讓大腦學習更多。

4 多聽音樂律動打拍子：

當孩子正在練習使用身體時，最適合時常在生活中放些輕快音樂，讓孩子能跟著音樂靈活的擺動身體。若能提供簡單的樂器，如小鼓、沙鈴、小鐵琴……等，讓孩子聆聽著音樂，跟著節拍敲打，將能讓孩子發展雙手協調，並促進聽覺動作整合的能力。

5 學習生活自理和精細操作：

孩子剛開始總是會笨手笨腳，因為精細動作能力需要長時間的練習經驗。大人要多點耐心等待孩子，要願意放手讓孩子嘗試。讓孩子每天都有機會學著自己動手生活自理，如吃飯、穿脫鞋襪衣物、扣釦子等。

當孩子越來越大時，大人要適時的提供需要手眼協調的精細操作活動，多讓孩子透過練習手能生巧，如拼圖、積木和美勞操作……等活動。

6 讓孩子挑戰技巧性的運動活動：

學齡前的兒童由於活動量較高，可以讓孩子經驗較多的身體運動。善用一些需要技巧的運動，如腳踏車、球類運動、攀爬器材、跳繩等。

透過這些戶外活動挑戰提升孩子的動作協調度，同時也能培養出孩子的勇氣與自信。

" 玩吧！0～6歲本體覺為基礎的感統生活遊戲，玩出大能力 "

　　當兒童有良好的本體覺系統，在粗大動作和精細動作都能符合兒童發展的里程碑。孩子有好的身體認知，能在生活中學會動作控制和動作技巧，能在環境中靈活活動並保護自己。在孩子精細操作時，能力道控制合宜，學會生活自理，更能手眼協調專心的完成高技巧的活動，如運筆或繪畫……等。

　　在親子陪伴過程，我們要如何來促進孩子本體覺整合呢？當然就是玩遊戲，讓孩子從玩中學習，效果是最好的。我們無須買昂貴的玩具，只要善用生活素材和簡單常見玩具，將其融入本體覺原則，就能輕鬆玩出大腦專注學習力。

　　雖然以下介紹的遊戲以本體覺為基礎，但仍會有其他感覺系統同步整合，達到相輔相成的功效，像是「粗大動作系列遊戲」會有本體覺和前庭覺相互協調整合。而「精細動作系列遊戲」則有較多的本體覺、觸覺與視覺的相互協調輔助來完成任務。讓我們陪孩子，一起玩吧！

【粗大動作系列遊戲】

推大球散步

器材	適合
大龍球，大膠帶，枕頭	適合 1～3 歲兒童， 最適合學步兒練習移動能力

這樣做 ▶

1. 在家中空曠的地板貼上大膠帶，讓大膠帶成為推大球散步的路線。

2. 1 歲以後的學步兒會很喜歡走路時推大球，鼓勵孩子一邊推大球一邊走在大膠帶貼的路線上散步

3. 2 歲以上的兒童走路較穩定後，還能將枕頭放在大膠帶路線上當障礙物，讓孩子能更有力的推大球越過障礙物。推大球散步的遊戲能訓練兒童的本體覺經驗，也能訓練粗大動作的平衡能力。

闖關大冒險

器材

多個呼拉圈、大膠帶、
小椅子或凳子

適合

適合 1.5 歲以上的兒童，適合本體覺
動作控制差和動作協調不佳的兒童

這樣做

第一關卡是過山洞，讓大人用手拿，或利用幾個小凳子或椅子將呼拉圈
一一立起，變身一道道山洞。鼓勵孩子能控制身體，練習不去碰到呼拉
圈鑽爬過去。

接著，利用家中走道處，使用大膠帶從左到右黏貼幾條膠帶在牆上，黏
貼要在不同高低，讓膠帶成為走道上的障礙物關卡。鼓勵孩子能跨走在
充滿障礙的走道，在鑽爬或跨越的過程中，盡可能不碰到弄掉膠帶，學
習本體覺動作控制和重心的轉移。

【粗大動作系列遊戲】

球球高手

器材

球池小球,小桶子或小紙箱

適合

適合 2 歲以上的兒童,適合訓練
手眼協調不佳的孩子。

這樣做

1. 準備一箱球池塑膠小球,可以由大人先丟投給孩子接。

2. 讓孩子雙手端著小桶子或小紙箱準備,大人站在孩子對面,慢慢的朝孩
子方向,用拋物線方式丟投小球給他。鼓勵孩子能移動身體,用小盆子
去接到小球。

3. 親子間持續丟接球,直到箱子將滿時,再一一陪孩子數數看,孩子總共
接到幾顆小球。

4. 接著兩人互換,讓孩子
丟球來給大人接喔!

蜘蛛人阿兵哥闖關

器材

多片巧拼小地墊，
小積木或拼圖

適合

適合 2 歲以上的兒童，適合活動量大
好動型和動作協調不佳的孩子。

這樣做

選擇家中寬闊的地板，將小巧拼地墊排列成上下成兩排，間隔大約是孩
子肩膀到臀部的距離。另外，在地墊的一側放置小積木或小拼圖當作孩
子的任務。

我們請孩子拿起地上的積木或拼圖後，從上下排巧拼地墊中間的空間走
道以匍匐前進的方式移動，這個動作就稱為「阿兵哥」，需要良好動作
協調和力量。

接著，請孩子回程以另一個「蜘蛛人」的動作返回。蜘蛛人動作則是臉
朝上，將手腳往後分別壓在上下排的地墊上，慢慢往地墊方向移動到另
外一側。

重複上面玩法，以阿兵哥動作拿拼圖或積木，
用蜘蛛人的動作返回，直到拼圖或積木完成。

➤「蜘蛛人」的動作，四肢
張開踩在地墊上移動。

【粗大動作系列遊戲】

保齡球高手

器材

5 個裝水的寶特瓶、小皮球

適合

適合 2 歲以上的兒童，適合動作控制和手眼協調不佳的孩子。

這樣做

1. 準備 5 個裝水的寶特瓶，將其排成三角形（第一排 1 瓶、第二排 2 瓶、第三排 3 瓶）擺放在地板上丟保齡球的目標。

2. 請孩子站在離寶特瓶最遠的一側，準備一顆小皮球，鼓勵孩子用「推」的方式，往前擊中眼前的寶特瓶。最後，和孩子一起數數看擊中幾瓶。

3. 3 歲後的孩子，建議開始練習用「單腳」踢皮球方式，往前擊中眼前的寶特瓶。大人跟孩子也能進行一場比賽喔！

123 木頭人

器材	適合
無,至少 3 個人	適合 3 歲以上的兒童,適合活動量大好動型的孩子學習動作控制。

這樣做

1. 遊戲需要家中一個寬廣的空間或走道,先讓孩子站在走道的一端。而大人先當司令官,站在走道的另一端。

2. 遊戲規則是當大人面向牆壁時,小孩們就能往前跑向大人方向。而當大人喊「1‧2‧3 木頭人!」接著轉身過來時,孩子必須立刻停止動作,並且變成單腳站的木頭人。遊戲讓孩子必須在跑與停之間練習動作轉換和控制。

3. 若是大人轉頭過來,看到孩子沒有停下來,那孩子就得退回起點線,重新開始遊戲。越快抵達大人站的牆邊的人,即為本次的獲勝者。

4. 之後,想增加遊戲難度,我們還可以加上變化,增加蜘蛛人、小青蛙……等自創動作喔!

我是大力士

器材

繩子,至少兩個人

適合

適合 3 歲以上的兒童,適合活動量大好動型和肌肉力量不足的孩子。

這樣做

1. 在地板放上一條繩子,當作中央分隔線。

2. 兩個小孩面對面,在繩子的兩端以弓箭步姿勢站穩。若是大人和小孩遊戲,由於大人身高太高,大人要以求婚的跪姿來進行遊戲。

3. 兩人伸出雙手,用兩手手掌互推,比賽誰的力氣大。只要有人越線,或是被推到改變姿勢,則代表對方獲勝。

小牛推車

器材

小貼紙和紙張，
2 人以上較有趣

適合

適合 3 歲以上的兒童，適合活動量大
好動型的孩子。

這樣做

只有一個孩子時，可以讓孩子雙腳放在床緣或沙發上，雙手撐在地上。
接著，撕下一張貼紙貼在手上，鼓勵孩子當小牛用手來走路，從沙發或
床緣左側移動到右側，把貼紙貼在紙上格子內，再重複來回完成貼紙。

有兩個孩子時，則可以兩人合作並輪流。一個孩子先當小牛雙手撐在地
上，而另一個孩子當馬伕，雙手用力把他的雙腳抬起。兩人合作往前移
動行走，往前進行上面步驟的貼紙任務。第二回，兩人要交換小牛和馬
伕的身分。

我會放東放西

器材	適合
吸管或毛根數根、大紙盒（有厚度較好）兩個、撲克牌	適合 1 ～ 3 歲兒童，適合精細動作不佳的兒童

這樣做

1. 準備一個大紙盒（如水果禮盒），大人先在紙盒上挖出一個個圓形的小洞，而洞口的大小，要與吸管寬度相當。吸管（或毛根）的部分，則先將每根長吸管從中間剪成短吸管（毛根）。

2. 在準備另一個紙盒，在紙盒上用美工刀畫出一條條的一字形的小洞，而洞口的大小，以能插入撲克牌即可，建議洞口不要太大。

3. 接著，把一堆吸管（毛根）和撲克牌放在桌面，讓孩子拿起吸管或撲克牌，嘗試一一放入紙箱的小洞口中。孩子必須自己找到對的目標物，分別放進對應洞口的紙箱內。在放入小東西的過程，會讓 1 歲以上的孩子樂此不疲，也訓練兒童的精細動作的能力。

【精細動作系列遊戲】

我是小廚師

器材

豆類（黃豆、紅綠豆）或米粒、湯匙、不同大小的杯子、小盆子

適合

適合 1～6 歲兒童，適合練習使用湯匙和精細動作不佳的孩子

這樣做

準備一個小盆子，把一包豆子倒進小盆子中。

請孩子要兩手協調一手拿湯匙，一手拿小杯子，再用湯匙慢慢地把豆子從盆子舀到許多小杯子中，要鼓勵孩子當小廚師時，豆子不要舀到掉出來，練習湯匙操作與手眼協調控制。

接著，可以再請孩子把小杯子的豆子陸續倒進大杯子中蒐集，藉此再練習孩子拿杯子倒水的協調能力。

印章高手

器材

印章多個、印泥、
白紙或格子紙

適合

適合 2 歲以上兒童，適合訓練兒童
手部前三指動作的力量和手眼協調，
運筆前精細動作

這樣做

1. 4 歲以下年紀較小的孩子，可選擇不需印泥的卡通印章，會比較容易進行。而 4 歲以上的孩子，可選擇需蓋印泥的木頭印章來玩。

2. 大人可在白紙上畫上格子或電腦印出有格子的紙，格子大小可以依年齡而改變，年紀越大格子將要越小。

3. 接著，請孩子在格子內用印章蓋出圖案，孩子的手部動作需要使用前三指手指來操控，而且力道需要平均和調控，才能蓋出清楚的卡通圖案。

4. 若是針對手部操作來練習，我們可以讓孩子隨意選擇圖案蓋在紙上。若想增加視覺與認知練習，大人在第一排格子先蓋出各種圖形，讓孩子下面格子要跟著印出一樣圖形，練習視覺配對也可以。

【精細動作系列遊戲】

水中抓魚

器材

小臉盆、塑膠小積木、
小杯子、小湯匙或小夾子

適合

適合 2 歲以上的兒童，適合訓練
兒童手部精細動作和手眼協調

這樣做

1. 將小臉盆裝 8 分滿的水，將塑膠小積木倒在水中，讓積木在水上自然的漂動。當玩具在水上移動，就會特別吸引孩子的專注力。

2. 為了培養不同年齡層的精細動作發展，我們建議 2 ～ 4 歲的孩子，可以使用湯匙來抓魚。而 4 ～ 6 歲的孩子，我們則建議用小夾子來抓魚。

3. 我們鼓勵孩子，一手拿杯子一手捉魚，培養手眼協調和兩手協調的能力。最後，再來數數看，孩子到底捉到了幾隻小魚喔。

226

【精細動作系列遊戲】

夾子機器人

器材

曬衣夾、撲克牌

適合

適合 3 ～ 6 歲兒童，適合訓練兒童手部精細動作、前三指動作、手眼協調和數量認知

這樣做

1. 準備一桶不同大小阻力的曬衣夾，再準備一疊只有 1 ～ 7 數量的撲克牌。

2. 我們讓孩子隨機抽出一張撲克牌，讓孩子念出數字並數出數量。

3. 請孩子拿出跟撲克牌同樣的數量的曬衣夾，將曬衣夾一一夾上撲克牌，並讓撲克牌平衡的站立，就算完成任務。

4. 之後，再繼續挑戰其他撲克牌，夾上相對數量的夾子喔！

吸管長項鍊

器材

大小吸管、剪刀、
毛線或鞋帶

適合

適合 2.5 ～ 6 歲兒童，適合訓練兒童手部
精細動作、手眼協調和掌內小肌肉訓練

這樣做

3.5 歲以下的孩子，建議可以選擇珍珠奶
茶的口徑大的吸管，操作起來會比較容
易。而大一點的孩子，則可以使用一般
口徑的吸管即可。

基於能力與安全考量，大人要先幫 4
歲以下的孩子，將大吸管剪成一段一段
的短吸管。而 4 ～ 6 歲的孩子，可以練習使
用剪刀，則建議自己用剪刀慢慢將長吸管剪成一段一段的短吸管。

準備一條可以當項鍊長度的毛線或鞋帶，請孩子一手拿吸管，一手拿著
線頭，專心的將一段一段的短吸管串進毛線中。鼓勵孩子可以自己搭配
不同顏色的吸管當造型，串出自己的獨家項鍊。

※ 你也可以創造你和孩子的專屬遊戲喔！快陪孩子，玩吧！

聽覺／聽知覺

聽懂言語、發展語言、聽出專注力

> 「聽覺讓孩子耳聽八方，聽知覺讓孩子聽懂我們之間的言語！」

小晴是個沒有足月的早產寶寶，出生時體重不足有住在保溫箱一小段時間。從小爸媽十分呵護，很努力的照顧早產的小晴，著重在給孩子很多營養的食物，希望孩子能長的像其他孩子般的白白胖胖。幸好，在爸媽的照顧下，小晴身體成長的很健康，也讓父母安心多了。

但是，小晴在語言發展似乎較慢一些，爸媽安慰自己，孩子可能是早產而大雞晚啼。但是，爸媽卻漸漸地發現，除了語言能力比同年齡孩子慢，小晴時常在大人叫喊時沒注意到，卻又很容易被窗外不相干的聲音吸引，如汽車聲，因此常常會不專心。每次爸媽都得拉著她，才能較專心的聽話。雖然小晴每次都回答她有聽到，但是卻總是沒按照爸媽交代的事情去做，出現有聽沒有到的狀況。

像小晴這樣的狀況，其實可能就是面臨到感覺統合裡的「聽覺系統失調」的問題，即使孩子沒有聽覺聽力上的障礙，卻可能有聽知覺處理的問題。現在，我就針對「聽覺系統」這部分來說明。

" 認識聽覺／聽知覺系統 "

聽覺系統包含聽覺和聽知覺，從聽覺器官（外耳、內耳與中耳）負責收集聲波和聲源，傳至腦幹與其他感官整合，這部分屬於讓我們「聽得到」「聽覺聽力」的部份。接著，聲音訊息會傳遞到讓我們「聽得懂」的大腦聽知覺中樞來處理，而**「聽知覺」指的就是大腦處理聲音、理解語言和記憶的部分。聽覺系統會讓孩子能聽得到聲音、了解聲音意義，包括音調、音量、節奏、聲音方向以及語言的意義。**

聽覺系統相較於視覺系統發展的更早，打從 4 ～ 5 個月的胎兒時期，寶寶就開始能聽得到聲音。因此，新生兒對於聲音和語言較敏銳也很喜愛，特別是媽媽熟悉的聲音。而寶寶出生的第一年，即使他們還不太會說話，若有足夠的聲音和爸媽豐富語言的刺激，寶寶其實就能聽懂和理解很多生活上的語彙。而這些聲音和語言的記憶，會讓寶寶接下來能迅速地發展出語言和溝通能力。

嬰幼兒期是聽覺系統的重要關鍵期，若是沒有及時發現到聽覺上的問題，或者生活中聽覺刺激不足，對於孩子的語言發展絕對有直接的影響。聽覺系統的失調會造成孩子語言發展、語言溝通障礙，也勢必影響到兒童的認知與專注力，造成未來孩子在聽、說、讀的課業學習能力受到阻礙。

另外，由於**聽覺與前庭覺系統**兩者皆由相關的神經組織所發展出來，接受器也都在內耳，因此聽覺與前庭覺有密切的關係，並且互相影響著。**臨床上我們也發現，善用前庭覺的感覺統合刺激，對兒童的聽覺和語言皆有幫助，特別是在自閉症、過動兒或早產兒的治療。**

聽覺／聽知覺會如何
影響兒童發展

聽覺影響語言發展

　　兒童的語言發展是相當複雜的高階能力，是從聽覺啟動一連串整合的歷程，從「聽的到 > 聽的懂 > 記的住 > 説出語言」。因此，聽覺是語言發展的基礎，當孩子對於聽覺訊息無法有效的辨識，就無法發展出有意義的語言。臨床上有許多語言發展問題的兒童，即使聽力檢查都是正常，卻可能有聽知覺的問題，讓他們在聽覺辨識或聽覺記憶上出現困難，因而造成語言發展上問題。

　　另外，**當孩子從小表現出的特別「安靜」的狀態，極少發出聲音，請大人就要特別注意，千萬別以為孩子是天使寶寶而已。這可能是寶寶有著聽力障礙或泛自閉症的問題。因為聽力障礙孩子，當他們聽到的訊息較別人更微弱或模糊不清，便無從學習到生活語言，因此會特別安靜，也容易造成語言發展遲緩。另外，泛自閉症疾患也容易出現眼神共同專注弱，互動問題，使叫喊其名字反應差、語言落後遲緩的問題，要積極醫療介入。**

聽覺影響到專注力、認知和學業能力

　　理解聽覺訊息對於兒童的認知學習與未來課業學習都相當的重要。有聽覺失調的孩子，無法有效過濾掉周遭不重要的環境聲音訊息，專心去處理重要訊息並記憶住。因此，孩子會顯現出容易被外界聲音干擾，

影響到聽覺專注力。當孩子進入像是學校的團體環境時，需要聆聽許多聽覺指令與上課內容，更明顯的影響到兒童的學習效果。

一個生活中聽覺經驗不足的孩子，可能會出現認知較弱的狀況。因為聽覺會與視覺或其他感覺系統相互整合，發展出孩子的認知能力，讓孩子認知理解外界的人事物，此外孩子能用語言把看到的人事物詮釋出來，像是１～２歲的孩子能認識物品並說出名稱，３～４歲孩子能看著繪本圖像並說出故事。**大人若在生活中能提供看到和聽到的豐富刺激經驗，即能不斷累積發展出孩子的認知和學習能力。若是大人較常陪伴孩子共讀，多讀繪本累積孩子的聽覺經驗，他們較容易將語言和文字整合，慢慢進階到能看著文字閱讀，更幫助兒童未來的文字學習。**

而聽覺刺激不足或聽覺辨識不佳的孩子，會影響到孩子在學習語文上的能力。像是學習讀音都很相似的注音符號時，或是在注音符號的四個聲調上會區辨不清，英文的自然發音學習慢，文字的認讀記憶上較差等狀況，往後可能影響到國小時在國字或英文的學習、聽寫和背誦能力。

聽覺影響到人際互動與溝通

聆聽和語言表達是人際互動上重要的能力。在聽覺失調的孩子，在聆聽他人語言時的處理速度較慢，因此很容易漏聽訊息，或聽錯訊息，像是把「紅色」聽成「黃色」，遊戲規則聽不懂或聽錯，會聽不清楚而少反應，會聽錯而答非所問，這樣情形不但影響到孩子的學習，更影響到孩子的人際互動與溝通，讓人誤以為孩子是故意不聽話、態度隨便或者反應慢而不想跟他玩。若是孩子語言表達上也不太好時，更會讓孩子就算想跟其他人解釋，也會解釋不清楚。

" 從哪些日常行為察覺 聽覺／聽知覺系統失調 "

當孩童的聽覺失調時，孩童可能會出現以下的這些狀況，家長可在生活中多觀察留意。（勾選越多項目，代表聽覺失調越明顯）

> 嬰幼兒期不太會轉向聲源（如關門聲），常常沒注意到別人對他說話。
>
> 容易被環境小聲音干擾或有情緒反應，在有人的環境中易分心。
>
> 容易被突發不太大的聲音驚嚇，會出現搗住耳朵。
>
> 重聽或聽覺障礙：常講話很大聲，大聲喊叫或喜歡大聲音樂。
>
> 很晚才說話、口語表達差或口吃。
>
> 語音分辨不清（如買與賣）、口齒不清。
>
> 聽別人說話反應慢，講太快會聽不清楚，易答非所問。
>
> 聽覺理解度差，聽不太懂別人的意思，需一再解釋。
>
> 聽別人說話時，容易用「啊？」來回應，需別人再說一次。
>
> 聽覺記憶差，需重複叮嚀多次，容易忘記剛交代的事情。
>
> 聽接收片段，容易漏聽內容。
>
> 聽一長串的指令時，很難完整的執行。
>
> 生活中容易會自言自語。

孩子的感覺統合失調問題，可能來自先天遺傳和後天的刺激不良，家長無須自責與過分緊張，但可在生活中逐步給予機會練習和適應，孩子就能慢慢的進步！不過，如果家長在生活中努力保持下面的生活原則或提供豐富的聽覺遊戲，持續一段時間後仍感到孩子發展有疑問和狀況，建議請務必尋求職能治療的專業協助。

協助聽覺／聽知覺系統發展的生活 & 陪伴原則

爸媽可以這樣做

1 多跟孩子說話，有較多家庭成員更好

從嬰兒期開始，媽媽就得常常跟寶寶說話，幫助孩子聽覺敏銳、聽覺辨識、語言理解，如包布布、喝奶奶、喝水水、穿鞋子與襪子等。若在生活中，能有不同的家庭成員與孩子說話，讓孩子辨識解讀不同聲音語調和語言，對孩子的聽覺系統更有幫助。

2 善用有聲玩具，誘發聽覺反應

在嬰幼兒不同階段，提供適合的聲音玩具來刺激聽覺與大腦，如床頭音樂鈴、搖鈴、嗶嗶響玩具、按壓聲光書、敲擊樂器等，來刺激兒童的聽覺尋找反應，聽覺辨識能力，聽覺和視覺的認知學習，或聽覺和動覺整合能力。

3 少電視，多聆聽周圍聲音

少讓孩子看電視，因為強烈的視覺刺激會影響聽覺的接收和聽知覺的處理。要鼓勵孩子多去聆聽生活周圍的聲音，如小狗叫聲、車子引擎聲、鞋子腳步聲、開門聲等。在孩子聽到聲音時，記得要多幫孩子解碼，讓聲音跟語言結合，提升兒童的聽覺和認知。

④ 多聆聽音樂和兒歌

善用不同音樂在孩子的生活中，如睡眠音樂、律動音樂、吃飯兒歌或歌謠……等，除了能提升聽覺敏銳、聽覺辨識，也能提升孩子的聽覺記憶、音韻覺識和語言發展。同時，**音樂和兒歌還能刺激兒童的左腦和右腦不斷進行神經連結與整合。**

⑤ 多跟孩子玩聽覺任務和語言遊戲

當孩子的動作與行動能力較好時，生活中大人就要捨得多派孩子聆聽語言任務去執行，刺激孩子聽覺理解發展。 我們可以隨時在生活中把聽覺任務當作孩子的遊戲，如聽指令拿東西、聽指令做動作、扮家家酒、超市購物時找食品……等遊戲。

記得孩子小時候，我時常帶著雙寶到超市去購物，請孩子幫忙找要購買的商品，在這過程中自然能培養孩子的聽理解與認知，這會比看著圖卡學語言更來的有效。透過生活遊戲，累積孩子的語言理解和記憶，同時也要鼓勵孩子用口語表達回應。而口語互動的過程，大人請記得要用適齡的語言來跟孩子互動喔！建議回頭複習陪玩4（P.81）語言發展陪伴原則。

6 多陪孩子親子共讀

親子共讀的過程，其實就是透過大人聲音的唸讀，將聽覺和視覺整合，讓圖像和文字變成孩子懂的語言。

因此，時常親子共讀能有效提升孩子的**語言與認知能力，包括語音辨識、語言理解、詞彙的豐富性、情境理解與文字學習。**當孩子更大時，繪本更若能搭配有聲書，更能協助兒童認知與文字的學習。

7 多提供前庭刺激的活動

很多人並不知道，**事實上要改善聽覺和聽知覺的能力，除了多說話、多聽音樂和多閱讀等聽覺型活動之外，也要讓孩子多動身體，**如多玩翻滾、溜滑梯、盪鞦韆、腳踏車或攀爬等的前庭刺激活動。善用前庭覺活動刺激，除了能提升專注力，還能同步改善聽覺整合，因為聽覺與前庭覺有密切關係，並且互相影響著。

" 玩吧！0～6歲聽覺／聽知覺 為基礎的感統生活遊戲， 玩出大能力 "

當兒童有良好的聽覺系統，就能有完善的聽覺接收，不受到外來不重要的聲音訊息干擾，能有良好的聽覺專注力來學習，讓語言與認知能力順利發展。

孩子能精準的辨識語音，能聆聽理解聽覺訊息和指令，也能把聽覺訊息記憶住並做出反應。孩子也能發展出適齡的語言對話能力，面對人際互動與適應生活環境。未來，孩子還能進一步學會文字和閱讀。

那在親子陪伴過程，我們要如何來促進孩子聽覺整合呢？當然就是玩遊戲，讓孩子從玩中學習，效果是最好的。我們無須買昂貴的玩具，只要善用生活素材和簡單常見玩具，將其融入聽知覺原則，就能輕鬆玩出大腦學習力。

雖然以下介紹的遊戲是以聽覺為基礎，但是仍會有其他感覺系統同步整合，達到相輔相成的功效，像是在動作中練習聽覺效果很好，聽覺結合視覺才能讓孩子認知理解。讓我們陪孩子，一起玩吧！

聽聽我在哪裡

器材

無（爸媽溫柔的聲音）、
安全的家中環境

適合

適合 0 ～ 2 歲兒童，適合培養孩子對聲音
的搜尋與敏銳，發現孩子聽力的問題。

這樣做

0 ～ 4 個月小寶寶躺在床上時，即使動作仍不靈活，卻對聲音反應很敏
銳。大人可以在孩子的不同角度，發出聲音或叫喊孩子。當孩子有出現
往聲音方向尋找反應，再靠近孩子摸摸他與回應他。

針對 4 個月～ 1 歲的兒童，可以讓孩子以趴姿在床上，在不同角度叫喊
孩子，等待孩子轉頭或爬過來大人這裡。除了練習兒童對聲音搜尋的敏
銳度，更藉此刺激兒童的粗大動作發展。上面的遊戲過程，若是孩子沒
有反應或少有反應，大人可藉此來發現兒童是否有聽力
問題。

針對 1 ～ 2 歲的學步兒，大人可以躲到不同角落，
發出聲音或叫喊孩子，像「玩躲貓
貓」的方式，讓孩子用行動
去找出大人的位置，除
了躲貓貓找聲音，也
同時促進兒童走路動
作的發展。

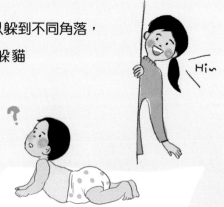

猜猜是誰的聲音

器材

有聲音的玩具（兒童鼓、沙鈴、鑰匙、小汽車……等）

適合

適合歲 1.5 ～ 3 歲的兒童，適合培養兒童聽覺專注力、聽覺辨識與認知。

這樣做

1. 先把準備好的玩具放在孩子面前，一一讓玩具發出聲音，鼓勵孩子去記憶各種玩具的聲音，讓孩子能將玩具與聲音進行配對。

2. 接著，把玩具都放在櫃子或沙發後面，讓玩具輪流發出聲音，再問問孩子：「猜猜看，是哪個玩具發出的聲音呢？」年紀小一點的孩子，可用指認方式找出玩具。年紀大一些的孩子，則鼓勵說出玩具的名稱。

動物模仿秀

器材

無

適合

適合 1.5 歲以上的兒童，適合培養兒童
聽覺辨識、聽覺動作整合。

這樣做

1. 陪孩子認識各種常見動物與牠們的叫聲，如小狗汪汪、貓咪喵喵、青蛙
   聒聒、老虎吼吼、公雞咕咕……等。

2. 接著，大人可以跟孩子一起，設計每種動物的專屬小動作。動物的種類
   若越多，需要記憶的聲音和動作越多，難度將會較高，我們可以視孩子
   的能力來調整。

3. 遊戲的進行方式，以聽到聲音後，要猜出動物並做出專屬小動作來遊
   玩。如爸爸說：「喵喵～」孩子要說出：「貓咪！」，再做出貓咪的動
   作。2 歲以上的孩子，可以換孩子來出題，親子之間用輪流出題方式來
   玩，將會更有趣！

動感一下

器材

兒歌或手機放兒歌

適合

適合 2 歲以上的兒童，適合培養兒童聽覺專注力與聽覺動作整合

這樣做

玩法一：兒歌動一動

1. 準備幾首孩子喜歡的兒歌，大人跟孩子一起創造每首兒歌專屬的「招牌動作」，動作可以簡單又重複，但是最好做的誇張一點。如「Baby Shark」歌曲做游泳動作

2. 接著，跟孩子一起玩，一聽到兒歌就要做出專屬招牌動作的競賽。不但訓練聽知覺反應和記憶更好，也讓孩子將聽覺與動覺進行整合協調。

玩法二：兒歌接唱（適合 3 歲以上）

1. 準備幾首孩子能朗朗上口的兒歌，全家人跟孩子一起玩兒歌接唱。

2. 當爸爸唱兒歌時，其他人可以拍手打拍子，當爸爸停下來手指向孩子時，就換孩子接唱。當孩子唱一半停止時，可以指定下一位接唱的家人，持續下去。

3. 若被指定的人忘了怎麼接唱，或沒注意到輪到他，就算是輸了。可以先決定，輸家的處罰小遊戲，會更有趣。

買菜遊戲

這樣做

準備一些扮家家酒的小玩具，如青菜、水果、餅乾……等放在桌面上，
當商店販賣的食物。若是 3 歲以後的孩子，我們則可使用超市的傳單，
將孩子認識的食物圖片一一剪下，同樣放在桌面上當販賣的食物。

讓孩子當外送員，由大人指定要買的食物，用清楚、緩慢與重複的口氣
跟孩子說出要購買的食物，孩子則需要提著小籃子或箱子去商店桌上拿
回指定食物。若有人能當商店老闆，在孩子買東西時進行對話會更好。

大人要依照孩子的年紀，聽覺能記憶的長度，來指定要買幾樣的商品。
2～3 歲可指定 1～2 種商品、3～4 歲 2～3 種、4～5 歲 3～4 種、
5～6 歲 4～5 種商品。

當大人說完，可以請孩子跟著覆誦一次，
幫助孩子聽覺能記憶住。

請你聽我這樣做

器材

無，但人多比較有趣

適合

適合 2 歲以上的兒童，適合培養兒童
聽覺專注力與聽覺動作整合

這樣做

玩法一：

1. 媽媽說出口語指令，孩子和爸爸在聽到後，要盡快做出指令的動作，如媽媽說：「摸屁股、跳起來！」，孩子與爸爸聽完必須立即做出反應，做錯的人為輸家，輸家則要去當說指令的人。

2. 玩這個遊戲，指令的長度要依照孩子的聽覺專注能力來調整，可以先從 1 個指令開始，依照孩子能做出動作的程度慢慢的變多，再增加難度與趣味性。

指令：舉起右手，左手插口袋。

玩法二：適合聽覺專注較好的 3 歲以上的孩子

1. 同樣是聽到口語指令後做出動作，但是聽到的指令前方要有「爸爸說，摸屁股跳起來」、「媽媽說……」或「xx（孩子的名字）說……」的指令才需要做出指令動作。

2. 若是前方沒有「爸爸說……」、「媽媽說……」或「xx（孩子的名字）說……」就做出動作的人，即為輸家則換他去當出指令的人。如此能增加遊戲難度，考驗孩子的聽覺專注力。

數字顏色跳格子

器材	適合
有顏色或數字的 巧拼小地墊	適合 2.5 歲以上的兒童，適合培養兒童聽覺 專注記憶、聽覺動作整合和數字顏色認知

這樣做

在家中空曠的地板上，不用按照順序隨機放上不同顏色或數字的巧拼地墊數片。

請孩子聽大人指定的顏色或數字順序並記憶後，依照順序用「雙腳」跳方式連續跳格子。如：請跳出「3、4、1、5」

大人要依照孩子的年紀，聽覺能記憶的長度，來指定連續數字和顏色的長度。幫大人說完，可以請孩子跟著覆誦一次，幫助孩子能記住，培養聽覺記憶。

若要增加動作難度，可以請孩子改用「單腳連續跳」（適合 4 歲以上的孩子）

節拍大師

器材

雙手、兩隻小棒子

適合

適合 3 歲以上的兒童，適合培養兒童
聽覺專注記憶力與聽覺動作整合

這樣做

1. 若是使用雙手來遊戲，我們只要找一個桌面就能進行打節拍。若是使用
   小棒子來進行遊戲，可直接敲打地板或把鐵鍋背面當小鼓來敲打。

2. 大人先示範敲打一小段節拍，請孩子認真聆聽並記憶，接著請孩子跟著
   敲打出一樣的節拍。若是孩子忘記了，大人可以再示範一次。

3. 若孩子能記憶住節拍並打出一樣的節奏，大人可以從原來的節拍再加上
   新節拍，增加聽覺記憶的難度。

4. 遊戲也能換孩子來出題，讓大人跟著打節拍，練習讓孩子學習聆聽和聽
   覺專注。

傳聲筒

器材

無，但至少要 3 個人

適合

適合 2 歲以上的兒童，適合培養兒童的
聽覺辨識、記憶和語言長度

這樣做

大人先在孩子耳邊講一段話，請孩子仔細聆聽，如「我要爸爸抱抱！」
孩子將這一段話記憶住，並且傳話給另一個人。如果遊戲超過三個人，
就繼續傳話下去，直到最後一個人，請最後一個人說出答案，再確認傳
話是否有正確。

傳話的句子長度，需依照孩子的能力來調整。建議 2～3 歲孩子句子中
可以有 1～2 個詞彙，3～4 歲可以是 2～3 個詞彙，4～5 歲可以是
3～4 個詞彙。

讀心術

器材

無

適合

適合 3 ～ 4 歲以上的兒童，適合培養語言
表達敘述能力和聽覺理解

這樣做

1. 大人先想好一道題目，題目最好是生活中常見的事物，為孩子示範如何敘述這個題目，但是不能說出答案，像是題目若是「媽媽」，我們可以用「是誰每天都叫我們要多吃一點，叫我們要多穿一點衣服的人？」

2. 讓孩子仔細聆聽敘述後，練習猜出答案來。

3. 若是孩子猜不出來，可以進行 2 ～ 3 個提問後，再來猜題。

4. 接著，換孩子來出題目，並用語言來敘述，讓大人來猜題。

※ 除了以上遊戲，你也可以創造你和孩子的專屬遊戲喔！快陪孩子，玩吧！

每天說我愛你的人。

視覺 / 視知覺

辨識事物、學習認知、玩出學習力

「視知覺是高階的大腦功能，視知覺影響著
兒童的認知與學業能力！」

　　小美是個可愛的小女孩，因為長相甜美因而被家人當公主一樣寵愛。小美在生活自理上，總用撒嬌的方式來讓大人幫她做，因此在學穿鞋、倒水、扣扣子等手眼協調活動上都顯得不靈活。每次，爸媽請小美去拿家中常見的物品或玩具，小美總是會找不到，吵著要大人幫忙。而且每次帶小美到人潮多的地方，小美總是會找不到大人，常常鬧走失，讓大人更加的保護她。

　　上幼兒園後，老師發現小美雖然能言善道，但是在動態活動時不夠協調，在靜態課程，像拼圖、積木和畫圖也動作很慢，不管是動態或靜態活動上的專注持續力都很短暫。幼兒園老師在孩子大班時，鼓勵孩子們要多唸讀兒童繪本，但是小美似乎興趣缺缺，而且不像班上的同學，可以認出一些常見的文字。因此，老師很擔心的告知爸媽，小美在往後國小的課業學習，可能會比較吃力，建議尋求專業諮詢。

　　像小美這樣的狀況，其實可能就是面臨到感覺統合裡的「視覺系統失調」的問題，讓孩子在需用到視覺的活動上都顯得專注力不足和沒興趣。現在，我會針對「視覺系統」部分來說明。

"認識視覺／視知覺系統"

　　人體能接受到的外界感官刺激中，以來自視覺的訊息為最多，視覺也是未來影響兒童的認知與學業能力最重要的感覺系統。視覺系統包含了視覺和視知覺，視覺指的是眼球與視覺神經受器接收訊息，讓我們「看的到」。而視知覺指的是將視覺訊息傳到大腦感知、辨識、處理和記憶，讓我們「看的懂」。大腦知覺處理後，才能讓視覺視力正常的孩子，不會「視而不見」，也讓兒童能學會較高階的認知能力。

　　視覺雖然很重要，但是在五種感覺系統中卻是最晚才開始發展的，不像兒童其他基礎的感覺系統，早在胎兒時期就陸續開始發育。新生兒從媽媽的腹中出生，接受到光源刺激後，視覺的感光細胞才會開始陸續的發展。**因此，新生兒的視力不佳，看物品都是模糊的，往往需要仰賴其他感覺系統來協助其發展，如用觸覺摸摸看、用前庭覺與本體覺的動作感覺，幫助視覺認知外界事物。**

　　※ 兒童視覺適齡的發展概況如下：

年齡	視覺發展狀態
0～3月	視力 0.1，看 30cm 以內物體， 視覺對於亮與暗、黑與白對比明顯，或會動來動去的物品較敏感。
4～6個月	雙眼對焦形成立體視覺，能用手去觸碰看見的物品。 能感受到紅藍黃綠的基本顏色。
6個月～1歲	視力 0.3，視覺對比達到成人的敏感度。 視覺能聚焦物體並轉過頭去看。
1～2歲	視力 0.4，可分辨遠和近，能用眼睛判斷距離，幫助行走和操作。

3 ～ 6 歲	視力 0.8 ～ 1.0，能辨識圖案與方向，能用視覺專注影片一段時間。 5 歲的視覺已達到成人的視力水準和靈活度。
7 ～ 11 歲	視覺追視能靈活控制，讓兒童能閱讀文字和書籍。

　　視覺接收訊息的過程，除了要有眼球良好的靈活度之外，也需要和前庭覺、本體覺控制的頭頸部一起協調動作，才能讓人視覺能聚焦且看得清楚，視覺更能穩定追視著移動的物體。接著，多元的視覺訊息才能傳到大腦，慢慢形成視知覺，孩子才能慢慢的認識顏色、形狀、大小、空間和文字……等視覺認知能力。「視覺與動作整合」對於兒童發展更是重要，能形成手眼協調能力，讓兒童學習到生活自理的操作，再進階學習到拼圖、畫圖、運筆和寫字等學業相關的能力。

66 視知覺會如何影響兒童發展 99

視知覺影響手眼協調與肢體動作

　　視覺和本體動覺在發展上是相輔相成的關係，視覺能幫助兒童在動作控制上能更精準，才能透過動作微調控制來達成目標。良好的視覺動作整合，能讓兒童學習到生活自理、操作玩具、畫圖或寫字時的手眼協調。

　　視覺也和前庭覺、本體覺一起合作，讓孩子會模仿動作，能靈活的在空間中移動，

如攀爬、丟接球、跳舞……等。同時兒童也能學習到視覺空間知覺，如左右、上下、高低。

視知覺影響認知記憶能力

多元的視覺刺激，才能讓大腦視知覺區域有更多的學習經驗，能辨識、認知和記憶各種視覺訊息，讓孩子學到顏色、形狀、大小和空間等的基本認知。視知覺也讓兒童能將圖像或文字進行區辨、配對、分類和記憶的高階能力。視知覺對於兒童的認知學習、視覺專注力具有相當大的影響。

視知覺影響文字課業學習

孩子上學的學習過程，包括聽說、讀寫、拼音、數學等，都仰賴大量的視覺與聽覺，而視知覺與學習的成效最為密切。視知覺功能不佳不但會影響孩子學習的專注力，也可能造成孩子在閱讀時出現跳字跳行、寫字困難、抄寫漏字與錯誤百出、數理空間概念不佳……等問題。

家長常常反映孩童排斥書寫或書寫品質差，也牽涉到視覺到動作整合能力。因為書寫、抄寫等需要良好的視知覺區辨與記憶能力，再配合良好的精細動作才能將字能記住並工整的寫出來。

從哪些日常行為察覺
視覺／視知覺系統失調

當孩童的視覺失調時，孩童可能會出現以下的這些狀況，家長可在生活中多觀察留意。（勾選項目越多代表視覺失調越明顯）

- 對亮光敏感顯得不舒服，容易瞇著眼看。
- 明顯喜歡待在陰暗處。
- 視覺刺激多時、人多的地方，容易分心或過於興奮焦慮。
- 眼球移動不靈活，眼前的東西常找不到，追視移動常較吃力沒耐心。
- 沒有方向感，左右混淆不清，如常撞到桌椅、迷路。
- 顏色、形狀、認字等辨識能力較弱。
- 找出兩個圖中的相異點、或配對分類能力很弱。
- 在一堆物品、圖案和文字中，容易找不到指定目標。
- 對於繪畫、拼圖、積木、迷宮等空間建構型的活動，感到吃力或不專心。
- 用視覺來記憶的能力很弱，即使家中固定放置的物品也找不到，圖像和文字記憶能力差。
- 閱讀寫字時會不專心沒耐心，或出現跳字、漏行或閱讀速度慢。
- 書寫時，容易把數字和文字上下左右顛倒。
- 抄寫時，回漏字跳行或感到厭惡。

孩子的感覺統合失調問題，可能來自先天遺傳和後天的刺激不良，家長無須自責與過分緊張，但可在生活中逐步給予機會練習和適應，孩子就能慢慢的進步！不過，如果家長在生活中努力保持下面的生活原則或提供豐富的視覺遊戲，持續一段時間後仍感到孩子發展有疑問和狀況，建議請務必尋求職能治療的專業協助。

協助視覺／視知覺系統發展的生活 & 陪伴原則

1 有視力問題及早發現治療

兒童若有弱視、近視或白內臟……等視力問題，要及早發現治療，才能降低視覺問題或刺激不足對兒童的動作與認知發展的影響，避免造成明顯的發展遲緩。

2 嬰兒期善用床頭有顏色的玩具刺激視覺

嬰兒時期寶寶躺在床上的時間雖然很長，但是寶寶其實一張開眼睛就有學習動機，**這時請記得要多善用會動、顏色鮮明的床頭玩具刺激嬰兒的視覺注視，促進視覺神經的發展。**當寶寶手能去觸碰玩具時，更能同時發展孩子的精細動作。

3 嬰兒期要近距離與孩子互動

嬰兒時期寶寶的視力較弱，對於近距離的事物較有反應。**爸媽這時就要多與孩子做近距離的臉部表情互動與說話，**讓孩子摸摸你的臉龐，熟悉你的面孔與聲音，除了刺激視覺，也建立親密安全感。

4 善用移動型玩具刺激眼球靈活

寶寶會翻身後，特別是爬行學步時期，**多利用小球或會動的玩具，能吸引孩子眼睛去追視**，刺激眼球靈活，更促進兒童的動作發展。

5 多鼓勵前庭刺激和肢體探索

促進視覺發展，也可透過提供兒童適度的前庭覺速度刺激，如盪鞦韆、溜滑梯和搖馬，來幫助眼球肌肉的靈活發展。**我們更要鼓勵孩子在不同空間中鑽爬和探索，用身體動作來建立視覺空間感與方向位置認知。**

6 鼓勵兒童多動手自理與操作玩具，發展手眼協調和視知覺

3 歲以前的孩子，要多鼓勵孩子嘗試自己動手生活自理活動，如穿脫衣物和鞋襪，發展**基礎手眼協調。**

3 歲以後的孩子，大人則要鼓勵多玩塗鴉、畫圖、描畫迷宮、摺紙等美勞型活動，**培養進階手眼協調能力。**另外，**善用空間建構型活動玩具**，如拼圖、七巧板、積木等，培養視覺空間能力發展。

7 多鼓勵孩子幫忙家事收拾

只要大人不嫌麻煩，其實生活中鼓勵孩子多幫忙收拾玩具，也能培養兒童的視知覺能力呢！**因為收拾的過程，能透過歸位、分類和記憶位置方式來訓練兒童視知覺能力。**

8 多陪伴孩子閱讀

親子共讀的好處，除了促進聽覺，更是提升視知覺最佳活動。透過兒童繪本豐富的圖象，培養兒童視覺搜

尋、辨識、認知與記憶，更藉由視覺和聽覺結合，為孩子未來認識文字建立重要的基礎。

9 多帶孩子走出家裡去探索

大人要替孩子打開眼界，只要願意帶孩子走出家門，不管是超市或戶外，都能為孩子提供更多元的視知覺刺激，豐富認知學習。走到戶外，就能讓孩子體認空間、方向、位置，甚至還能培養孩子去記憶常走的路線喔。

" 玩吧！0 ～ 6 歲視覺／視知覺 為基礎的感統生活遊戲，玩出大能力 "

良好的視知覺能力，讓孩子的視力好能看的清楚，眼球能靈活追視環境中移動的目標。孩子能輕鬆的學會顏色、形狀、圖像和文字等基礎認知能力，也能有好的空間方向感能適應環境。孩子能在複雜的環境中找出需要的目標並執行任務，未來也才能學會閱讀、書寫、算術和文字等高階的學業能力。

在親子陪伴過程，我們要如何來促進孩子視覺整合呢？當然就是玩遊戲，讓孩子從玩中學習，效果是最好的。我們無須買昂貴的玩具，只要善用生活素材和簡單常見玩具，將其融入視知覺的原則，就能輕鬆玩出大腦學習力。雖然以下介紹的遊戲是以視覺為基礎，但是仍會有其他感覺系統同步整合，達到相輔相成的功效，像是是視覺與動作整合的手眼協調遊戲，以及視覺、動覺與聽覺結合的認知遊戲喔！讓我們陪孩子，一起玩吧！

配對分類高手

器材

彩色小球、
多個小盆子或箱子

適合

適合 1.5 歲以上的兒童，適合培養兒童
視覺辨識、顏色認知和手眼斜協調

這樣做

選擇家中較寬闊的地方，放一些彩色小球在高處，如沙發上、桌椅上。

跟孩子說：「球球來囉～」，將小球從高處推下來吸引孩子注意。

請孩子將小球一一撿起，分類顏色放入小盆子中，學習顏色認知、配對
和分類。

3 歲以後的孩子，除了用手撿起外，可以改用大夾子夾起小球，同步加
強手眼協調能力。

汽車開車賽

器材

玩具小汽車、寬版膠帶

適合

適合 1.5 ～ 3 歲的兒童，適合培養兒童
視覺動作整合和手眼協調能力

這樣做

1. 在家中地板，貼上有顏色的寬版膠帶當作車子的跑道，造型可以是長直
   線或是連續的折線。

2. 讓孩子將小汽車放在跑道上，練習沿著跑道移動車子，練習眼球追視和
   視覺動作整合。當然，大人也能和小孩一起玩跑車競賽喔！

圖形高手

器材

小玩具、紙和彩色筆

適合

適合 2 歲以上的兒童,適合培養兒童
視覺辨識、形狀認知和手眼斜協調

這樣做

準備家中的小玩具、一些便條紙和彩色筆。大人將玩具放在便條紙上,
用筆一一的描繪出玩具輪廓。描繪輪廓這個步驟,也可以讓 4 歲左右的
孩子自己完成,練習雙手協調。

接著,把小玩具藏在家中的不同角落,請孩子一一的去找出來,再將玩
具配對便條紙的圖形。

若要將遊戲難度增加,可以由大人指定便條紙上的其中一個圖形,請孩
子找出來這個指定的目標玩具,找到後回來配對。

隱藏大師

器材

大紙杯、小玩具、
一塊地墊或大毛巾

適合

適合 1 歲以上的兒童，適合培養兒童
視知覺物體恆存概念與視覺記憶

這樣做

玩法一：適合 1 ～ 3 歲兒童

1. 準備 2 個小玩具和 3 個杯子，
在孩子面前讓孩子看到時，並告
訴孩子這些分別是什麼玩具，再
用杯子將玩具一一蓋住，其中有
一個杯子沒有玩具。

2. 請孩子猜猜看，每個杯子裡是什
麼玩具，並說出答案。若是小小
孩子，語言能力仍不佳時，可以
以問的方式，讓孩子指出玩具來
互動即可。

玩法二：適合 3 歲以上兒童

1. 準備一條大毛巾，並放上 3 ～ 5
個小玩具在毛巾上方。

2. 請孩子把自己的眼睛當照相機，
用眼睛把眼前大毛巾上的玩具都
記起來，並一一說出名稱。

3. 孩子記憶完，請孩子閉上眼睛，
大人將大毛巾上的幾個玩具藏起
來。接著請孩子猜猜看並說出
「誰不見了？」，請孩子說出藏
起來物品名稱，培養孩子視覺記
憶能力。

誰不見
了？

彩色氣球拍拍

器材

大顆氣球、膠帶、
大紙箱或收納箱

適合

適合 3 歲以上的兒童，適合培養兒童
視覺追視和手眼協調能力

這樣做

玩法一：對拍大戰

準備一顆氣球，同時在地板上貼
一條膠帶當中線。

兩方各站在一邊（大人和小孩、
哥哥和弟弟），目標是在氣球沒
有落地前，把氣球拍到膠帶線的
另一邊，而另一方要再拍回來，
來回對拍直到一方落地即輸了，
對手則贏一分。

玩法二：拍球平衡，適合 4 歲以上

準備多個氣球，同時在地板上貼
一條長膠帶當作路線，路線最後
放一個大紙箱。

請孩子站在膠帶線上，開始拍動
氣球。請孩子一邊拍球，一邊
控制動作走在直線上，直到最後
將氣球拍到大紙箱中。重複上方
遊戲，直到所有氣球都拍進大紙
箱中。

積木巧拼

器材

積木、白紙、彩色筆

適合

適合 2 歲以上的兒童，適合培養兒童
視知覺空間知覺、手眼協調能力

這樣做

1. 準備不同大小的積木，可以由 1 ～ 6 個積木來組合，將其排列組合成各種造型，接著放在白紙上，描繪出輪廓形狀當題庫。

2. 2 ～ 3 歲的孩子可提供 1 ～ 2 塊積木組合的題目，3 ～ 4 歲可以 3 ～ 4 塊積木組合的題目，以此類推可隨兒童的年齡增加題目難度。請孩子用眼前的積木，嘗試拼出題目的造型組合。

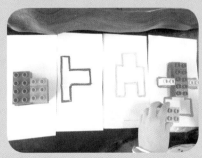

棉球夾夾樂

器材	適合
夾子、小棉球、分隔盒、小紙條	適合 2.5 歲以上的兒童，適合培養兒童手眼協調和運筆前精細動作

這樣做

玩法一：分類小棉球

準備不同大小、顏色的小棉球，混合在一個容器中，再另外準備一些分隔盒子。

請孩子用夾子耐心的將混合的小棉球，一一分類顏色或大小在分隔盒中，培養視覺辨識、精細動作和手眼協調。

玩法二：數量對對碰

準備不同大小、顏色的小棉球，混合在一個容器中。再另外準備一些分隔盒子，每個格子中要放上一張寫上數字的小紙條。

請孩子用夾子將混合的小棉球，依照數量和顏色分類夾到分隔盒中，培養視覺辨識、手眼協調和數學認知。

※提醒：請確認小孩以大拇指和食指中指指腹操作夾子的姿勢。

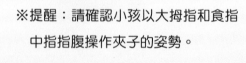

圈圈找找

器材

印泥、卡通印章、
彩色筆、紙張

適合

適合 2.5 歲以上的兒童，適合培養兒童
精細動作和手眼協調

這樣做

1. 準備白紙、印泥和 2～3 種圖案的印章，請孩子用前三隻手指頭抓握方式來蓋印章，練習能清楚地蓋出圖案在紙張上。孩子可以在紙張上，蓋滿不同的印章圖案。

2. 蓋完印章圖案後，我們請孩子拿起彩色筆，將印章圖案一一圈起來。

3. 如果紙張上有 2～3 種印章圖案，我們可以請孩子「每一種圖案」用「同一色彩色筆」分別圈出來，增加視覺專注力的訓練。

照樣蓋印章

器材

印章、印泥和格子紙

適合

適合 3 歲以上的兒童，適合培養兒童
視覺辨識、空間知覺、運筆先備能力

這樣做

大人先準備一張格子紙，將不同圖案的印章一一蓋在格子上當作題目。

請孩子看著題目，在格子紙上蓋出一樣的印章圖案。過程中孩子需要視
覺搜尋出正確的印章圖案，蓋在正確顏色的印泥上，最後手眼協調準確
蓋在格子內，這些步驟都需要孩子良好的視覺專注，視覺辨識和視覺空
間能力。

運筆連連看

器材	**適合**
彩色筆、紙	適合 3 ～ 4 歲以上的兒童，適合培養兒童視覺搜尋和運筆先備能力

這樣做

1. 針對 3 ～ 4 歲的孩子，請孩子在白紙上隨機畫上多個小圓形，並選擇三種顏色彩色筆，隨機將小圓形圖案畫滿顏色。

2. 請孩子視覺仔細尋找，將同樣顏色的小圓形，點對點一一連線，直到全部同色的圓形都有連到線為止。接著，將另外兩種顏色小圓形，如同上步驟一樣一一的連線。

3. 針對 4 ～ 6 歲的孩子，我們可以增加遊戲難度。大人可以先改在白紙上隨機寫上 1 ～ 20 或 1 ～ 40 的數字，再請孩子運筆依序從 1 ～ 20 或 1 ～ 40 連線。

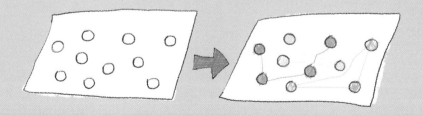

剪髮高手

剪刀、紙和筆

適合 3 歲以上的兒童，適合培養兒童
手眼協調能力、視覺動作整合和剪刀
使用能力。

這樣做

1. 在長形紙張上畫上一個大臉孔，臉孔上方畫上一根一根的長頭髮。

2. 頭髮的長度，可以依照孩子動作能力來調整。針對 3 ～ 4 歲兒童，可以畫上 5 ～ 10 公分的直頭髮。針對 4 ～ 5 歲兒童，可以畫上 10 ～ 15 公分的曲線頭髮。針對 5 歲以上兒童，可以畫上閃電曲線的頭髮來增加難度。

3. 最後，請孩子幫圖案人物，沿著直線或曲線仔細的剪頭髮，培養兒童手眼協調能力。

麻吉碰碰

器材

兩兩配對的圖卡
或撲克牌多組

適合

適合 3 歲以上的兒童，適合培養兒童
視覺記憶和視覺空間能力

這樣做

1. 大人先準備兩兩相同圖案的圖卡或撲克卡牌共 5 ～ 10 組

2. 將圖卡或撲克牌洗卡牌混合後，圖案朝下一一排列整齊。

3. 遊戲規則是參加的大人或小孩，每回可以翻開兩張卡牌，來看看是什麼圖案。若翻開的卡牌圖案是兩兩相同，則代表麻吉碰碰配對成功，孩子可以拿回卡牌當作得分。若沒有翻到相同圖卡則代表沒配對成功，要將卡牌蓋回原處，換下一個人翻牌。

4. 過程中要引導孩子去記憶卡牌圖案和相對位置，培養視覺記憶，也才能增加配對成功的機率。

5. 參加的人輪流翻牌，直到全部卡牌都拿完，再計算誰的得分最多。

※除了上面介紹遊戲你也可以創
造你和孩子的專屬遊戲喔！

CHAPTER

03

「陪養」孩子好情商，
讓情緒不暴走的正向教養！

陪孩子面對情緒風暴，
正向教養面對生活狀況題

許多爸媽以為，辛苦地熬過無數個睡不飽照顧寶寶的夜晚後，孩子應該能逐漸上軌道，健康的成長，生活應該較能受控，我們也應該能喘口氣放鬆的面對接下來的育兒生活了！結果，從孩子一歲左右有較好的行動能力開始，他們會以最原始像小野獸的方式，不斷好奇地去衝撞我們的世界，不斷挑戰著我們的生活。

孩子會不聽話好奇想嘗試，在不斷做錯後又不斷的生氣。才 2 歲的孩子已經開始出現叛逆，不要這樣也不要那樣。他們不但固執且一點小事就發脾氣，生起氣來不是尖叫就是哭鬧，在公共場合不如意就倒地大鬧。孩子難懂的情緒讓父母們耐心常常已到達極限，因此大人期待讓孩子快上幼兒園學規範學獨立，結果孩子每天總是在門口大哭大鬧，不願上學也無法適應團體生活。即使孩子看起是如此的健康聰明，但是他們總在情緒的當下，變得無理取鬧且不聽人話。面對孩子像龍捲風般強烈的情緒風暴，每每都讓父母們面臨崩潰和失控的邊緣。

在早期陪伴孩子成長的過程中，父母首要是給予孩子有利大腦發展的生活環境，讓孩子發展健康專注的大腦。但是，接著父母仍有更艱鉅的任務，那即是在大人穩定與愛的陪伴中，協助孩子發展出穩定的情緒。一個情緒穩定的孩子，不會總是恐懼，能有動機去學習，也才能專注學習。一個情緒穩定的孩子，不會總是生氣動手，能表達自己的需求，也才能建立良好的人際關係。一個情緒穩定的孩子，不會總是膽小

害怕，能相信自己，也才能面對生活中各種的挫折挑戰。

　　然而，父母對於兒童的認知能力往往較關注與重視，卻對兒童的情緒發展是一無所知。父母通常在面臨兒童出現強烈情緒風暴時，才發現自己的無能為力。父母對兒童情緒的不明瞭，讓大人在面對孩子強烈情緒時，會偏頗的認為孩子是故意威脅，只是一昧壓抑或逃避。在大人害怕情緒，沒有正視情緒原因之下，最後只能吼罵或處罰生氣的孩子，卻始終沒讓孩子學到調節情緒的能力。最後，孩子只要一遇上挫折不如意只會大哭大鬧，父母因此常常被逼到極限，最後大人也變得跟孩子一般易失控暴怒，親子關係不斷的惡性循環。

　　兒童情緒教育，沒有任何的補習班能教會我們的孩子，唯有在父母的耐心陪伴下，一來一往的情緒互動中，孩子才能學會察覺情緒、練習調節情緒、學習解決挫折，最後能擁有穩定的情緒面對生活。唯有父母在孩子挫折時能適時正向引導，孩子才能相信自己有能力面對焦慮與困難，克服生活未知的挑戰和挫折，發展出自信與自尊。 接下來，我們透過孩子生活中常見的情緒行為狀況，慢慢來認識孩子的情緒發展與背後的原因，也提供正向的教養方式，讓大人能耐心陪伴孩子面對生活中各種情緒、挫折和適應問題。讓大人能跟著孩子一起修練情緒，一起成為更好的人。

❝ 「理解」是情緒教育的開始
兒童的情緒化竟是大腦作祟！ ❞

　　父母所認為的孩子情緒問題，大部分都不是真正的問題，這些其實只是孩子成長必經的過程。面對任何的情緒，唯有大人透過理解「孩子

的情緒發展」，再進一步願意理解「孩子每次情緒背後的原因」，才能真正輕鬆面對孩子的情緒風暴！

還記得，我孩子大約 2 歲時，某天孩子的阿姨特地買了豆花冰來給孩子們吃。「弟弟，你看！這是你最愛吃的豆花冰呢！趕快來吃喔……」

一聽到豆花冰的孩子，以飛快的腳步衝了過來，開心的準備開始享用。但是前一秒看著豆花興奮不已的孩子，下一秒竟然突然一哭二鬧三倒地……

「我不要，我不要啦！哇……」我心想孩子你是怎麼了？孩子你是不要什麼啦？這不就是你最喜歡的豆花冰嗎？為什麼現在你又不要了呢？

為何孩子的心思這麼多變難測，為何孩子的情緒這麼瞬息萬變呢？嬰幼兒時期只要吃飽睡飽有媽抱，孩子總能天真可愛像個小天使。但是在 1 歲半以後，就會莫名化身為小惡魔，情緒變得明顯而直接，只要事情不如預期，不是激動大哭，就是生氣暴怒，孩子的任性會讓大人招架不住。這時，父母們都不禁開始懷疑，是我家的孩子生來脾氣就不好，還是當父母的我們真的教不好呢？

事實上，不管是你家、隔壁家或是教養專家的孩子，只要是在成長中的孩子，即使天生氣質乖巧，也都可能出現「遇到事情不如意就會生氣哭鬧和任性」的恐怖黑暗史。**孩子的任性，不是他們天生就是小惡魔，只因為他們此刻就只是個孩子，他們只是個大腦尚未成熟的孩子。孩子的任性與情緒化，往往跟兒童的大腦發展息息相關。**

兒童的情緒化，歸因為大腦未完工

4 歲以前的孩子，常會因為一點小事就生氣哭鬧，常會不分場合的

失去理智線而失控，大人切勿錯怪孩子的性格不好，其實這得歸因於「孩子的大腦尚未完工」，現在我們即來認識大腦與情緒的相關性！

以探討情緒的角度來看，我們通常會將大腦簡單的區分為兩個部分「情緒大腦」與「認知大腦」。舉例來說，當我們身旁突然出現一個飛快的影子朝我們衝了過來，這個外來的刺激會直接傳遞到「情緒大腦」後立即產生反應，讓我們因為驚嚇而跳開。而訊息也會同步傳遞到「認知大腦」區塊，進一步分析或與舊經驗來比對。認知大腦則會告訴我們的情緒大腦說：「嘿嘿！影子就只是一隻路邊的小狗奔跑經過而已，並沒有真正有危險！」接著，我們就能放下緊張並鬆了一口氣。

從例子中大家應該稍微能了解大腦中的「情緒大腦」是負責在情境中不假思索就能做出生存反應，而「認知大腦」則是負責進行有意識的判斷與決定。

不過，讓我們暫停倒帶一下，若此刻的主角是個小小孩，這樣外來的刺激同樣會傳遞到的情緒大腦與認知大腦，但是結局通常會不同。結局比較可能會是，孩子被嚇到呆住而哭鬧，需要大人不斷安撫後才能平息這場情緒風暴，甚至以後看到小狗都可能驚慌失措，像是我們家弟弟在還很小時，即被這樣的情境驚嚇過，從此對於黑色野狗都心存恐懼。

孩子與大人在反應上的不同，即是由於大腦成熟度不同，孩子的「認知大腦」仍處於不成熟、未完工且經驗不足的狀態，而「情緒大腦」卻反而是生來相當發達，因而造成孩子只能用強烈情緒來反應大多的生活情境。

兒童強勢且發達的「情緒大腦」

「情緒大腦」位在大腦的邊緣系統，在人類發展上它是個古老的大腦區塊，構造是原始又簡單，但是生來卻十分發達。科學家發現，它所在的位置較低與腦幹相近，可以稱為「下層大腦」，也正是負責較基本和原始的生存反應，像是呼吸和眨眼、憤怒與恐懼、逃跑與戰鬥反應等比較「動物性的反應」。

而孩子的哭鬧和生氣，打人、推人或踢人都屬於原始動物性的生存戰鬥反應。由於邊緣系統的構造簡單，因此在接受到外界的訊息時，不用經過判斷就能瞬間產生反應，就像動物的本能反應一樣快速，這樣才能讓沒有人生經驗和動作發展未純熟的小小孩，在面臨危險時，可以本能地出現強烈情緒和反應得以生存。因此，你會發現越幼小的學齡前孩子，生氣哭鬧背後的原因其實並不複雜，常常只是感到累了、餓了或不舒服了，為了這些基本需求想要獲得協助而哭鬧。雖然，大人在面對孩子強烈的情緒時，往往會感到討厭害怕，避之唯恐不及。但是這樣的情緒反應，對各種能力都未發展的孩子，卻是相當重要的生存之道。所以，當你家的孩子十分愛哭鬧或危機時會動手，我都會告訴親愛的爸媽們，其實你家的孩子，擁有著很強的生存本能呢！

由於天生強勢的情緒大腦，使得孩子本能的會用吵鬧哭鬧，讓大人去滿足他們。**對於兒童的情緒化，大人不用感到恐懼害怕，反而要讓孩子在成長的過程中，從生活中不斷的去經驗各種情境，讓其產生不同的情緒感受。**若在他們出現強烈哭鬧情緒時，能被大人適時地安撫或滿足時，如累了媽媽抱著、餓了媽媽餵奶而感到滿足愉悅，也才能順利發展出「正向情緒」。

這些情境感受能刺激活化大腦的邊緣系統，把這樣的「情緒和情

境」一起儲存起來，如此多元的生活經驗，才能逐步建構年幼孩子往後的情緒反應和行為的基礎。所以，孩子會不斷出現原始強烈的情緒，而大人只要穩定的去安撫和回應他們，他們未來就能發展出良好的情緒力。像是前面提到衝過來的黑影例子，若是當下大人能懷抱著孩子，一邊安撫孩子情緒，一邊冷靜的跟孩子慢慢說明，小狗只是走過去，沒有要傷害他，孩子才能感受到恐懼不會永無止盡，能從大人的懷抱得到平靜，或者慢慢的理解面對小狗並不用如此恐懼，但是要謹慎地觀察辨別。

兒童不成熟且未完工的「認知大腦」

那孩子到底何時能控制自己的情緒，才能聽得懂人話和理智一點呢？這就要視兒童「認知大腦」的發展了！

「認知大腦」主要是由大腦皮質和其幾個部位構成，特別是眼睛上方的前額葉皮質部分最為重要。認知大腦位於邊緣系統的上方，把情緒大腦包圍住，也可稱為「上層大腦」。**當有事件情境發生時，它負責對其進行複雜的心理過程，像是思考、分析、邏輯和判斷，像是剛剛的例子，能將黑影分析判斷後，告訴情緒大腦解除警戒，讓情緒平穩。而認知大腦中前額葉皮質的發展，更是讓孩子能控制衝動和情緒，能專注學習與計畫，更讓人有道德感和同理心的重要關鍵。**認知大腦的發展讓孩子有情緒時，還能理智的用語言說出來，而不是用踢人或打人的原始動物性的戰鬥反應。另外，也能當孩子不小心弄壞手足珍愛的物品後，能有同理心真心感受到別人的難過，為此而感到抱歉。

但是很可惜的，認知大腦在孩子出生時也是相當原始，雖有神經元的分布，但卻仍未成熟，也仍未有複雜的神經迴路，它需要許多的經驗

和練習才能發揮其功用，換句話說認知大腦仍在施工中。因此，孩子在各種生活情境中，無法快速思考判斷，無法及時能控制自己的動手衝動，也無法控制自己的強烈情緒化。他們大多仍被情緒大腦所左右，才會總是出現賴在地上和大哭大鬧。孩子若是沒有理智的大人能適時地安撫協助他們，他們甚至還出現動手、踢人和吐口水的大腦原始戰鬥反應。你應該很想要知道，認知大腦何時才能穩定成熟吧！根據腦科學家研究的發現，認知大腦與前額葉皮質會在人類接近 25 歲時才能趨於成熟穩定。**天啊！你沒看錯，認知大腦竟然需要二十多年如此漫長的時間來發展啊！那當父母的我們，就得時時自我提醒：「心急無用，兒童大腦需要時間成熟，要有長期抗戰的心理準備，陪孩子慢慢地練情緒吧！」**

原來，人們真的會有理智線斷線的時刻

在前面的內容，我們認識了「情緒大腦與認知大腦」如何影響著孩子的情緒和行為，我們才能初步認知到幼兒的情緒往往不是有意來挑戰大人，而是天生未成熟的大腦限制，那大人才能更具「同理」的面對眼前孩子的情緒風暴。那隨著年紀的增長，孩子是否就能慢慢用理智來控制情緒了呢！？仔細想想，身為大人的我們，想用理智來控制情緒是輕而易舉的事嗎？我們也不容易吧！那相對的，對孩子來說，要與本能情緒對抗，用理智控制情緒更是不容易做到！我們不僅要耐心的等待孩子，更需要父母大人能陪孩子不斷的在生活中經驗與練習。

好，我現在問問身為大人的爸媽，依照大腦的發展，你們應該已經具有成熟的認知大腦了吧！但是，為何在手足衝突大打出手的時刻，或在孩子從攀爬架上一躍而下的時刻，又或者是在孩子不經思考衝過馬路的那些當下，大人仍可能出現對孩子大吼大叫，甚至出手打小孩的失控

不理智時刻呢？**因為，不管年齡幾歲，大腦在面對危機的時刻，仍會出現強烈的生存反應，在此刻情緒大腦就能立即關掉認知大腦的活動。**因為，以生存演化角度來說，身在危險時刻，不經思索直接反應才能活命，像是古代有野獸衝過來時，或在現代有車子衝過來的當下。而當父母看到自己的孩子經歷危險時，如看著孩子衝過馬路，彷彿是大人面臨危機，會出現原始的戰鬥攻擊反應，導致我們會對著無知的孩子不斷地大吼大罵，甚至出手教訓孩子。這時，也就是所謂「人類理智線斷掉」的時刻啊！

就連大人，都可能出現理智線斷掉時刻，那對於年幼的孩子呢？除了認知大腦的未完工未成熟，導致兒童的情緒化。我想，更多是**因為兒童在生活經驗上的缺乏，孩子見過的世面少，讓他們在面臨任何的新狀況或新情境，都可能激起情緒大腦的過度反應，而不斷在生活中出現理智線斷線時刻。**因此，大人除了要同理孩子目前的發展現況，更重要的是陪伴孩子去經歷生活的各種體驗，即使孩子會出現各種情緒，仍要在不斷經驗中安撫孩子的情緒，耐心跟孩子說明情境，讓孩子從情緒大腦的控制中，重新連結啟動他們的認知大腦，刺激與建立「認知大腦的神經迴路」。慢慢的，孩子才能在夠多的經驗累積後理解，不會老是激動地產生危機反應與負面情緒。像是前面曾提到的小狗黑影的例子，若是家中孩子真的很害怕恐懼小狗，父母往後只要願意製造機會讓孩子去親近朋友飼養的乖巧小狗，即能讓孩子的大腦慢慢認知到，並非每種狗都會傷害人，進而減少孩子對小狗的激動害怕。

現在！我們回到一開始，我家弟弟看到豆花不是開心享用而是大哭的場景。大家是否已經猜到，我家弟弟在哭什麼，在不要什麼呢？當我們認知到 2 歲多的孩子，仍是被情緒大腦左右的年紀，阿木我不論理由，會先安撫眼前失控孩子的情緒。在孩子哭泣聲慢慢的減少時，試著

問問孩子發生什麼事。在聆聽與猜測中，我終於理解到，原來孩子的不要並非無理取鬧，還真有其原因。他不要的其實是「不要豆花裡的冰塊融化到甜湯裡」。當大人得知這樣的理由後，真的是必須忍住內心想撲滋一笑的感受，因為會因如此小事而失望難過，確實是這年紀小腦袋無法理解「冰塊會融化的殘忍現實」。此刻唯有安撫孩子度過情緒風暴，才是有用的。想對著孩子講道理和說明白，可能得在之後，我們陪孩子玩冰塊融化的實驗，才能真正讓孩子的認知大腦學習到，冰塊融化是很自然的現象，面對這種情境，大哭也是沒有用的啊！

 治療師雙寶阿木悄悄話

　　當大人能理解到兒童大腦與情緒的發展狀況，我們即能減少恐懼緊張，能用正向的態度，能願意同理來面對幼兒強烈的負面情緒行為。大人也才不會總是負面的想法，認為孩子就是故意用哭鬧生氣來操控大人，最後只想用權威壓制方式應對孩子的情緒。

　　當我們對情緒發展越理解，大人慢慢就能會發現，哭鬧的他們只是個受挫失控的孩子而已，需要的不是權威壓制，而是時間、陪伴、引導和學習調整情緒。所以，當孩子失控倒地大哭的那一刻，大人請在心中默念：「孩子不是故意的，他是大腦不成熟，理智線暫時斷線而已！身為大人的我，可以理智點，不跟著他斷線！」

孩童的情緒風暴當下，我該如何應對？

由於科技與知識發達，現代家長往往具有一定的育兒觀念，甚至因為從小體悟到被打的恐懼與痛苦，因此越來越少家長以傳統的體罰教訓方式來育兒。

但是，在此我們仍是得再次提醒大人，體罰對孩子的傷害不僅是身體，孩子更可能因為壓力賀爾蒙過度分泌，影響到兒童大腦神經的健全生長。體罰對於兒童的情緒能力更具有殺傷力，被體罰的孩子會學到生氣就能動手打人，日後面對情緒就可能採取攻擊他人的行為模式。

在不能體罰教訓孩子的潮流之下，面對眼前那不斷生氣、哭鬧和失控的孩子，大人遭受到一波又一波強烈的情緒風暴，仍會壓抑不住那份激動怒氣，在伸手想打下去時，總會被理智勸說而收手回來，大人忍耐到最後只會變成了大吼大叫的野獸。而被吼罵的孩子，結局通常是情緒更加崩潰和歇斯底里。

其實，大人也不想對著孩子失控吼罵，但是許多大人總擔心，若是放任孩子的壞脾氣不管，會不會讓孩子反而不能控制情緒，老用情緒來威脅大人呢？到底，面對孩子的強烈情緒風暴，大人該如何應對呢？

情緒風暴來時，只是吼罵孩子，有何不可？

　　想像一下，當你幫孩子買了他最愛的數字餅乾給他，本來孩子應該是要開心的享用，但是在看到數字 1 的餅乾斷掉的那一瞬間，他的理智線也跟著斷掉了，孩子開始倒地大哭大鬧。這時，雖然現代的家長不打孩子了，但是有些大人卻罵得更加嚴厲，罵得更加誇張。這常常是由於大人有種念頭，孩子是無理取鬧或不知感恩，理當是要被大人教育一下才對啊，不然脾氣這麼大，長大是要怎麼辦！孩子出現了壞脾氣，身為家長的我們只是吼罵一下，告訴他做人的道理，又沒有打他，有何不可！？甚至有大人認為，吼罵孩子非常有效！孩子被罵完，恬恬不敢出聲了，很明顯就變乖了，不是嗎！？另外，有些家長本來是無意要教訓孩子，但是最後被孩子情緒所激怒，只能用失控吼罵來壓制眼前的孩子。

　　現在，我們先來回想一下，上一篇文章我提到的「情緒與大腦」。當孩子因為一點芝麻綠豆小事而生氣時，通常由於未完工的上層「認知大腦」無法對情境作出好的解釋，因此孩子此刻其實已經被下層「情緒大腦」所挾持控制。情緒大腦會驅使孩子出現原始動物性「逃跑或戰鬥」的生存反應，所以你會看到眼前孩子不分場合的賴地哭鬧、踢東西，竟然還會推打如此深愛他的爸媽，孩子此刻像極了動物野獸。**好！**重點就在這裡了，在孩子已經相當激動混亂的當下，若是眼前的大人再用激動吼罵的攻擊模式來對待孩子，動物性的情緒大腦只會更加激怒，就像是你對著被激怒的小狗丟東西，它會更加瘋狂吼叫或攻擊你。最終孩子的情緒會更加歇斯底里，甚至出現打人和丟東西的攻擊反射。另

外，那些被大人大聲吼罵而呆住不敢出聲的乖孩子，其實也是進入原始的逃跑反應，只是他們是用呆滯僵直來逃避現實方式呈現。

時常被吼罵對待的孩子，最後只會陷入更深的恐懼焦慮，慣性進入情緒大腦模式，難以學會用認知大腦去面對處理。而被吼罵過度壓抑的孩子，深埋在心中的激動與情緒，最後會演變成在其他時機突然爆炸，時常發生無法控制的情緒行為。不管孩子是用攻擊或逃跑來回應大人的吼罵，大人最終都無法喚起孩子的認知大腦來控制住情緒，反而是讓孩子被慣性困在情緒大腦中。這樣的狀態，我們應該是教孩子如何冷靜下來，學會人生道理！

身為父母，我們都能理解與體諒大人在孩子強烈情緒時，易被激怒而失控吼罵狀態，就連我也會一時失控，發現自己竟然這麼暴怒，畢竟大人也會有理智線斷掉的時刻。但是，**身為成熟的大人，若能從科學角度來理解兒童情緒，就能清楚理解到，過度吼罵只會讓孩子更被情緒所控制，是無法有效讓孩子用理智來學到人生道理。同時，吼罵讓孩子更激動，只會不斷刺激孩子的「情緒大腦」，讓原始動物性反射大腦迴路更加活躍，阻礙了讓理智「認知大腦」的神經迴路能更強壯的最終期待。**因此，若是大人能學習控管好自身情緒，減少吼罵教育模式，孩子的情緒風暴將能更快速的安然度過，而我們才能有效的喚回孩子的認知大腦，引導孩子進一步去學會，用理智情緒調解和解決問題的重要能力。

情緒風暴來時，忽略隔離孩子，是對的嗎？

每次在我受邀參與情緒主題的親職講座，我習慣現場投票調查「當

家長遇到孩子的負面情緒，最常以何種方式來應對？」結果發現，現代父母很努力減少打罵教育，但是當父母仍然無力招架孩子強烈情緒時，最常消極使用「忽略不理或隔離罰站」來回應。大人心中會認為，既然吼罵對孩子不好，那我選擇不理或請他去一旁隔離面壁思過，這樣的冷處理總是可以了吧！？

我們來想像一下，3 歲哥哥認真的在堆疊積木，正當孩子興奮得正要疊到最高處時，路過的妹妹不留意碰撞到，看著散落一地的積木，哥哥生氣的賴地大哭。爸爸覺得這不過只是一點小事，告訴哥哥：「妹妹這麼小又不懂，你是男生有什麼好哭的！男生不要老是用哭的！」大人選擇了忽略和壓抑孩子的情緒，留下了感覺功虧一簣極度崩潰的哥哥。

接著，我們來到另外一個場景，一個 4 歲哥哥，因為弟弟搶奪了他最珍惜的玩具憤怒哭鬧，媽媽只是覺得煩躁而選擇忽略逃避它。接著，感到無助又憤怒的哥哥出手打了弟弟，而爸爸看到了大哭的弟弟，認為哥哥應該要到一旁面壁思過自我檢討，最後被隔離的哥哥除了憤怒更是委屈傷心。像上面這樣大人對負面情緒採用較消極忽略不理與隔離處罰的方式，看似對孩子是無害的，是最溫和的一種方式。但是，事實上這樣對於孩子的情緒察覺與情緒調節並無益處。

特別是 3～4 歲以前的孩子們，大腦的邏輯認知發展仍不成熟，因此對於「因果關係」的概念仍未完整，意思就是孩子不一定能理解自己為何被隔離處罰，但是大人卻過度期待孩子在被隔離罰站時，能自己反省過錯。事實上，在事情發生的負面情緒下，孩子被情緒大腦挾持控制了，他們往往只會感受當時父母對他們生氣的恐怖表情，至於被大人隔離處罰的原因常常是搞不清楚，我們怎麼期待他能「面壁思過」和「學到教訓」呢！

回到剛剛的例子，被搶奪玩具而出手打弟弟的哥哥，在被隔離在陰

暗角落面壁思過時，內心的小劇場通常並不是在反省自己的過錯，而是想著「我被爸媽冷落罰站，爸媽真的比較愛弟弟，真的是不愛我了啊！」困在這種想法的哥哥情緒可能會更加崩潰，久久無法調整情緒，甚至把委屈壓抑住，下次會更爆裂的對待弟弟。

不管面對打弟弟的哥哥，或是因積木倒掉而哭鬧的哥哥，大人選擇了用忽略不理或隔離罰站的方式，雖然相對於吼罵教育較無傷害，但是孩子依舊沒有學會如何調整自己的情緒，甚至是越來越恐懼面對自己那份強烈的情緒感受。最後，每當情緒來襲時，容易困在情緒中久久不能平靜，抑或者在情緒壓抑到臨界點時，會不分情境突然有種莫名的爆炸感。**在兒童情緒發展研究中發現，4 歲前的孩子較難自我調解情緒平靜下來，他們仍需要外力協助他們安撫情緒。因此，我們不希望用隔離方式讓他們獨自承受激動情緒，大人反而應該選擇「靠近孩子、擁抱孩子」在陪伴中慢慢引導孩子察覺情緒，進而學會調節情緒。**

❝ 無需急著替孩子解決，光是陪伴就能消化負面情緒 ❞

當孩子看到冰塊在甜湯裡融化消失了，當孩子發現天黑不能繼續在公園玩了，當遇上下雨天孩子無法到戶外遊玩了……無數平凡的小事和改變，都能瞬間激起孩子的情緒和哭鬧，在面對孩子有點無厘頭又強烈的情緒風暴，做為父母的我們最需要做好的心理準備即是，**無需急著要替孩子解決，而是陪孩子慢慢度過情緒風暴！**

對爸媽來說，最痛苦的就是看到自己的孩子難過受苦。因此，身為父母的大人，一旦目睹孩子哭鬧有情緒時，內心不由得會燃起一股焦慮

與恐懼，急著想幫孩子解決困境，或是想壓抑逃開孩子哭鬧的情緒。父母這種焦慮緊張，往往是出自於嬰兒時期開始，寶寶就會用哭聲引起父母的關注，讓他們能生存與獲得滿足。因而每當父母聽到孩子的哭鬧聲時，即使是成熟大人，也會快速地引起情緒大腦的作用，出現反射性「逃跑和戰鬥反應」想立即讓孩子停止哭鬧，這些快速的方法，包括了攻擊式的吼罵教訓、逃跑式的忽略隔離等。但是隨著孩子漸漸長大，大人試圖解決孩子情緒的方式，反而會忽略了對兒童情感面的關注，不利於兒童情緒發展與情緒調節。

在孩子的大腦仍未成熟前，超出他們小腦袋認知的現實，在生活中他們無法接受的變化與事實，未來可還有很多呢！**你無須總想當個超人，隨時想要幫他們立即化解危機，反而要讓孩子在一次一次的經驗中，體驗到各種情緒與人生滋味，讓大腦儲存更多情緒感受情境畫面，成為未來孩子情緒的資料庫，這才是能讓孩子成長！**

因此，大人在孩子情緒當下，不要只想解決，得學著靜靜地陪伴孩子度過情緒風暴。**因為光是陪伴，就能消化孩子的情緒！光是陪伴，就能陪孩子練習調解情緒！透過陪伴，代表你能接受有不同情緒的孩子，孩子也能接受自己，進而察覺情緒。透過陪伴，即是你在示範如何與情緒相處，孩子也能相信自己，有能力調解情緒。**所以，培養孩子情緒調解能力，第一步即是「陪伴孩子面對情緒！」

在陪伴孩子的過程，大人的「同理」是消化情緒的關鍵，但是面對情緒時，大人若能再加點「幽默」當調味料，別老是那麼認真，對孩子更是一種情緒轉移的良方。像是我們可以對著生氣的孩子，搔搔癢和撒嬌親密跟孩子說：「我們家的小可愛怎麼不見了，怎麼變生氣小怪獸了呢！我來找找看小可愛去哪裡了啊～」

先處理心情，再處理事情！
善用情緒三步驟

　　我非常喜歡阿德勒正向教養中的一項理念「**當孩子感覺好一點，他們會做得更好！**」換句話說，當孩子有情緒時，並不是跟孩子說道理和處理事情的好時機，而是先等待孩子情緒平穩後再來說！這個理念，與大腦科學十分相符，當孩子被情緒大腦挾持時，是聽不進去大人說的任何事。情緒當下，大人除了要減少吼罵的刺激，更須安撫孩子激動的情緒大腦，才能喚回認知大腦的理智線，進而有效引導孩子管理情緒與解決問題。因此，簡單來說，**應對孩子情緒風暴的科學原則即是「先處理孩子的心情，再來處理事情」**。

　　現在，再進一步了解，大人要如何安靜地陪伴孩子度過情緒風暴。在掌握科學原則「**先處理孩子的心情，再來處理事情**」之下，大人可以更細膩的使用「**情緒三步驟**」來面對孩子的情緒當下。

步驟一：
善用非語言方式靠近孩子（肢體表情貼近孩子情緒）

　　這個起始步驟最為重要，也最難做到！因為大人通常較難控制自己的怒氣情緒，會很想先碎唸或教訓孩子一番。但是往往孩子被情緒大腦脅持時，彷彿變身野獸，語言通常無效，唯有非語言（肢體表情）的訊息，才能較容易被情緒大腦

所解讀。所以，大人要先忍住且閉上嘴巴，善用肢體表情來貼近孩子。

因此，**先靠近你的孩子，蹲下來讓他看到你同理的表情，最後輕拍或擁抱他們**。記得第二章節提到的「觸覺（見 P.169）」嗎？肌膚之親和擁抱的過程非常的神奇，能讓人分泌出愛的荷爾蒙，能慢慢撫平孩子的負面情緒。每次當孩子因為挫折而哭著來找你時，只要我們願意真心的觸摸安撫，孩子都能很神奇迅速的平靜下來。因此，你會發現孩子不管什麼原因而有情緒，他們都會一邊哭鬧一邊可憐的看著你呼喊著：「媽媽抱抱！我要抱抱！」因為肌膚之親的觸覺擁抱，才能讓孩子真正感覺到愛與平靜。所以，先調整好自己的怒氣、學習好好抱抱拍拍那眼前失控生氣的孩子，才是情緒教育的開始！

步驟二：
善用語言方式同理當下情緒（將情緒具體化為語言）

第一步驟，是善用肢體來貼近孩子的情緒。而緊接著則是陪孩子練習消化情緒時最為關鍵的任務，**大人要「將情緒具體化為語言」。大人用具體語言說出孩子抽象情緒，會讓孩子不陷在恐懼情緒的泥沼裡，將孩子從情緒大腦脅持下，喚回有理智的「認知大腦」歷程。**「將情緒具體化為語言」的重要歷程，是藉此讓孩子察覺當下的情緒，認識此刻情緒的具體化語言，讓孩子對於情緒不會如此陌生與恐懼。透過幫孩子說出情緒的過程，大人即是在示範如何把感受說出來。大人透過不同的情境下不斷耐心敘述，未來孩子才有機會把情緒好好「用說的」，取代總是用哭鬧的。

「將情緒具體化為語言」再仔細來說明，需要包含三個細節①「為情緒命名」②「連結情緒原因」和③「為情緒分級」。「為情緒命名」是讓孩子連結情緒和語言的第一步驟，大人需要讓孩子察覺自身情緒和

認識情緒的詞彙，如生氣、難過、寂寞、痛苦、害怕等，譬如我們可以對著這樣說：「你看起來好生氣！」來為情緒命名。第二步驟要協助孩子「連結情緒的原因」，如「你看起來好生氣，因為玩具被弟弟弄壞掉了啊！」讓孩子理解情緒的原因，有助之後處理情緒和解決問題的能力。第三步驟則是「為情緒分級」，如「你看起來好生氣，氣到快爆炸了，因為玩具被弟弟弄壞掉了啊！」將情緒分級的用意，除了能讓孩子察覺自己情緒的原因，更明瞭情緒的強度。當孩子能明瞭自己情緒的強度，也才能具體表達出感受的程度，讓周遭的人真正同理。同時，透過仔細去感受和釐清每次情緒的強度，有助於孩子對於情緒感受較能釋懷和調節。例如孩子感覺吃藥很痛苦，但是當吃藥與打針痛苦程度相比較，吃藥似乎比較沒那麼痛苦，讓孩子自然較能接受吃藥的苦。

另外，面對不同年紀的孩子，**「將情緒具體化為語言」**也要因年齡而有所調整。大人對越幼小的孩子，在具體化使用的語句得要越「簡短」用好，譬如我們可以把話縮短成：「好生氣，好生氣，因為玩具壞掉了！」而年齡越大的孩子，語句將要較「完整」，大人更要習慣等待孩子，讓孩子有時間順著你的話語，將會更好表達出自己的感受。透過「將情緒具體化為語言」過程，不但能同理孩子的情緒感受，更是逐步培養孩子將情緒化為語言的重要步驟。若是孩子漸漸的具備在情境中說出情緒的能力，大人最後也能只是簡短的問問孩子：「你怎麼了啊？」，培養孩子能自己完整表達出當下情緒的能力。

步驟三：讓孩子理解你要傳達的原則 （重申規範、討論解決、替代方法和選擇）

事實上，父母最想對孩子傳達的理念往往是最後這個「說大道理」的步驟，因為我們都希望孩子能沒有衝動情緒，即能聽得懂大人要傳達

給他的為人處事道理。但是請再次回憶前面章節強調的內容，孩子的大腦仍未成熟，情緒大腦總是凌駕在認知大腦之上，因此我需要再次強調阿德勒正向教養的重要理念「當孩子感覺好一點，他們才會做得更好！」因此，情緒沒有速成法，想要進入第三步驟前，一定得認真執行第一和二的步驟，有時大人還要重複幾次前面的步驟，等待孩子慢慢平靜，從原始衝動回到人類理智狀態後，我們再來進行第三步驟的說道理和談事情。因為動物聽不懂人話，只有人類才能聽的懂道理和規範啊！

當孩子發完脾氣和緩和情緒後，那就就換大人來說說我們該說的事情和道理啊！**接受孩子的情緒，不代表要接受孩子的要求，大人仍要有所堅持。當有些事是絕對不允許的，還是得讓孩子明瞭所謂的規範和道理。孩子有權利衝撞大人的規則，但是大人也有義務堅持該有的規範！**大人可以這樣說：「我知道你很想吃糖果，但是現在生病，吃了會咳嗽，不能吃啊！」「跌倒了很痛吧！媽媽說過斜斜的路就要慢慢走，不能用跑的！」「我知道你還很想玩，但是天黑了會跌倒，我們現在要回家了！」「我知道你想自己過馬路，但是車子開很快會讓你碰碰受傷！一定要媽媽牽牽手！」

大人有所堅持是必要的，有些危險事情也絕對是不允許，不過仍有些事情並非都絕對「不行」或是可以有「替代方法和選擇」。這時，**我們可以讓孩子理解你的原則和堅持，但能一起討論替代的方法和選擇。「替代方法」說穿了即是讓孩子有適度的選擇權，而擁有選擇權有助於孩子疏通情緒，也練習孩子有彈性的思考解決的能力**，如「現在不能吃，但生病好了，我們再來買好嗎！？」或是「今天不能吃糖果，但是你可以去選你最喜歡的餅乾喔！」「媽媽讓你再選一樣遊戲玩，你要溜滑梯，還是盪鞦韆呢？玩完後，我們就得回家了！」「你可以選擇給爸爸牽，還是媽媽牽著過馬路喔！」大人們可能在我們與孩子常出現的衝

突場合中、善用智慧找到「替代方式」和「合理的選擇」！

當安撫不管用或孩子以情緒威脅大人時，孩子需要「南極冷靜區」

　　前面所提到的**「情緒三步驟」**，對於 4 歲以下的孩子通常會很管用，當我們讓孩子感覺好一點，他們才願意做得更好。但是，仍會有孩子在生氣哭鬧當下，會像極了刺蝟，拒絕大人靠近安撫，情緒激昂時會還出手遷怒一旁的大人，我們家的弟弟即是這類型的狠角色。由於孩子的天生氣質屬於焦慮又激動型，有一度情緒來時會有哭鬧踢打行為，當下有時大人過度靠近可能會兩敗俱傷，更讓大人跟著孩子生氣激動起來。這時，我們則可以使用阿德勒正向教養中的「積極暫停區」讓孩子待在角落學習逐漸冷靜。比起幼兒，4 歲以上較年長的孩子通常具有自我調節情緒的能力，大人可以更積極地讓孩子練習到事先選擇好的**「南極冷靜區」**學習待一會兒。讓孩子待在這個稱為「南極」的安全角落，意味著這個角落彷彿是南極氣溫一樣，能讓孩子學習「情緒降溫」，學習「自我冷靜」。

　　「南極冷靜區」絕對不是用來處罰隔離孩子的地方，也不是為了讓孩子感覺更生氣和委屈，而是當孩子正在火爆當下，能處於一個自在的角落，用不傷人的方式發洩和冷靜。因此，在孩子情緒平穩時，就得與孩子一同討論出家中最適合成為釋放情緒最自在的角落，而不是情緒當下硬把孩子拖過去而淪為處罰區。

　　以我們家弟弟為例，每次有情緒生氣爆哭時，總喜歡衝到家中更衣間，埋在柔軟衣服中痛哭，因此我們自然將此設定為他的**「南極冷靜**

區」。這個「南極冷靜區」最好還能跟孩子一起佈置成他能感到舒服的安全角落，如放個柔軟大熊娃娃能擁抱、放個孩子最喜歡的積木組和捏捏球等，讓孩子在情緒風暴時，能真正達到讓孩子降溫感到安全的功用。

更積極一點，我們能在南極冷靜區，佈置正向教養中**「生氣選擇輪」在此處。所謂的「生氣選擇輪」即是讓孩子學習能好好生氣的各種方法，提醒孩子能從中選擇合適的生氣方法，例如數到 100、跳繩 100下、打枕頭 20 下、抱棉被大叫等。**也可以帶著孩子在親子共讀時，選擇情緒繪本《生氣爆炸時，怎麼辦？：正向教養的「生氣選擇輪」，教孩子如何正確管理憤怒情緒》猜猜看，我們家弟弟最喜歡哪種生氣法呢？他認為在氣頭上用力拍打更衣室裡的大龍球，最為紓壓！

不過，千萬勿讓孩子一直獨自待在**「南極冷靜區」**，這樣會讓孩子感受到，父母不願意看待他的負面情緒，最後此處仍淪為「處罰隔離區」。

大人需要在孩子稍微較冷靜不哭鬧打人時，靠近並告訴孩子：「媽媽覺得你看起來比較冷靜了，你需要媽媽幫忙了嗎？」讓孩子能明瞭到「當你學著冷靜，大人就會靠近關注你！」這樣的適度分開彼此，大人也能保持冷靜，堅持該有的原則，更讓孩子減少用強烈情緒來威脅大人。接著，記得要同樣回到「情緒三步驟」，陪孩子學習面對情緒和調解，討論解決和替代選擇的方法。

治療師雙寶阿木悄悄話

父母對孩子情緒智商的影響，絕對不亞於父母對孩子認知智商的影響。**情緒感受是天生的，但情緒調解卻需要後天習來，需要大人持續的協助引導。**情緒的教育沒有速成補習班，唯有家長別逃避別害怕，勇敢的承接住孩子的負面情緒，願意同理孩子的感受處境，才能捕捉機會與孩子一起「練情緒」。

家長能陪著孩子在人生各種感受經驗中，從察覺自己情緒，表達自己情緒，進而調節自我情緒，最終學會當情緒的主人。

大人面對自己的情緒，比面對孩子的情緒更難

曾經，有位父親帶著兒子到親子館遊玩，而爸爸在一旁休息，讓孩子自己去遊戲區遊玩。而我注意到，這個 4 歲小男孩似乎特別的活潑好動，因此在遊戲的過程中，很容易衝動地去推擠他人，甚至會動手去拿其他孩子的玩具。果然不出所料，這位小男孩在一段時間後，被其他的家長帶出來找父親，因為他動手打了一旁的孩子。

不過，更令人震撼的是接下來這位父親的反應，他對著孩子大聲咆哮：「你為什麼打人？你怎麼又打人？」此刻被吼罵的孩子開始焦慮害怕到落淚，在沒有等待孩子的解釋，這位父親竟然在大庭廣眾之下，直接賞了孩子一個巴掌，可想而知這個小男孩一定驚嚇又羞愧，最後崩潰大哭。

4 歲孩子出手打人，可能來自於衝動控制不佳、情緒語言表達不足或是人際互動技巧不佳造成，皆能被引導與教育。但是在大庭廣眾之下，大人暴怒與衝動的行徑，確實不太理智。大人情緒化的失控行為，更對孩子做了最糟的示範，不但無法好好引導孩子調整情緒，學習正確的人際互動方法，最後也對孩子造成了身心傷害。

最難控制的不是孩子，
而是大人自己的情緒

　　理論上，大部分的大人在理解孩子情緒和行為背後的原因後，會願意選擇不吼罵與不處罰的正向教養來面對孩子。但是事實上，身為父母的大人們，卻發現這些育兒道理我們都能認同，但是身處在情緒的現場當下，即使我們能忍住不動手，卻忍不住內心的怒氣，最後仍然是對著孩子大吼大罵，彷彿自己瞬間變成了失控的孩子一樣。

　　「情緒」是人類自然而然會產生的感受，就連理智的大人們，也時常會受到情緒所困。每當大人在生活中遇到各種事件時，由於過往經驗的不同，而引起各種的情緒波動，最後讓我們做出各式各樣的行為反應。但是，當情緒與理智出現衝突時，即使是擁有成熟大腦的大人們，也會時常因為情緒大腦失火而斷了理智線，特別是在面對孩子情緒風暴時，大人最容易本能的出現戰鬥反應，最後對著孩子破口大罵與出手懲罰的行為。

　　前面章節我們應該能理解，**兒童認知大腦仍未成熟，情緒容易失控，特別是 3 歲前的幼兒**，因此成熟的大人在這孩子年幼時，即使有怨氣怒氣，仍必須展現較多的理智與包容，才能陪伴這些動物性大腦孩子，順利發展出情緒調節。

　　在孩子情緒風暴的現場，一旦大人失去的情緒穩定，讓情緒凌駕於理智之上，通常就無法陪孩子看到自己的情緒，進而引導孩子調節情緒，一切情緒教育的方法都變成空談。因此，在情緒修練這條路上，我們最難控制的往往不是孩子，而是大人自己的情緒！

"爸媽情緒穩定，孩子情緒智商才能高"

　　記得，從小阿嬤就特別的關愛我家雙寶，總想無微不至的照顧兩個孫子。但是，自主性高的雙寶卻常常不領情，孩子總想要憑自己的力量做許多事，像是自己穿上衣服。每當阿嬤看著孩子笨手笨腳，心急之下通常會搶著要幫孩子做。在兩方堅持之下，你會看到孩子跟阿嬤相互在拉扯，而越來越急躁的阿嬤，有時會從孩子身上打了下去，雖然只是想阻止孩子的堅持，並不是很用力的打，但是孩子卻總是感到委屈又生氣。

　　因此，每當孩子洗澡完要穿衣服的時刻，不管三七二十一，孩子都直接抗拒阿嬤的幫忙，堅持要自己穿。當孩子穿不好時，也只要找我來幫忙，完全不接受阿嬤的好意。而好意被拒絕的阿嬤，常常會反過來生氣大吼孩子。因此孩子只要一看到阿嬤想來幫忙，情緒即會變得特別激動，想要生氣來反抗阿嬤。阿嬤急躁不安的情緒高溫，會長期感染著孩子，最後孩子也將不安高溫的情緒，反彈回到阿嬤身上，讓祖孫關係一度僵持不下。

　　孩子的情緒大腦比認知大腦發達，因此比起語言內容，孩子往往較能感受到大人非語言的動作表情，也能感受到大人的情緒溫度。像上面提到的雙寶與阿嬤的關係中可略知，在生活中當大人總是展現焦慮急躁，孩子能感受到這份不安，會讓孩子的情緒也跟著更躁動焦慮。當大人能較常展現溫和平靜，孩子也比較能保持情緒的平穩。因此，面對雙寶自主性高的時期，我通常會適度給孩子選擇，給較多的時間和等待，不跟孩子的情緒硬碰硬，孩子與我相處時，情緒自然能較平穩。**當與孩**

子相處緊密的大人情緒越能穩定，孩子的情緒智商也將能更高。

　　兒童的情緒教育，往往必須從家庭教育來著手，因為孩子的情緒智商，與父母情緒穩定度相關。孩子的情緒智商，不像認知智商，能從「被教」來學習，必須是從「模仿互動」中學習而來的。換句話說，**與孩子關係緊密的大人情緒是能感染孩子的，因為孩子的情緒智商不是透過大人單向的教育，而是在親子關係中慢慢學習模仿而來**。孩子是看大人的行為來模仿學習，而不是靠著說教來學習。當緊密的父母情緒能平穩、較少失控，孩子也能有模有樣的學著控制情緒，慢慢才能學會做情緒的主人。

安頓自我情緒一：
從察覺情緒的原因開始

　　當個需要緊密陪伴孩子的大人，我們該如何安頓自己的情緒，讓自己的情緒保持平穩，以此為基礎協助孩子練情緒，成為孩子控管情緒的模仿榜樣呢？其實，方法跟我們了解孩子的情緒相同，得從察覺自我情緒的原因開始！

　　當生活中的情緒發生時，不管是孩子或大人，背後必定有其原因，只不過孩子的原因比較單純簡單，而大人的原因往往較為複雜，有時還被層層包圍，連自己都搞不清楚，需要大人靜下心來用心察覺。

　　有許多爸媽會抱怨，自從孩子出生後，讓他們性情變大變，感覺自己越來越不優雅，還會時常變身為大吼大叫的老虎。大人認為孩子是讓我們發怒的主因，有些人更認為孩子似乎是存心來找碴的，甚至認定孩子是出生來討債的負面想法。當我們一昧的認定大人怒氣皆起因於孩

子，便會對孩子越來越易失去耐心，越來越易對著孩子發火，大人將更難平靜的看待育兒生活。大人若能靜下心來，仔細的問問自己的內心：「大人的怒氣，真的都來自於孩子嗎？背後有沒有其他的原因，讓我們如此容易發怒呢？」

事實上，大人內心的怒火，常常來自於生活中的許多因素，這些大大小小的原因像積木一般層層的堆積累積，而孩子可能只是撞倒積木的那個一觸即發的導火線而已……。

大人的怒氣，背後更可能來自於這些原因

原因 1· 對兒童發展的焦慮不理解

這最可能發生在新手父母的身上，因為很少有父母會事先做好功課，才決定要生下孩子。孩子無非是老天爺賜予父母們最驚喜的禮物，但也是讓父母最驚嚇的挑戰。父母通常是在面對眼前哭鬧不已的小生物時，才手忙腳亂開始學著如何當孩子的爸媽。

我想每個父母都很努力的想當好爸媽，但是學齡前孩子成長速度很快，每當父母好不容易適應此階段孩子的狀態，他們卻又進入下個階段的發展。即使大人很努力的在後面追著孩了的腳步，卻因為孩子快速的變化，讓大人感到焦慮慌亂。更常因為孩子超乎我們理解失控的行為，讓大人感到生氣不安。而大人的這份焦慮不安，很容易轉變成對孩子的怒氣，像是父母在面對固執 2 歲兒時，時常按耐不住怒火而失控大罵的情景。

當大人越能理解孩子的行為背後代表的各種發展意義，我們通常較能保持平靜淡定面對眼前遭遇的失控混亂。當然混亂可能沒有改變，但是透過大人的智慧與理解，就能讓我們「生氣少一點，讓我們優雅多一點」！因此，成為父母的大家，若能對兒童發展保持學習態度，肯閱讀兒童發展相關書籍或參與親職教養講座，都能讓父母的育兒生活越來越得心應手，生活變得輕鬆少動怒。

原因 2· 生活中彈性疲乏，情緒沒有出口

記得，在雙寶年紀還很幼小時，我大部分的時間都能接受孩子的好動混亂與情緒起伏狀態，畢竟我明瞭孩子有其發展需求與不足要長時間練習。但是，記得有一次，孩子正在堆疊積木，在最高處時卻因一個失手而突然倒塌，孩子此刻情緒正如那些倒塌的積木一樣崩潰。平時的我，通常是願意安撫陪伴失控的孩子，但是這次我卻莫名地感到煩躁，一股怒氣遲遲無法平息，最後對著孩子生氣並大聲吼罵。雖然當時我無疑的認為，是孩子情緒化才會讓我會如此發怒。但是後來我才赫然發現，原來我的怒火可能來自其他原因，其實當時的我正經歷著「經前症候群」的不適（身為女性同胞應該能懂，在月經來的前幾天，會有莫名疲累無力，頭痛或情緒不穩的情況），因此情緒才會突然煩躁與暴怒，很不像平時的我。同樣的情況，若發生在我平時的狀態，結局可能就有所不同。

有時在我們看到眼前孩子的不安分，父母老是感到內心火團將要爆發，忍不住想吼罵孩子。這時，孩子的不安分看似是主因，但是仔細抽絲剝繭後，你會發現大人的「身心疲憊」才是我們對孩子失去耐心和發怒的真實原因，正如上例我面臨的疲累。每位父母身心疲憊的原因皆不同，如工作壓力、育兒壓力、育兒工作蠟燭兩頭燒，也有人是面對長輩

的壓力等。但是當大人長期承受生活壓力而不自知，在彈性疲乏或滿載情緒之下，最容易把情緒轉移到身旁的人，特別是發洩在那些年幼的孩子身上。

那些看似是孩子造成的大人怒氣，時常是隱藏了大人自己的情緒壓力和無助，而在大人情緒臨界點時，好動的孩子剛好是觸發怒火的那個燃點而已。因此當父母的，必須時常檢視自己的身心狀態，當身心彈性疲乏或情緒壓力過大時，都要懂得向身邊的家人和親友尋求支援和協助，特別是跟孩子的爸溝通協調。當照顧者有適當的歇息，育兒之路才能走的正向與長久。

原因 3· 原生家庭的直覺教養模式

現實中，身為父母們的大人，並沒有被好好被教育過要如何成為好父母，那父母是依據何種觀念來教育孩子的呢？應該不難猜，即是父母自己的原生家庭，也就是孩子的阿公阿嬤傳承下來的教養模式。**從小我們被父母教育的模式、被教育的價值觀和經驗，往往會深植在人類的大腦中。不管你本人喜不喜歡這些觀念模式，由於歷經了漫長的時間，已成大腦神經迴路的一部份，最後都會進入潛意識，形成直覺的大腦慣性模式。**

良好的價值觀深植腦中，成為家庭教育的一部份，傳承下去當然是好事。但是那些不適切的傳統教養觀念，像是打罵、羞辱和過度壓抑情緒等教育模式，也會隨著當年自己的恐懼或生氣情緒，一併存入大腦潛意識中。而潛意識裡深植的過往經驗，平時看似是風平浪靜，但是在大人成為父母後，尤其在教養孩子的相似情境現場，大人往往會直覺式的複製當年原生家庭的教養模式，使用同樣的言語與行動放在自己的孩子身上，甚至連當年的怒氣都一併給了眼前的孩子啊！

「不准哭，男生要勇敢，這樣哭長大會沒用的！」每次看到爸爸帶著怒氣對著哭泣兒子這樣責罵，我即能想像到這位爸爸小時候，一定也被他父親如此生氣訓誡的相同畫面。爸爸此刻的那份怒氣言語，其實可能源自於自己小時候被壓抑住的憤怒。而這種情境，其實也發生在我的另一半身上。由於雙寶的爸也是從小接受嚴格教育，男兒有淚不輕彈，越哭越被揍的鋼鐵教育模式，也因此他對兒子的哭泣，特別的容易感到厭惡和憤怒。

　　每個發怒的大人背後，可能都有屬於自己的故事。而這些過往的故事，會影響著未來我們對孩子的直覺教養模式。若身為父母的大人沒有察覺到，不斷複製不適切的教養觀念，將會對孩子情緒發展不利或造成深遠傷害。身為父母，我們無須去責怪原生家庭和過往，但我們要時常察覺自己深植的觀念是否合宜，透過持續的學習來修正原有的教養觀念，我們自然能成為幫助孩子健康成長的父母。

原因 4・大人天生的氣質度

　　不管是孩子或大人，每個人都有「天生的氣質度」，像是有人較敏感內斂、有人較外向活潑、有人性子很急、有人則是慢郎中等。**這樣的天生氣質度沒有所謂好壞，但深深影響著我們對外界人事物刺激產生的感受與反應。而大人與孩子的親子相處，則容易因為天生氣質度的不同，擦出各種化學反應或摩擦衝突**，像是急性子的媽媽遇上慢郎中的孩子、外向活潑的爸爸遇上敏感內斂的孩子，在這些高異質性的親子關係組合中，通常會有較激烈的火花。

　　當大人與孩子的氣質度差異很大，親子間相處時所產生的化學反應通常較為激烈，易產生出火花衝突，如急性子的媽媽在出門時易感到焦急，但是看到眼前的孩子卻老是慢條斯理的穿衣穿鞋，覺得孩子漫不經

心的媽媽，內心那把火很容易燃起，情緒衝突就會展開。那當大人與孩子的氣質度相似，是不是就能相安無事呢？事實上，親子之間的氣質度若是過於相似，也可能會出現另一種化學反應，像是當堅持度高的媽媽，碰上了堅持度一樣也很高孩子，兩人若意見不同，卻各自堅持己見在自認為要做的事上，硬碰硬之下仍會兩敗俱傷，甚至還會聽到媽媽老是抱怨：「這孩子怎麼個性那麼強硬固執，真得很討厭！」

　　不論大人與孩子間氣質度相似或迥異，由於氣質出自天性絕無好壞。不過，大人往往對孩子的氣質度較了解關切，卻容易忽略對自己氣質度的覺察。像是一位是氣質度較焦慮緊張的媽媽，總是抱怨孩子很容易緊張生氣，卻忽略了其實自己在孩子面前，時常顯露緊張焦慮，孩子長期感受到這份焦慮，也易變得更加緊張。因此，當親子之間常有不良化學反應和衝突時，大人要試著思考：「這火花衝突都是孩子造成的嗎？還是彼此都有些微狀況需要調整？」大人除了要了解孩子，更要花點時間檢視覺察自己的狀態。**當大人越能自我察覺，情緒也越能調整，親子間的化學反應也能有所改變。孩子才不會只關注大人激動的情緒，而看不到自己的情緒。**

原因 5・對孩子過度不適切的期待

　　現代家庭不像過往養育較多的子女，更有許多家庭是獨生子女。育有獨生子無任何不好，反而獨生子女能獲得更完整的資源和父母的愛。但是要留意的是，**當父母對孩子投注越多的愛，代表著大人對孩子會有越多的期待。而期望越高，嘮叨和責罵也越多，讓孩子負面情緒易高漲，特別是大人的期待中，有些可能高於孩子的能耐，最後演變成親子之間長期的衝突與怒氣。**

　　父母對孩子過度與不適切的期待，像是與兒童發展年齡不符的期

待，如希望 2 歲孩子能凡是與人分享，卻忽略 2 歲孩子的年紀仍在發展自我，學會分享需要時間，因此對孩子感到失望。父母不適切的期待，還包括無法接受孩子原始的氣質度，希望孩子能成為父母心中另一種理想的個性樣貌。像是期待緊張內向的孩子，能快速適應幼兒園新環境，還要能活潑外向結交到很多朋友。當孩子上學哭鬧吵著不去時，父母無視孩子天生氣質，認定孩子懦弱和不乖，因而發怒責罵。

上述 5 大原因，是否也是你時常怒氣沖沖的隱藏原因呢？爸媽若能時常留心察覺自身狀態，釐清自我情緒的根源，才能找到癥結逐步調整情緒，成為情緒平穩的照顧者。

❝ 安頓自我情緒二：誠實接受情緒，再跟自我情緒對話 ❞

生活中有感受和情緒，是一件自然不過的事。只是身為大人的我們，卻從小被教育成要乖巧聽話，認為有負面情緒似乎是件不好的事。因此，在成長過程中，一旦我們想哭，想要發脾氣，出現了莫名的情緒，有時連自己都會感到害怕，甚至會厭惡它。在害怕厭惡的當下，我們會想把不舒服的情緒否認或壓抑下去，但被壓抑住的那些複雜情緒，其實並沒有真正的消失，反而不斷在內心累積與發酵。在內心滿載情緒的狀況下，我們反而不知何時會突然的被觸怒和爆炸，讓情緒變得更難以控制。**因為越想壓抑情緒，只會產生越強烈的負面感受。**

當大人先能察覺自己出現了情緒，也接受自己有情緒是生活的一部分，無須壓抑和感到害怕，才能進而去調節狀態。因此，**唯有我們大人能誠實的面對自己有情緒，察覺自己的情緒訊息，感受自己壓抑的情**

緒，發覺情緒可能的原因，接受並讀懂自己的情緒，才能讀懂孩子的情緒，最後協助孩子。

先誠實接受情緒後，接著大人要學習「跟自我的情緒對話」。「情緒」這種東西，一出現即會像程式一樣自動化啟動，壓也壓不住，放久還會變調和複雜化。我們若能在不遷怒他人狀態下，順著情緒走過發洩過，像是當下在跟它對話，情緒才會變得像撥雲見日般，越來越簡單明瞭。如同我們心情不好時若能跟閨密聊聊，即使事情並沒有因此而解決，但是聊完後心情總能稍微得到安撫。而情緒當下，若沒有人能及時能聊聊情緒，我們可以選擇跟自己的情緒進行對話。

要如何「跟自我的情緒對話」呢？**原則是我們不壓抑情緒，反而是放大檢視情緒，檢視後試著用自己對話，把內心情緒發洩出來，最後對自己喊話，達到自我安撫。我們透過認知大腦與情緒大腦的對話去安撫情緒，彷彿是幫情緒貼上 ok 蹦一般。**放大檢視指的是，我們仔細的去察覺身體此刻的狀態、是什麼情緒、是什麼原因、情緒的強度。

譬如當家中孩子遇上挫折時，習慣躲起來大哭，大人因而總是感到十分討厭生氣。大人在情緒當下，第一步可以這樣自我檢視：「我感到臉部漲紅很熱、胸口很悶（身體狀態），我真的很煩躁（情緒），因為孩子總是一直用哭的不說出來（原因）！他再哭下去，我可能會暴怒（強度）。」第二步，是用自我對話發洩情緒，這時大人可以對自己說：「我討厭孩子生氣只會哭，我討厭孩子有事都躲起來，我真的很生氣又失望。」大人還能想像，自己對著孩子說：「你可以勇敢一點嗎？不要像媽媽一樣懦弱逃避」**如此自我對話的目的，是把這些情緒的念頭都走一遍和發洩一遍，而不是發洩在眼前的孩子身上。而我也時常在到即將發怒時，會對著自己喊話：「生氣會老！生氣會老！快深呼吸～吸吐～」善用自我提醒的咒語，讓自己情緒平穩後，再回去正向的面對孩**

子，繼續陪著孩子練情緒。

　　仔細思考上例，**其實大人感受到的情緒，不僅是因孩子的情緒行為而來，有時竟是來自自身過去的經驗和認知，像是大人內心對於自己的懦弱也感到生氣，連帶將這分怒氣一併給了孩子。**此刻透過「放大檢視和自我對話」大人才能看到情緒的黑洞，透過自我檢視和察覺，及時平穩自己的情緒，再陪孩子面對他們的情緒狀態。

安頓自我情緒三：找到自己的南極冷靜區

　　大人要安頓自我情緒，我們「**從察覺情緒的原因開始**」，接著「**誠實接受情緒，跟自我情緒對話**」，藉此有些難解的情緒就能慢慢流動。但是情緒有時並不總是很聽話，不舒服的感覺也不會總能快速的流走，因此安頓自我情緒還需要「**找到自己的南極冷靜區**」。在情緒當下，我們總會陪著孩子到南極冷靜區緩和情緒。那當大人情緒湧上，需要紓壓緩和情緒時，我們大人的「南極冷靜區」在哪？

　　爸媽除了要面對孩子每日的挑戰，更在忙碌生活中累積過多的壓力，因此我們內心總是承載著許多複雜情緒，情緒溫度也隨時都可能會沸騰。但是，大人比起孩子是有個理智的大腦，我們能透過覺察自我情緒後，提前預防自己情緒的暴走，而不被情緒大腦控制。因此，**身為需要時常面對孩子的大人，每天都要為自己挪出時間「沉澱」自己，試著找到一個時間、一件事情或一個角落，能讓自己恢復平靜的心靈。**譬如：我每天傍晚接小孩回家前，總是習慣一個人在操場散步，藉著走幾圈操場，望著寬廣的藍天和空間，沉澱自己當天的煩悶，調整狀態再去

面對孩子，而這即是我其中一個「南極冷靜區」。而在家中，當我很想難控制怒氣時，我也會選擇一個鋪著地墊的房間，做幾個瑜珈伸展運動，跟自己發發牢騷，等情緒緩和後，再回去面對孩子的強大情緒。換你可以思考一下，該如何沉澱自我並找回平靜呢？

情緒，雖然無法完全被控制，但透過自我察覺、自我對話與自我冷靜的過程，才能讓情緒慢慢地流過，卻沒有留下對自己與孩子的傷害與遺憾。親愛的大人，你已經找好自己的「南極冷靜區」了嗎？

 治療師雙寶阿木悄悄話

「要為自己，沉澱那總是混濁的心靈」

當媽媽的都懂，每天為孩子忙錄，心靈總是被攪和的混濁不堪，讓我們完全看不到自己，感覺不到自己！

若是我們的心靈總是混濁，我們將無法平靜的面對孩子，我們將無法靜靜的聆聽眼前孩子的需求，生活會陷入更混濁的狀態！所以，試著為自己找到可以沉澱心靈的角落！回家才能用這平靜的心靈，再度面對孩子！

在還沒成為母親以前，我從沒發現過自己脾氣是差的！直到我生了兩個孩子後，我才真正的察覺到，原來以前的我並不是沒有脾氣，而是習慣用否認來壓抑自己的情緒，以為逃避就能遠離情緒。

如今，**為人母之後，在與孩子的情緒衝突中，才真正願意面對自己控制不住的情緒，學著面對與調整情緒。原來，成為父母，能跟孩子一起修練性情，成為一個更好的自己。**

解碼孩子的情緒
【0～18個月篇】

狀況一

「寶寶怎麼一直哭、餓也哭、累也哭、不抱也哭、聲音大也哭，媽媽我好煩躁，聽到孩子一直哭，我也快要哭了！」

" 了解 0～18 個月寶寶
情緒背後的原因 "

哭是寶寶生存本能，也是幼兒情緒表達的重要語言

不同年齡的兒童會呈現不同的情緒行為，而「哭」則是他們表達情緒最原始和初期的行為模式。嬰兒出生即帶著本能的情緒大腦而來，寶寶只要感到不適就會以最原始的恐懼反應，因此孩子常常以「哭」的形式來表現心情。同時，孩子的哭，更是人類重要的生存反應，看似被動依賴的寶寶，正是用主動的「哭」，來觸發大人的焦慮與立即回應，以利柔弱寶寶能生存下來。

雖然哭聲總是會讓父母聽的柔腸寸斷，聽得十分煩躁和焦慮，但是這卻是寶寶與父母之間最有效的一種溝通方式。

當寶寶餓了、病了、不舒服了、面臨巨大聲響和陌生人來了恐懼時，還尚未有語言的他們，只能用稍微不同的哭聲和動作，讓大人看到他的感受，本能地發出求救訊息告訴大人「我現在就需要你！」當寶寶得到父母的安撫與滿足，感到舒適與安全感時，出生僅僅 2 個月的寶寶也能開始對著父母綻露出滿足的微笑，這讓辛苦的父母們看到孩子時，內心會感到無比的幸福與溫暖。

" 了解 0 ～ 18 月的兒童 心理社會發展 "

愛瑞克森（Eric H. Erickson）的兒童心理社會發展理論，亦稱為人格發展理論。以社會心理發展為基礎，將人生視為是連續的人格發展歷程，也將人生分為八大階段。而每個階段都有其發展任務和衝突，前一個階段發展危機沒解決，將影響下一階段的人格發展。

依照上述理論，0 ～ 18 月的兒童發展階段重要任務為「信任與不信任」。因此這時期的孩子，在生理和心理的需求上，若能得到大人的理解與照顧，對周遭環境則會建立信任感。反之，若需求沒被理解回應，孩子則對環境出現不信任，時常出現緊張哭鬧、難以安撫或分離焦慮的情形。

因此，**這個時期的寶寶，完全仰賴大人的照顧與滿足需求，他們需要照顧者能觀察敏銳、即時的回應、穩定且一致的照顧模式，這也稱為親子間「安全的依附關係」**，如此孩子的情緒也才能正常的發展，依附關係也將影響到孩子的自我概念與人際社會發展。

66 爸媽可以這樣做

✓ 制定規律作息，靜靜的觀察孩子需求

　　寶寶一出生即有情緒，通常會與**生理與心理**需求相關。哭並不是一種壞情緒，哭只是因為孩子不會隱藏情緒，更不會強顏歡笑，哭泣的背後往往是有所需求。**首先，大人要提供孩子穩定的作息和生活環境，在規律生活中，我們才容易觀察與了解到寶寶的特性和需求。**

　　雖然一開始總是會被寶寶搞得驚慌失措，但父母別只是乾焦急，反而要冷靜觀察孩子，餓的時候滿足他，尿布濕的時候幫他換尿布，累的時候懷抱著他睡覺，熱的時候適當調整環境，慢慢嘗試就能找到孩子的需求。就算沒有立即找到原因讓寶寶停止哭泣，只要大人保持耐心持續的關注安全與安撫，寶寶通常不會哭得太久。有時寶寶哭一哭後反而感到舒服，更能進入睡眠。但是，如果孩子哭聲異常大且頻率過高，就得要留意是否有生病身體不舒服的問題囉！

✓ 肌膚接觸，能有效安撫孩子

　　以前，大家總有錯誤的認知，以為太常抱著寶寶，會把孩子寵壞。但是，**當孩子哭泣時，大人真誠即時的回應孩子需求，不斷透過肌膚接觸與擁抱安撫，讓孩子產生安心感，才能逐步發展出兒童正向的情緒。**

　　而當寶寶不斷地哭泣，始終沒有得到適時的擁抱與安撫，寶寶則會越哭越憤怒，憤怒的盡頭若始終沒有得到關注，寶寶將會感到無助而失去情緒感受，進而產生情緒心理上長期的問題。久而久之，當孩子再大一點，會失去同理心或過度壓抑憤怒，最後容易出現不當行為和暴力問題。

　　3 歲前的寶寶正值情緒敏感期，當他們在哭泣時，若能時常被大人

抱著輕拍和安撫，就能安撫大腦中產生負面情緒的杏仁核，也刺激大腦中情緒神經迴路的發展。

寶寶會想盡辦法向大人索取愛，從愛中得到滿足。有被愛著的寶寶，才會開始信任對方，再慢慢信任這個世界，願意勇敢探索世界和發展人際關係，如此對兒童大腦的神經發展才會達到相輔相成的效果。**而感覺自己是被愛著的寶寶，能有自我存在價值感，較能離開媽媽身邊，勇敢往外探索新環境，往後也較不會因強烈的分離焦慮而難以適應環境。一個有安全感的孩子，探索過程也較快能建立自我的肯定感。**

✓ 多跟孩子對話互動，保持自己情緒平穩

大人要多和寶寶說話與回應他，對寶寶時常表現出正向的興趣。不管寶寶和幼兒是否已經有口語，我們仍需要在生活日常與孩子一來一往互動，彷彿與孩子對話一般。我們可以將寶寶的情緒心情，用語言的方式說出來，如「尿布濕了，不舒服啊！」、「喝奶奶，好開心啊！」「看到不認識的叔叔，很緊張啊！」「看不到媽媽，很害怕啊！」

當大人在將孩子的心情解碼的過程中，光是爸媽熟悉的聲音就給孩子情緒穩定的力量，同時也讓孩子慢慢理解更多的詞彙與情境。最重要的是，**當大人在和孩子說話的過程，也是跟自己說話，藉此穩定自己面對孩子哭鬧時緊張焦慮的內心。寶寶對照顧者的情緒是很敏感的，親子間是會共享情緒起伏，因此當照顧者的心情能時常保持平穩，寶寶的情緒就能較常保持平穩。**

治療師雙寶阿木悄悄話

　　當孩子哭鬧不睡覺時，以下有幾個小秘訣可分享給陪睡很崩潰的父母們，播放柔和音樂、以讓孩子包裹方式入睡、提供安撫奶嘴、白噪音（空氣清新機或電風扇）當環境背景、用固定頻率的輕拍撫摸，或是讓孩子躺在搖床或推車上。而我們家的雙寶，喜歡睡前我幫他摸摸背和牽牽手觸覺安撫，感到心安舒適後即能很快入睡，大家不妨試試看！

狀況二

　　「孩子整天**黏著媽媽**，嚴重**分離焦慮**，就連媽媽上廁所、洗澡都要哭鬧找媽媽。每次朋友到家裡來作客，總是在很**黏著媽媽**，也不讓其他大人哄騙，使得媽媽沒耐性想斥責孩子，最後孩子只會哭鬧的更加激動。」

了解 0 ～ 18 月寶寶情緒背後的原因

認識兒童分離焦慮的發展

幼兒的分離焦慮是發展中常見的情緒，約在出生後 5 個月會認人開始出現，9 個月到 1 歲時到達顛峰，會持續到 2 歲左右。在孩子往後具有更多生活經驗後，即會慢慢的降低。

◎ 4 ～ 5 個月：寶寶能區辨熟悉與陌生人，喜歡熟悉的家人，會開始出現不喜歡陌生人的反應。

◎ 6 ～ 8 個月：寶寶會對主要照顧者發展出依附關係。因此通常寶寶看到媽媽會開心雀躍、媽媽離開時則會哭鬧不休。同時小寶寶的認知能力有限，無法理解「物體恆存概念」，認為媽媽走開即是消失，所以寶寶才會媽媽上個廁所也哭、整天視線不能離開媽媽。

◎ 1 ～ 2 歲：最明顯的分離焦慮期在 1 ～ 2 歲，但通常只是個過渡時期。隨著年齡增長，孩童在動作、語言和認知理解能力逐步發展後，分離焦慮也應該會逐步的減弱。

分離焦慮的開始並非壞事，而是代表著孩子在認知上的進步發展，他們學會了分辨熟人與陌生人的臉孔，更代表著孩子跟父母正在建立穩定依附關係。若是孩子從小過度安靜，完全沒有分離焦慮的問題，常常不會注視他人和察覺環境困難，反而可能是孩子有其他發展問題（如發展遲緩或自閉症），應儘早發現與治療。

了解兒童分離焦慮常見 4 大原因

1. 依附關係的不穩定

前面已經說明，依照愛瑞克森的兒童心理社會發展理論，0 ～ 18 月的兒童發展階段重要任務為「信任與不信任」。**因此嬰幼兒早期若沒有與父母建立安全的依附關係，如爸媽過度嚴格，認為抱孩子會寵壞他，或是孩子與父母相處少，長時間托育在長輩保姆家，這些孩子反而特別黏父母與出現分離焦慮。**

2. 父母本身容易緊張焦慮

主要照顧者本身容易焦慮，在與孩子分離時易顯現焦慮，讓孩子也感受到如此的焦慮不安。而焦慮的父母在孩子分離情緒激動時，有時會容易用負面話語來責備孩子，如「你再這樣哭，媽媽就要離開你！媽媽就不愛你了喔！」**越是嚴厲責罵孩子的哭鬧，只會造成孩子更不安更難分離！**

3. 孩童天生屬於敏感或退縮的氣質

每個孩子都有自己的天生氣質，若氣質度屬於較退縮、較敏感和適應性較慢的孩子，對於父母表情或一舉一動會特別敏感，容易感到不安和過於謹慎。或有重大改變也會反應較大，如主要照顧者更換、弟弟妹妹出生、戒斷母奶、搬家、上幼稚園或國小等。所以，父母切勿無預告的突然改變，如突然斷母奶。

4. 生活環境過於不變與突然改變

孩子出生後的生活經驗，也大大影響著孩子分離焦慮的程度。若家中的環境較為單純，像是僅有媽媽和孩子兩人朝夕相處，除了少與媽媽分離經驗，若孩子又少出門，孩子對於新的面孔、新環境自然易緊張害

怕和出現分離焦慮。相反的，當環境有過多突然的變動，如搬家、有弟弟妹妹、要上幼兒園或更換主要照顧者等，也會讓孩子出現明顯的分離焦慮。

✓ 耐心穩定有品質親密陪伴

讓保母照顧的寶寶，只要用心選擇好合格優良的保母後，父母別為了孩子在保母與父母間轉換過度擔憂，這樣只會讓孩子感受到大人的焦慮，情緒更不安。**只要父母在下班後，陪伴寶寶的每個當下，關注孩子的需求，給較多的觸覺安撫，溫柔有耐心的與孩子互動，即能逐步建立穩定安全的依附關係。安全的依附關係能成為孩子安心的堡壘，讓孩子更能適應新的人事物。**事實上，孩子練習與不同成人建立依附關係和連結，只要兩方照顧者都能用愛安撫，反而能刺激孩子的發展與適應力，如保母與媽媽、外婆與媽媽。

✓ 建立「物體恆存」的基本認知

較小的孩子容易有分離焦慮，其實是因為認知理解的不足，他們無法理解「被遮蓋的東西看不到，其實仍在原處」與「媽媽不在，等下會再回來」的概念，因而感到害怕。從孩子 4 ～ 6 個月開始，大人可多和孩子「遮臉遊戲」，再大一點可以跟孩子「玩躲貓貓」，或是「尋找藏起來東西的遊戲」。在不同環境的遊戲中逐步建立「物體恆存」的認知概念，刺激孩子的心智發展，讓孩子慢慢對分離，不會如此的焦慮。

✓ 逐步演練分離，重逢後親密安撫：

任何生活經驗，都需要練習，分離也是！從 2 歲開始，父母可以從

生活中逐步提供分離經驗，來降低孩子的敏感不安。我們可以在熟悉的環境中，請家人照顧孩子，演練分離的狀況，分離時間可由短逐步拉長，如從媽媽上廁所和洗澡的時間，媽媽去超市買東西，慢慢延長到媽媽離開一個早上時間。

千萬不要不告而別，突然消失只會增加孩子的不安焦慮加劇。在離開前，記得告訴孩子：「媽媽在廁所，等等回來！」「媽媽去買超市，等等回來！掰掰～」回來之後，大人更要緊緊擁抱孩子跟孩子說：「你看，媽媽回來了，好想你喔！」**切勿對孩子的哭鬧加以責備，這樣只會讓孩子更不安更黏。**

✓ 在穩定陪伴下，鼓勵孩子勇於探索：

容易焦慮擔心的父母，平時容易「過度保護」和「過度禁止」孩子，只會讓孩子缺乏自信而更依賴大人，較難學習逐步分離。**父母越不焦慮，越能和孩子有平穩安全的依附關係，才能讓孩子安心的往外邁進，學會在陪伴中分離。**

建議父母在生活中要多鼓勵孩子勇敢去探索，如在公園遊樂器材遊玩、親子館遊戲區時。引導孩子在父母陪伴下，能主動嘗試探索環境和挑戰，只要告訴他：「媽媽會站在這裡陪伴你，你去玩沒關係！」當孩子回頭看著你時，你只要露出信任的微笑即可。

✓ 有生活改變時，可以閱讀相關繪本：

當生活有突發改變時，往往容易加劇分離焦慮，如戒斷母奶、要上幼兒園等，一定要提前跟孩子預告溝通，預留較多的時間做準備。若能和孩子閱讀相關的故事繪本，讓孩子可以預先想像分離的感受，或透過繪本紓發出心理的感覺，更有助於降低分離焦慮情緒。

治療師雙寶阿木悄悄話

　　當大人越能理解兒童分離焦慮，我們越不會對孩子顯露恐慌擔憂，孩子也能夠越安心不焦躁。大人需要給孩子多一點時間和耐心，通常這個只是兒童發展歷程中，一段認知不足的過渡時期。父母若能積極掌握上面原則，從生活中提供孩子更多經驗，在穩定的陪伴中，孩子能信任大人與環境，分離焦慮通常能逐漸降低，愛上去探索新世界。**但是若孩子在 2 歲半以後，分離焦慮仍很嚴重沒有逐漸減少，有可能隱藏著兒童發展上的問題，建議尋求醫療專業協助，避免造成日後更多的人際和學習問題。**

解碼孩子的情緒
【18 個月～ 3 歲篇】

「我家孩子從 2 歲開始，叫他往東他偏要往西，整天喊著不要，還越講越故意，不順他的意就像木頭一樣倒地哭鬧。孩子不但固執意見又多，生活中不會做的事情也要自己做，還一定要照他要的順序做才行。做不好時又大哭生氣，大人到底要順著他到什麼時候，孩子會不會越來越難管教啊！」

了解 18 個月～ 3 歲幼兒
情緒背後的原因

當孩子接近 2 歲的時期，孩子會說話表達和行動自如時，你會突然發現，原本那個媽媽做什麼都跟在一旁的可愛小寶貝，突然開口閉口都是「我不要！」他們變得愛逞強、愛發脾氣、意見多又反覆，種種行為都不斷考驗著大人的耐心和 EQ，親子關係往往一觸即發，讓媽媽也會時常跟著暴怒。原來，這就是傳說中「恐怖的 2 歲」，也是孩子人生中第一個叛逆期。2 歲的孩子是怎麼了？

2 歲兒的不聽話，來自於探索自我

◎ 2 歲小孩「我不要，故我在」，證明「我可以」

1 歲以前的寶寶，認知上以為自己和照顧者是一體的，在接近 2 歲能力開始發展時，他們慢慢才能感受到自己。因此，開始探索自我的 2 歲幼童，會對著大人說：「我不要」，藉此代表著**「我不要，故我在」。孩子利用「不聽話」的行為告訴著大人：「嘿！我是個獨立個體，我要試試看我的能耐！」，事實上孩子就只是想用我不要來證明「我可以」，並非是故意要叛逆。**

2 歲孩子在發展上，開始能掌握肢體動作，也能與父母短暫分離去冒險和挑戰，因此調皮好動的特質會表現得淋漓盡致。但是爸媽仍然習慣孩子是需要保護的寶寶，因此當孩子在學習獨立行動時，總會讓爸媽緊張擔心，也容易變成爸媽眼中的叛逆與不受控。事實上，2 歲小孩的叛逆，代表著孩子能力的發展，身為父母要為此獨立而感到開心。

◎ 2 歲小孩固執情緒化，來自矛盾情緒與不安

在 2 歲時自我探索的過程中，會變得十分情緒化。當大人幫忙他們時，孩子會反抗生氣，因為他們堅持要自己來。但是，當他們自己做不好時，卻又賴地情緒崩潰，如不讓大人幫忙，堅持自己拿水卻弄倒，自己穿鞋又做不好，最後氣急敗壞。

因為，在「我可以自己來」的獨立過程，孩子許多大小動作能力仍未靈活協調到能駕馭他們心中的想要，因此生活中充滿了不斷的挫折和失敗。這時，**孩子會在依賴與獨立中來回徘徊，在如此的矛盾掙扎中，情緒將會起伏不定，容易出現一瞬間失控。**

另外，2 歲小孩也顯得特別固執，例如一定要先穿衣服再穿褲子、媽媽一定要睡左邊爸爸在右邊等，一旦沒有按順序或期望走，孩子就會

堅持重來或失控。這並非孩子的固執，而是內心不安造成。由於在探索環境的行動過程，新奇有趣雖然吸引著孩子，卻也讓他們有強烈的不安與壓力。**孩子想藉著在固定儀式順序中，擁有熟悉的安全感與掌握感，因此孩子會顯得固執和不知變通。**

雖然 2 歲孩子已能開口說話，但是說出內心強烈感受對他們仍太困難，在有口難言無法排解複雜矛盾情緒時，他們會變得更愛哭鬧與發脾氣。這時，不只需要大人的理解與同理，更需要大人接受他們的任性和適時放手，陪他們度過這些挫折不安的黑暗時期。

了解 18 個月～ 3 歲的幼兒 心理社會發展

依照愛瑞克森的兒童心理社會發展理論，**18 個月～ 3 歲的兒童發展階段重要任務為「自主與羞愧」。**因此這時期的孩子，從與父母緊密的安全依附關係中，正在努力往外發展出自我和各種能力，開始學習自主和控制。

若是大人讓孩子有機會能在生活中嘗試各種事物，即使需要不斷的經歷錯誤和挫折，最終才能慢慢培養出孩子的自主和自信。反之，若是大人過度擔心而對孩子控制限制太多，阻止恐嚇孩子去嘗試，不但無法順利發展出各種能力，也會造成孩子會感到羞愧沒自信，甚至會懷疑自己的能力。

▶ 這個階段孩子，需要更多自主練習的機會，適當放手讓孩子順勢發展各種能力。

✓ 體認孩子的自我，放下你的控制慾

　　我們家雙寶大概是 1 歲 9 個月開始，進入傳說中恐怖的兩歲，而且因為是雙胞胎所以可是「恐怖 2 歲兒 X 2」。在這時期的初始，孩子很自我不配合，我當時也變得特別想管教孩子，因此親子之間時常在「主控權」中角力鬥智，情緒也常一起失控。最後，**我深刻體悟到要在「孩子的獨立欲與大人的控制欲」中取得平衡，才能是親子雙贏的局面。**

　　若是大人始終堅持自己是「對的」，而禁止了孩子的探索嘗試，強迫孩子「要聽話有規矩」，在如此控制下，衝突和負面情緒會每天持續上演。但是，**當大人在心態上，能體認 2 歲幼童的發展，正要從與大人緊密依附關係中破繭而出，正要發展自我和控制的歷程，我們只要願意退一步放手，讓孩子優先發展他們的能力與自主，孩子的反抗故意行為會相對減少，情緒也能較平穩的面對生活困難。**

　　像是在吃飯時刻，大人總會因為不愛孩子吃飯弄得環境髒亂，而限制孩子獨立進食的練習，特別是家中的長輩更會說：「孩子這麼小不會，直接餵一餵不就好了！」若大人總會過度控制和害怕麻煩，不但讓孩子吃飯時刻顯得不配合，也阻礙孩子的發展。事實上，從雙寶約一歲時，我們就讓孩子能嘗試動手自己吃飯，孩子不但樂於乖乖坐餐椅吃飯，還能學會使用湯匙動作技巧，更能享受到吃飯的真正樂趣。

▲ 當父母只需要在旁協助，不要掠奪孩子「自己來」的機會。

✓ 減少說不可以，主動提供「可以」做的事

2 歲幼童對於「不要」的意義並不能完全理解，因此才會一犯再犯。大人不要整天「不可以」，告訴他們可以做些什麼，用可以來取代不可以。**只要願意相信孩子有能力，多派孩子當小幫手，讓孩子的生活充滿「任務」，他就不會老用「不要」或故意行為來證明自己。**

當孩子正在忙著把你摺好的衣服亂丟時，不如藉機引導他跟著你找出自己的衣服、媽媽或爸爸的衣服，孩子應該會樂此不疲。對孩子來說，能跟在爸媽身旁一起做的生活家事，有時會比獨自玩玩具更來的有趣。不過，大人指派的任務，最好從簡單容易完成的小事開始，讓孩子容易從中獲得成就，如「出門了，拿自己的鞋子和襪子」、「回家了，自己脫外套和襪子」、「你可以幫媽媽提袋子和找餅乾嗎？」透過生活中的每件小事，讓孩子動手做或當小幫手主動參與，不僅**滿足孩子的「我能感我覺得自己有能力」**，藉此訓練從生活養自理能力，更讓孩子養成獨立不依賴的好習慣喔！

✓ 盡量預留時間，協助孩子體驗成功

一個獨立有我能感的孩子背後，往往有個願意相信和等待的父母。在給孩子任務的過程，請務必預留給孩子「練習的時間」。大人別急，請耐心等待孩子，因為孩子學著獨立的過程，一定得有無數的錯誤和嘗試。不過，當孩子在求助時，請耐心引導孩子，讓孩子最終能體驗成功，才能讓孩子對自己有自信，能勇敢面對更多的學習挑戰。

還記得，當時我的雙寶 2 歲時常會說：「媽媽我自己來！我要自己穿鞋子、衣服」。雖然剛開始孩子真的很笨拙，看起來有點自以為是，但我會試著等待孩子，當孩子真的做不來說出：「我要幫忙！」我才會試著引導孩子技巧，協助孩子完成。當然，**大人絕對不要嘲笑孩子的自**

我，對著孩子說：「你看，我就說你不會啊！媽媽幫你就好了。」

在孩子真正學習到能自己完成任務時，我會告訴孩子：「我就知道你會的！媽媽覺得你很厲害。」有一次，當時 2 歲 5 個月的雙寶，在親子館遊玩時，曾經相約去兒童廁所，兩人都完成所有步驟（從穿脫褲子、沖馬桶、還會使用衛生紙擦拭），出來後充滿驕傲告訴我：「媽媽，我們會自己去廁所尿尿了呢！」，當時我真是感動不已！只要大人願意相信孩子，2 歲孩子真的比我們想像的有能力。

✓ 包容孩子情緒，冷靜善用幽默轉移

想要自己嘗試而被阻止，想要自己來又做不好的矛盾下，孩子的挫折感倍增，無法調解情緒下，非常容易鬧脾氣哭鬧。這時，**請父母展現同理心，安撫擁抱「爸爸媽媽知道你很傷心，我們來想想辦法！」而不是責罵「不准哭！又哭！」因為這時的孩子無法自我調節情緒，需要大人無條件包容孩子的情緒。**

當大人越激動認真，越強化孩子當下的負面情緒，甚至往後習慣用哭鬧讓大人妥協。當大人越冷靜，孩子也能較快冷靜下來。打罵孩子，當然更是不行，這會造成愛模仿的 2 歲幼童，出現用打人來表達不滿的壞習慣。除了同理之外，大人可以冷靜又帶點幽默的對著哭鬧的孩子說：「我們家笑嘻嘻的寶貝，怎麼不見了啊？我來找找是在哪裡嗎？還是在這裡呢？」**藉著幽默親密的方式來轉移孩子當下的情緒，也是種好方法！**

✓ 改用正向語言，溫柔而堅持原則

面對充滿好奇的 2 歲幼童，當你越不要，孩子越要做！因為，當你大聲的說：「**不要摸電線！**」或任何「**不要××× **」時，小孩子未成熟的大腦接收的語言通常是好理解的「摸電線」或「×××」的動作與名

詞，而非「不要」。同時，在大人強烈的關注下，反而會趨使孩子更要去做那件事。如果，我們能多用「停！來媽媽這裡！」的正向語詞，反而能讓孩子盡快離開危險。

我們允許孩子有滿腔的情緒表達，但是家長也要有堅持必要的原則，不是哭鬧就能予取予求。堅持自我的 2 歲小孩，你用控制強迫或硬碰硬的方式，孩子可能愈會反抗。請在禁止孩子時，除了拉住衝動的他們，也要溫和告訴孩子後果，而不是權威式控制他們，例如這樣對孩子說「停！不能跑到馬路上，因為車子會撞到你」，而不是說「你再跑到馬路，我就生氣打你！」同時，**大人要冷靜地提醒自己，孩子就是需要不斷重複同樣的話，最後才能聽懂的衝動型生物。因此，大人必須「溫柔而堅持」一次又一次耐心地告知，直到孩子長大後能理解。**

2 歲幼童獨立過程會不斷試探大人的底限，因此當個言出必行的父母吧！**不要隨便警告，也不要有過多的禁止，但一旦說出的話就請做到，讓孩子清楚知道你的原則。**更別今天禁止孩子看電視，明天又因你忙碌而任他看一整天電視，出現原則不一的教養態度，會讓孩子無所適從。

 治療師雙寶阿木悄悄話

依據兒童的發展，0～3 歲是兒童感官動作重要發展期，但是此刻他們在認知發展上的「因果關係」理解並不好。因此，小小孩較難對「規範與危險後果」進行因果連結，因而他們不理會大人的規範，不斷的行動和犯錯。**我們會建議陪伴 0～3 歲的孩子，務必首重提供安全的環境，讓孩子能安全地**

去探索，把孩子的能力發展視為優先。那遵守規矩不重要了嗎？我們可以耐心等到兒童約 3 歲，在兒童 3 ～ 6 歲時期，會有較成熟的大腦認知發展，能逐步理解因果關係，再更積極的讓孩子從生活的陪伴說明中建立規矩，才會事半功倍。

状況二

「我家女兒生氣也叫、高興也叫，動不動都喜歡用尖叫的，尖叫聲像魔音一樣，讓大人很崩潰！我家兒子常常忍不住會動手動腳，時常出現打人推人，孩子到底是怎麼了！」

孩子為什麼這麼愛尖叫或動手推打人？是孩子的發展過程，還是大人教養態度造成？又該如何面對孩子的尖叫或動手行為？

了解 18 個月～ 3 歲幼童情緒背後的原因

孩子的尖叫與動手行為的出現與四大原因有關、如年紀發展、天生氣質、特殊疾病、家長教養態度，下面來詳細討論：

原因 1：兒童年齡小，語言、認知與情緒發展不足

孩子的尖叫與動手背後，往往有著許多的原因，特別是與「年齡和發展」有關！1～3歲的年齡，是孩子容易出現尖叫或動手的高峰期，尤其是2歲左右，原因在於「兒童語言與認知發展仍不足」，再加上2歲兒的「自主發展」有關。3歲以後的尖叫動手，較容易以「情緒表達與反應抗議大人行為」。

3歲以前屬於「語言不足的尖叫動手期」，當孩子的身體不舒適、對外界環境有意圖與需求，常常由於語言受限，無法把需求與感受反應給他人時，衝動之下會用尖叫或直接出手。 像是幼兒會用尖叫反應生理上的極度不舒服，如肚子餓、生病、累了或受到外界過多刺激而不適時。而當孩子有想表達的意圖或想要某樣物品時，如想要拿水壺、想抱抱等，在來不及提取出語言，焦急之下也出現用尖叫或搶奪動手行動來表示。

這階段兒童由於發展所需，自主衝動性升高，孩子在探索與想獨立時，很容易被大人所禁止，在詞彙不足下，很難表達出他的需求，只能急躁的用尖叫和動手來表示不滿。而這種尖叫與動手的行為，其實就是前面章節提到的情緒大腦的反射性的戰鬥反應，也是孩子認知大腦未成熟的行為。

3歲後的孩子通常語言詞彙提升，尖叫的情形會逐漸地好轉。若是這時期的孩子仍愛尖叫，多數是在反應不滿，如「為什麼不行，我就是現在要！」孩子嘗試著抗議或挑戰界線，希望事情能夠順他的意。這時期孩子常會在生活適應中感到挫折，情緒變得較為複雜，若無法完整表達情緒，可能會用尖叫嘶吼等行為來表示其激動感。大人若沒有適度引導表達情緒，會影響孩子未來情緒調節與人際互動的能力。

原因 2：兒童天生的氣質度

　　每個孩子一出生即具有「天生的氣質」，這個氣質度會讓孩子對於外界人事物的刺激，有著不同的感受與反應，像是有些孩子較敏感、較安靜、較活潑、較堅持等，會讓孩子展現出不同的特質和習性，更影響著父母在照顧上的難易度。

　　天生氣質包含了九大向度：活動量、規律性、趨避性、適應性、反應閾（敏感度）、反應強度、情緒本質、注意力分散度、堅持度。 孩子在這些向度天生有不同程度，會讓孩子呈現不一樣的反應強度。而容易尖叫型的孩子，可能是「趨避性」高較退縮的孩子，對新的人、物和陌生情境，會較容易感到恐懼與退縮。若是「反應閾」較低的孩子，屬於高敏感兒，只要稍有不適即有強烈感受，也容易出現尖叫行為。同時孩子也可能是「反應強度」高，對刺激的反應較為激動，孩子則易有強烈情緒而愛尖叫。

　　而易動手推人型的孩子，則較多是屬於「活動量」高、「趨避性」低或「堅持度」高，他們富有活潑好動性格，有動手動腳強烈的探索動機，也容易奮不顧身執著在一件喜愛的事物上，同時他們也是「反應強度」高，對於外來刺激出現時，有較強烈的動作反應出現的孩子。

原因 3：特殊兒童發展疾病造成的原因

　　在臨床上，有發展問題的孩童，如過動兒、語言遲緩、自閉症等，會因為在語言、認知、情緒和感覺統合發展上有不同程度的困難，因此在生活適應中，較容易遭遇挫折和情緒困擾，因此會有較高頻率的尖叫與動手的強烈行為。

　　發展疾患兒童時常有感覺統合的失調，對刺激容易過度反應，同時語言往往比同齡孩子更落後，在面對外在刺激時，過於敏感和無法表達

的情況下，容易因情緒失控而尖叫動手。

若是泛自閉疾患的孩子，除了感覺統合失調，還會有自我刺激和重複的固著行為，尖叫、動手拍打等可能是孩子的重複「自我刺激行為」。而過動兒往往是「衝動性」比一般孩子更高，較急躁、難等待、不分享，情緒易激動起伏大，會容易在不如意的情境中，失控出現生氣和動手行為。特殊兒童疾患兒童的行為，通常行為強度更高更激烈，建議家長有任何兒童發展疑慮，請直接尋求兒童聯合評估和專業醫療諮詢。

原因 4：與家長教養態度有直接關係

尖叫動手除了年齡、氣質和發展疾病有關，更與家長的教養態度相關。下面列出幾個常見的 NG 態度，這將會影響著孩子尖叫和動手出現的頻率，大人可以自己檢視一下。

NG 態度 1：大人沒有耐心回應孩子或過度妥協

當孩子試圖用語言跟家長溝通與表達想法時，家長長期因忙碌而無法及時回應，而失去耐心的孩子，最後只能用尖叫大鬧或動手推打方式，引起大人注意才能達獲得大人的回應。

反之，若是孩子經常使用尖叫動手激烈手段，獲得大人過度關注並達到目的，長期下來會增長孩子更常使用負面行為。像是孩子在公共場合尖叫，讓大人感到丟臉，或是大人因忙碌而沒空了解孩子尖叫的原因，為了息事寧人而急著妥協，讓孩子養成用尖叫來控制大人、逼迫他人屈服、達到目的的習慣。

NG 態度 2：大人過度禁止、也不提前預告

若是孩子屬於「反應強度高、反應閾較敏感或堅持度高」的天生氣質，在他們想探索學獨立的過程，若常常遭遇大人過度禁止，總認為孩

子不會，這類型的孩子，會用強烈的尖叫大鬧方式來抗議。

另外，當急性子的大人急著控制局面，時常沒事先預告孩子要轉換或禁止孩子正在進行的事情，如急著出門突然把玩具拿掉不給他玩，要求孩子馬上來吃飯等，這會讓孩子在情緒崩潰時，容易失控尖叫與動手反抗。

NG 態度 3：大人常對孩子吼罵動手

當孩子哭鬧尖叫時，家長沒有耐心了解原因，時常使用大聲吼罵或動手方式急於管教孩子。久而久之，孩子會認為「只要大聲」或「動手」就是老大，因此正值模仿期的孩子，自然會有樣學樣，更難改善尖叫動手失控行為。

66 爸媽可以這樣做

✓ 解碼需求原因，化解尖叫動手行為

越小的孩子情境表達越困難，越需要大人耐心觀察原因，再試著將孩子說不出的需求情緒解碼，如「做不好，所以很生氣嗎？」「弟弟覺得好興奮，所以大叫啊！」「身體不舒服嗎？」「你想要玩這個玩具嗎？」「你不喜歡妹妹拿你玩具，所以生氣嗎？」。**當大人能較細心與關注，無須等孩子情緒崩潰而尖叫，善用理解原因和解碼需求，即能逐步減少孩子用尖叫行為習慣。**

✓ 冷靜的應對，鼓勵用語言替代

孩子尖叫時，最忌諱大人大聲斥責回應，如「閉嘴！我要生氣打人了！」「你再動手，我也要修理你！」。若大人吼罵反應越大，孩子情緒越是激昂，也會模仿大人的激動，更增強尖叫行為。大人得盡量保持

冷靜，可以抱抱並緩和孩子情緒，再用和緩的語氣糾正孩子，如「你這麼大聲，媽媽耳朵好痛？來！是很害怕嗎？告訴我怎麼了？媽媽喜歡你用說的！」「停！打人會痛，你拿不到玩具很生氣，我們來想辦法！」

不要壓抑孩子情緒，而是引導孩子用言語說出感受需求，如「你是不是還想再玩一下！」「你想要拿姊姊的玩具，要說我想玩和借我！」**當孩子能用語言表達情緒需求，即能慢慢替代動手尖叫行為**。不過，大人請展現出專注聆聽的樣子，正向鼓勵孩子的表達行為，即能有效降低尖叫動手行為。

✓ 適度忽略離開，冷靜後再靠近

在家時可適度的「忽略」孩子的尖叫，讓孩子理解用負面行為無法達到目的和關注。在公共場合尖叫，會影響到他人則建議帶孩子離開當下環境，找個角落好好讓其發洩完。不過，孩子的動手行為則需即時介入阻止，並隔開讓孩子冷靜，最後替孩子說出意圖。

更重要的是，當孩子停止尖叫和動手開始變得較冷靜時，我們一定得靠近孩子，問問他：「你冷靜了啊，很好！你可以告訴我怎麼了嗎？」**讓孩子明瞭冷靜後，若願意用說的正向方式，才能獲得大人的關注。**

✓ 接受孩子的氣質，留時間與預告孩子

當孩子的天生氣質度較敏感害怕、活潑好動等，大人越是不喜歡越否認，在面對孩子時會容易感到生氣，甚至有過多的責備，讓孩子情緒更加失控，更焦慮尖叫或生氣動手。

大人要考量孩子的氣質度，願意彈性調整應對方式。若活動量大的孩子，來到公園遊玩，請大人要理解孩子一定想玩久一點，請早點出發讓孩子能盡情地玩，多留時間給孩子。若堅持度高的孩子來遊玩，請大人要理解孩子，在離開時應該會較難轉換，請提前多次告知孩子，他還

能玩多久就得離開。雖然離開時，孩子依舊會不開心，但預告會讓孩子有所準備，情緒強度就不會那麼高。

治療師雙寶阿木悄悄話

　　3 歲以前的孩子，有著自己的發展任務，因而非常的自我和衝動。**這時的父母，需要有顆勇敢的心，接受孩子的冒險與不知天高地厚。這時的父母，更要有高度的同理心，接受孩子的自主和情緒失控。在發展與規範之間的教養拿捏，要如何的「收與放」才能達到親子雙贏，除了考驗著每個父母的智慧，更需父母的極大耐心。辛苦了，願意陪著孩子去冒險的各位大人們！**

解碼孩子的情緒
【3～6歲篇】

「孩子 3 歲了，終於能進入幼兒園，但是第一天去上課就哭了整個早上，如此持續二個星期。之後也常常早上賴床，吵著不要去幼兒園，每天早上都讓媽媽很崩潰。晚上也總是不肯睡覺，家裡的阿公阿嬤怕他睡不飽，總要媽媽讓小寶晚點再去上學。在往學校的路上孩子始終哭鬧，有時還會裝肚子痛不去幼兒園，讓媽媽非常頭疼。」

" 了解 3 ～ 6 歲兒童
情緒背後的原因 "

上幼兒園，對孩子來說並非只是「去上學」如此簡單的事，而是包含了「與大人分離、適應新環境」這兩個重大議題。光是要離開每天照顧他並給他安全感的大人，對孩子已是難題，同時還要花時間去適應一個完全不熟悉的環境挑戰談何容易。

我們也試著想像一下，當了 N 年全職媽媽的我，睽違多年即將重回職場上班，我想身為大人的也會忐忑不安，需要許多時間才能適應新生活吧！更何況是第一次上幼兒園的孩子呢！

對孩子發展來說，進入幼兒園是社會化的過程，雖然很重要，但是急不得。**若孩子在基本能力的養成、情緒的準備和人際技巧的經驗上不足，都可能會讓孩子在新環境中產生過多挫折，而出現幼兒園適應困難，也由於難以適應，更讓情緒上的分離焦慮更為加劇。**以下最常見的五大類型，使孩子容易出現幼兒園適應困難或分離焦慮，大人可試著觀察，孩子上幼兒園愛哭鬧的可能的原因。

第一型：睡眠作息不穩定型

一般幼兒在家的生活通常較為隨性，可能會跟著大人作息或電視看太晚而晚睡，易有作息不固定的狀態。**但是當孩子開始必須每日規律上學時，睡不飽的孩子早上容易有起床氣，早上一旦不美好，更會哭鬧著不去上學，這未必都是孩子的分離焦慮，而是作息不穩定造成。**同時，作息問題也影響到上課的情緒穩定、專注度與學習力，讓孩子難以感受幼兒園學習是有趣的，在適應上也會慢很多。

第二型：生活自理很依賴型

幼兒園的每日生活裡，一天有三次點心和用餐時間，而每節下課也都有上廁所的任務。因此，**幼兒園中必備的不是學習能力，而是生活自理能力。當大人習慣過度代勞，孩子在吃飯、如廁和穿脫衣物時，常常要他人協助，你想想孩子在幼兒園裡，光是想到什麼都要自己來，內心會感到多挫折啊！**此刻，孩子可能會大哭大喊著：「我要媽媽，我想媽媽啦！」這到底是分離焦慮，還是適應問題，家長就可能得仔細去觀察了解。

第三型：自由自在自我中心型

家裡是一個較舒適的環境，因此規範自然較少也鬆散，但幼兒園是團體環境，有規範和要求必須遵守，才不會影響到他人。越小的孩子由於還沒社會化，容易自我為中心，在家大人若過於順從放任孩子，疏於建立家庭規範，讓孩子在家是小霸王，只要耍賴就不用做，如玩具都是他的，玩完會亂丟沒有習慣收好；吃飯跑來跑去配電視，無法安靜坐著吃飯都；看多久電視都孩子在決定，關掉還要大吵大鬧等。

當家裡無規範過於舒適像天堂，相對的幼兒園對孩子就變成了充滿規範的地獄，孩子勢必久久無法適應幼兒園的團體規範和要求。

第四型：天生氣質度屬於退縮和高敏感型

兒童的天生氣質度，會影響著孩子與外在環境互動的反應與感受。而在九大天生氣質度的向度中，「趨避性」高的孩子，對新的人、物和陌生情境，會容易感到畏懼與退縮。若是「反應閾」也低，對於環境挫折不適的敏感度高，他們都容易出現分離焦慮。若在「適應度」也較弱，對新的人、物或環境所需要適應的時間將會更久，更難以適應。

因此，若是家中孩子屬於較內向退縮、高敏感型的孩子，對於分離的感受度較敏感，處在複雜的團體情境會較緊張，較難主動去找玩伴，需要較長時間才能感受到遊戲的好玩。這時，大人則需要給孩子較多的時間和準備，才能讓孩子逐步適應幼兒園和喜歡上學。

第五型：年紀過小的寶寶型

現在雙薪家庭多，許多孩子年紀很小就得上幼兒園。**通常，年紀較小的孩童上幼稚園，特別是幼幼班年紀，很容易發生嚴重的分離焦慮和哭鬧。**這是由於年幼的孩子，在動作、生活自理、情緒和語言表達都尚

未成熟，本來即需要較多大人的協助，當環境陌生又沒有熟悉的依附關係，更就容易感到不安與無助。若是孩子語言表達能力較弱，則會讓孩子更容易感到挫折與分離焦慮，適應環境也勢必是較漫長的歷程。

了解 3 ～ 6 歲的兒童
心理社會發展

依照愛瑞克森的兒童心理社會發展理論，**3 ～ 6 歲的兒童發展階段重要任務為「退縮與主動」。** 我們前一篇已發現到 18 個月～ 3 歲孩子，開始會想往外探索發展自我，**而接著 3 ～ 6 歲的時期，孩子更能脫離自我中心，往外發展出自己的人際社交。比起 3 歲以前只在乎自己，3 歲後孩子更需發展和他人有來互動的情緒能力。** 若孩子在 3 歲以前，與父母照顧者有安全的依附關係，孩子能夠情緒較穩定，信任且較勇敢的與父母分離，進入團體環境與學習社會化，對孩子還說將很重要的一段轉變時期。

3 ～ 6 歲的兒童能開始脫離照顧者，成為獨立的個體，他們很注意周圍的人事物，更在乎人際和同儕。這時期發展任務為主動好奇，行動有方向，對周遭環境開始有責任感。若大人讓孩子有機會進入團體，培養良好的自我控制與社交經驗，體驗在生活與遊戲中有同儕的合作與競爭關係，孩子將能發展人際、情緒控制，建立自己的社交友誼，而不會在生活中畏懼退縮，能擁有自我價值感。

✓ 讓孩子有心理準備、開心上學去的 7 個 TIPS

　　孩子剛開始上幼兒園，許多爸媽反而比天真的孩子更忐忑不安，既期待又焦慮！大人十分擔心孩子上幼兒園時，分離焦慮哭的你死我活，搞得像是骨肉分離現場，更擔心孩子無法適應幼兒園團體生活。我們都希望孩子不要出現分離焦慮，每天能開心跟爸媽說：「我要去上學了！爸爸媽媽再見！」那大人可能得讓孩子有所準備，才能盡快銜接上幼兒園的團體生活。

TIP1：養成孩子規律作息

　　若孩子沒有睡飽，肯定無法開心上學去。上學首要準備即是調整起床時間，午睡時間也要能盡量接近幼兒園作息。**睡前一小時不看 3C 產品，減少入睡困難，同時提供睡眠儀式，讓孩子晚上固定時間睡覺。早睡能減少起床情緒問題，早起也讓孩子有充裕的生活自理時間。**

　　上幼兒園後，不妨睡眠儀式可加入有關上學主題的繪本閱讀，幫助孩子釋放焦慮和壓力。周末也盡量讓孩子維持一般作息，避免星期一症候群的情緒問題。

TIP 2：培養生活自理能力

　　在家就得培養孩子生活自理能力，如用湯匙吃飯、杯子喝水、穿脫衣物、如廁練習，自然能增加孩子適應幼兒園生活。大人試著使用「半協助」方式讓孩子慢慢完成，配合口頭鼓勵，「弟弟好棒，自己用湯匙吃飯！幼兒園老師小朋友也會覺得你很棒！」或使用集點獎勵的方法，鼓勵孩子在家自己動手練習的習慣，自然減少在學校的挫折。

　　至於戒尿布如廁訓練，雖然幼兒園老師們各有奇招，但是對於較敏

感、退縮型或適應力較弱氣質的孩子，**由熟悉的爸媽來訓練最適合**。在幼兒園訓練如廁容易增加孩子的焦慮感，間接影響孩子上學的情緒。期待提升孩子的生活自理能力，父母要與老師有密切的親師溝通。親師溝通除了了解到孩子在校遇到的挫折和進步，也能與老師攜手同步練習自理能力，更能回家鼓勵孩子在校的好表現。

TIP 3：父母要有溫柔的堅持

現代家庭少子化與獨生子女多，家中生活容易以孩子為中心，如電視都是孩子的卡通、孩子想玩就延後吃飯、哭鬧要東西等。大人很容易會讓著孩子，因此孩子較難以建立規範，也較難有耐心等待能力。

在沒有明確規範下長大的孩子，在家看似是自由快樂的，但是當孩子進入團體中，將在社會化過程出現明顯的適應困難和衝擊。因此，當幼兒園與家中規範反差過大時，孩子的情緒將會加劇。**孩子本來就在衝撞中學到規則，沒有被明確規範的孩子，不知何時會被責罵或要求，生活中會無所適從，情緒反而更多與更不穩定。**

當孩子以哭鬧不願配合生活原則時，大人除了溫柔安撫給予協助之外，更要有所堅持，讓孩子練習等待而非立即滿足，更讓孩子清楚大人的底線規則。當然在上幼兒園後，孩子哭鬧不想去上學，除了安撫陪伴，也同時了解可能的原因，但仍要讓孩子知道大人的堅持。

TIP 4：增加人際互動與小團體的經驗

對孩子來說，幼兒園與家中最大的差異和挑戰即是團體生活與人際互動部分。建議上幼兒園前先打破只有在家與媽媽互動的單純環境，讓孩子有小團體的經驗，如公園、親子館等，讓孩子能親近人群，有機會與不同人接觸遊玩，在自然的社交互動中降低對陌生人事物的敏感焦慮。同時，大人可以試著引導孩子能參與團體的活動，學著排隊、禮讓

與分享，能享受同儕互動的樂趣，也幫助之後在新環境的適應速度。

TIP 5：選擇適合孩子氣質度的幼兒園

天生氣質度會明顯地影響到孩子對外界環境的感受與反應，因此在選擇幼兒園環境上，除了選擇立案合格的幼兒園，也建議大人不要只考量幼兒園的課程豐富度，反而要將兒童的天生氣質度納入考量，才能幫助孩子更容易適應環境。

譬如活**動量高**的孩子，要選擇有**較多室外活動空間和課程**的學校，讓孩子能喜歡上學。**語言能力弱的孩子，不要一心期待美語教學環境**，母語不佳之下，強迫學習第二語言，有時反而會讓孩子更挫折。**年紀小、退縮或適應力較弱**的孩子，可以選擇**小班制的學習環境**，能降低孩子的焦慮與適應問題。當孩子在幼兒園持續的有情緒問題或適應不良，除了藉著良好的親師溝通了解面臨的問題，也能思考看看，是不是幼兒園的型態，真得不適合孩子的氣質度。

TIP 6：善用安撫與陪伴度過焦慮期

如果有家長問我，如何讓幼幼班的小小孩能開心上學沒有分離焦慮，基本上我覺得這對幼小孩子是很強人所難的要求。**依照兒童發展考量，我們是不建議過小的孩子提早上幼兒園，但我們能理解這些迫於現實，而讓孩子上幼幼班的父母的無奈。**由於小小孩仍在建立安全依附關係，環境改變後情緒容易不安無助，甚至因壓力而出現許多負面行為。同時，**小小孩能力不足，適應新環境較緩慢，因此當越小的孩子必須上幼兒園，大人就要有心理準備，孩子會有較多的情緒，也需要耐心在家培養基礎能力來適應環境。**

上幼兒園時，**孩子若有分離焦慮，要適時提供安撫物品，能讓孩子隨身攜帶到學校，像是慣用睡毯、小抱枕娃娃等，讓孩子感到安全熟悉**

並減輕焦慮。但是光這樣還是不夠，下課的陪伴時光，更是穩定孩子情緒的重要關鍵。剛上幼兒園的幾個月，建議家長要盡早的把孩子接回家，用具體的陪伴來安撫孩子強烈的不安和壓力。回家後可以陪孩子運動、遊戲和聊聊學校大小事，包括趣事和困難，藉此抒解孩子上學壓力和不安。善用聊天中的聆聽，大人不但了解到孩子的適應狀況，更培養孩子語言表達事件能力，也幫助孩子在學校遇上困難挫折時的表達。

在聊天過程，大人可以多花時間去關心孩子的人際互動，如「你都跟誰玩？你的好朋友是 xxx 嗎？」「你們都一起做什麼啊？」讓孩子別把焦點都放在與大人分離焦慮上，而是去發現團體中的樂趣。同時，也能在聊天中當孩子的交友顧問，陪孩面對人際衝突問題，如孩子跟你說：「媽媽，小美她不喜歡我，因為他玩具都不借我！」在對話過程中，大人可以幫助孩子體會別人的感受，如「你有沒有問問他，那是不是媽媽送他的生日禮物，所以他很珍惜才不借給你啊？」如此同理心的練習，也是孩子在社交人際中需要學習的重要功課！

TIP 7：提前讓孩子認知幼兒園事物

透過與親子聊天和共讀，都能讓孩子提前認知幼兒園和上學的概念。可以選擇上學相關繪本，能讓孩子提前想像情境，也降低焦慮。在孩子上學前，大人跟孩子聊聊幼兒園的情形，讓孩子對上學充滿期待，如「幼兒園裡有超多好玩的玩具、有小朋友可以跟你一起玩，老師還會說故事呢！」

提前帶孩子熟悉幼兒園環境，如「哇！是弟弟的幼兒園呢，好多小朋友，看起來好開心呢！」常常帶孩子經過未來的幼稚園，讓孩子降低陌生環境的恐懼感。如果學校允許，還可以先帶著孩子到幼兒園，玩一玩裡頭的溜滑梯，坐一坐教室裡的位子，或是跟鄰居哥哥姊姊一起去參

與幼兒園舉辦的社區活動，如母親節表演。提前讓孩子認知幼兒園相關事物，藉著熟悉感來降低焦慮感，**對於退縮敏感氣質的孩子，提前準備對情緒穩定和適應環境就極為重要。**

治療師雙寶阿木悄悄話

　　當大人願意提前準備和陪孩子練習，通常能大大降低孩子的分離焦慮和適應問題。當父母已經認真地有所準備，但是孩子面對分離仍有哭泣和情緒，這都是人之常情，因為孩子最需要的其實是「時間」。此刻，我們最需要做的只是「等待」。**放下焦慮，給孩子一些時間練習與你分離！放手吧，相信孩子放開你的手，也能勇敢往前飛翔！別總是讓孩子感受到我們的焦慮，讓孩子感覺到安心感，孩子才能真正開心的上學去！**

狀況二

　　「我家4～5歲的兒子，真的越來越聰明，老是會用故意行為來達到目的，像是用大哭大叫來討不准買的東西，用又哭又打來逃避不想做的事情，有時候就連無聊都會故意搗蛋引起關注，不理他只會越哭越大

聲，如果在外面人多的地方，大人真的無力承受，最後總是被他強烈的情緒威脅牽著走，不得不屈服，這到底要怎麼辦！」

❝ 了解 3 ～ 6 歲兒童 情緒背後的原因 ❞

兒童社會參照和察言觀色能力持續進步中

　　「社會性參照」是指在各種不確定的情境中，兒童看著照顧者或他人的情緒表達（聲音表情或動作等訊息），當作參照來決定調整他的下一個動作反應的過程，這是孩子探索環境和社會情緒重要的因素。例如一個想要往前跑探索新環境的幼兒，會回頭看著媽媽情緒表情（參照），來決定他往前探索的行為是否安全。或者孩子看到超市的糖果，他想拿起來吃時看向了媽媽（參照），結果媽媽搖著頭說 No，他只好把手中的糖果放回去，孩子慢慢能理解媽媽的原則，也認知超市的東西不能直接拿走。「社會參照」更是讓孩子能在衝撞中，慢慢地學到規範的重要過程。

　　社會參照能力通常在孩子 6 個月時萌發，隨著年紀和生活經驗而逐步發展，**這讓兒童能參考他人的情緒反應來認識這個世界，也慢慢了解社會規範以及察言觀色。**所以你應該曾看過當孩子跌倒時，有些孩子除了疼痛本身而哭泣之外，通常也一定會看著父母的表情，決定他要哭的多大聲和多可憐。因此，父母面對孩子的社交表達情緒回應，會深深影響到孩子的情緒行為。隨著孩子年紀越來越大，像是 4 歲以後的孩子，父母不適切與過度回應關注，甚至讓孩子習慣用負面行為來控制大人。

大人的妥協，會不斷增強孩子的哭鬧

3 歲以前的孩子，內在衝動性高，想到什麼就要做什麼，較多時間會花在感覺自我和滿足自己的需求。但是 4 歲以後的孩子，比起 3 歲前的大腦更是靈光的多，他們開始會去關注他人和察言觀色，也是開始社會化的年紀。他們能辨別察覺到周圍他人的表情和情緒，慢慢了解情緒的原因，也開始能換位思考，知道自己的情緒行為會對他人會造成影響。同時，4 ～ 5 歲左右的孩子「同理心」開始萌芽發展，他們開始能初步理解他人的感受想法，能開始換位思考，如孩子能觀察到別人是故意撞他，還是只是不小心的，不過仍無法做到體貼原諒他人。

因此，**透過察言觀色，他能聰明的發現到，當他故意做某些負面行為，像是哭鬧、耍賴等，能引起大人關注與情緒，有時就能得到他的目的。**因此，這時大人對孩子的情緒回應，相對變得很重要。若是孩子持續吵鬧到最後，大人習慣就會妥協，即會讓孩子學會到「吵鬧最後一定有糖吃」因為你的妥協，即在增強孩子哭鬧的負面行為。

> 66 **爸媽可以這樣做**

✓ 觀察了解原因，才能處理情緒行為

心理學的「應用行為分析」理論，在幼兒行為建立時廣泛被應用且效果很好，其理論中重視要「觀察」發覺行為背後的功能，經由客觀分析，找出行為原因後加以調整。**身為父母，要相信孩子任何行為的背後，都有其原因，即使你知道孩子是「故意的」，也要盡力去觀察這故意行為隱藏的目的為何。**因此，大人想真正處理孩子的負面行為，一定要先觀察了解其行為之原因。當大人越了解孩子的原因後，我們越能決定我們的下一步是要「堅持原則、給予適度選擇或忽略負面行為」。

當孩子的強烈情緒行為，是為了獲得當我們已預告孩子不准的事物，那「堅持原則」與「忽略負面行為」則很重要，如孩子哭鬧著要買巧克力、哭鬧要看手機的這些時刻。但是若孩子的負面情緒行為，是為了逃避不想做的事，那應該要進一步去傾聽理解，當孩子是否是「做不到」，因而需要「給予適度選擇或替代方式」完成，如當孩子哭鬧著不吃某種青菜，那可以選擇其他綠色青菜。孩子哭鬧著不收拾玩具，那可以問他是要自己收，還是要媽媽陪他一起收等，**用選擇和替代方法來完成**。

✓ 不關注負面行為，哭鬧停止瞬間積極回應

如果爸媽發現，4 歲的孩子已經學會利用哭鬧來要東西，他知道哭聲可以控制一切和眼前的大人，他通常會一直哭一直衝撞你，直到哭到最高點或演到最崩潰來達到他的目的。若是大人已經很清楚孩子的目的為何，且是在十分安全的環境中，我們依照「應用行為分析」理論，會**建議大人可以先忽視孩子的哭鬧，讓孩子知道哭鬧無法達到目的。接著觀察孩子哭鬧停歇的瞬間空檔，積極地關注孩子與互動說話**，可以跟孩子說：「媽媽看到你不哭鬧了，冷靜下來了，我可以抱抱你，跟你聊聊了嗎！」這樣的主要目地是要打破孩子常用哭鬧當武器得到關注，讓孩子知道當他停止哭鬧時，試著冷靜後才有能進一步商量的餘地。

在試圖忽略的過程，大人的堅持相當不容易，但卻是極為關鍵的步驟！因為你的忽略，會讓討關注孩子的哭鬧攻擊演得更為劇烈，為了讓大人更快心軟妥協。這時你要能忍住情緒，繼續裝忙就對了！如果，大人總是熬不過孩子哭鬧而妥協，反而更會增強孩子哭鬧到極點的行為。不過，**把握「哭，不關注。不哭，快關注！」的原則，在孩子哭到最高點後，大人能堅持住，再抓緊孩子哭鬧停歇的瞬間，積極關注孩子與互**

動，即能增強孩子的冷靜行為，並消退孩子哭鬧威脅的習慣。

✓ 對日常正向行為給予關注，用心去看到孩子的好

採用「哭，不關注。不哭，快關注！」的原則，主要是用來處理當下行為。然而，當孩子時常用負面行為來引起關注，背後也可能代表著，日常生活中大人可能習慣只對孩子負面行為有回應，當孩子有規矩的做好生活任務時，反而沒被大人所關注。久而久之，孩子只有在有搗蛋故意壞行為時，才會被大人看到關注，這關注反而增強了孩子的行為，讓孩子將挑戰大人和負面關注視為有趣，不斷的重複出現。

「應用行為分析」理論認為，大人的關注會增強孩子的某些行為。因此，大人該關注的應該是「孩子的正向行為」，也就是關注大人期待孩子做的事情和行為。像是前面提到的，當孩子不哭鬧的瞬間，大人要立即積極給孩子關注的意義在此。事實上，**就連平時孩子該做的事情，大人就要鼓勵！透過關注鼓勵，持續增強孩子的正向行為，才能讓好行為成為一種習慣。**像是大人可以在看到孩子做了一件平凡的小事時，可以立即告訴孩子：「謝謝你，幫媽媽提購物袋！讓我覺得輕鬆多了，有你真好！」時常聽到鼓勵的孩子，自然會不斷表現出正向行為。

對於大人來說，忽略壞行為，關注好行為，真得知易行難。因為人類的大腦設定，通常會對少見的事情或強烈的刺激較有反應。所以日常生活中那些平凡的行為，通常較難引起大腦反應，而壞行為通常較能引起大腦刺激和關注。因此，**大人要經常自我察覺並提醒自己，不能只注意到孩子的壞，更要用心去看到孩子的好！**

✓ 培養延遲滿足和解決問題能力

現在家庭孩子生得少，許多兒童在上幼兒園之前，通常長時間跟大人相處。由於 3 歲前孩子大腦前額葉尚未成熟，天生情緒控制能力較

差，內在衝動又強時，大人考量孩子年紀小，生活通常會以孩子為主，傾向讓著孩子，更會即時滿足孩子，少讓他們哭鬧。因此，許多孩子從小缺少等待的經驗，更缺少延遲滿足的經驗。我想大家應該都有看過，在超市推車上，不斷大哭吵鬧馬上要吃到還沒結帳零食的孩子吧！因此，孩子容易出現一旦需要等待，無法立即被滿足就衝動的大哭大鬧，不斷用負面行為來引起關注的恐怖情形。

大人時常忽略了，兒童的大腦會持續成長，4 歲後的孩子能看懂大人情緒表情並察顏觀色，慢慢有換位思考能力，能了解到自己行為會造成他人的困擾，能了解因果並在情境中衡量是否可以繼續如此衝動。因此，**3 歲以後的孩子，需要積極練習延遲滿足能力，即使孩子會衝撞挑戰大人，只要大人有一致的表情和情緒，態度明確的堅持和規範，孩子即能逐步練習控制衝動和長出等待的能力。能夠控制衝動的孩子，我們才能進一步去引導孩子表達情緒與解決問題的能力。**譬如一個衝動性高，會搶玩具和動手的 3 歲孩子，在大人不斷地適時阻止，並讓其知道打人搶奪是無法獲得目的也拿不到玩具，即使一開始孩子仍會時常衝動動手，但慢慢能理解並學會控制，接著我們才引導孩子用語言表達來獲得需求，學會解決問題的能力。

大腦是可塑的，透過「等待與延遲滿足」過程才能刺激大腦長出新迴路。**沒有時常練習等待的兒童大腦，只會停留在原始的衝動，始終無法學會等待和遵守規則！**因此，當孩子在超市吵著要吃打開袋子吃零食時，我們可以試著轉移孩子的衝動，請孩子幫忙推推車，或幫忙一一拿出物品到櫃檯結帳，一邊跟孩子解釋，結完帳才能打開袋子吃零食。一邊利用說明轉移，一邊延遲滿足，用堅持鍛鍊大腦長出等待能力。

治療師雙寶阿木悄悄話

　　在需要等待的時刻，如餐廳吃飯、等捷運和診所看醫生，若是大人總是拿出手機神器來打發孩子的無聊，用強烈快速的手機刺激即時滿足，孩子將會更難學會延遲滿足，也學不會自己解決無聊。某一天，當你不拿出手機安撫孩子，孩子負面情緒行為將會更劇烈。

　　當大人預期某些情境，孩子是需要等待的，我們應該提前準備一些零食或玩具包，引導孩子藉此學會打發無聊，或是善用互動小遊戲讓孩子練習等待，如等百貨公司電梯漫長時刻時，跟孩子玩「猜猜看電梯裡有幾個人？」來陪孩子學會等待，培養能延遲滿足的大腦。

最難分難解的手足與雙胞胎教養，是朋友還是宿敵？

爸媽通常在只有一個孩子時，即使有些辛苦卻也感到十分甜美。但是往往在有了老二後，兩個小傢伙在任何時刻都能挑起戰火時，我們更能深刻體會到「教養」絕對會是人生最具挑戰的事。

關於手足和雙胞胎的教養，我把它放在最後一篇來寫，原因是「手足關係經營與教養」是我認為在所有教養課題中，對父母是最高等級的挑戰，也包括我自己。前面我們談到兒童的情緒教養，若大人能冷靜的陪伴孩子度過情緒風暴，慢慢地就能得心應手。但是手足關係與教養，會牽涉到兩個獨立的個體，大人要承受兩個截然不同的氣質性格與情緒展現，再加上父母本身的氣質脾氣，在這錯綜複雜的互動中，將會產生最難解的化學反應，對孩子與父母都將會是一段漫長的情緒修練之路。

" 手足關係亦敵亦友和衝突皆是常態 "

曾有很多家長向我抱怨家裡小孩們整天吵架，總是好奇我們家雙胞

胎有沒有常吵架？「當然有啊！還打從娘胎裡就開始難分難解了，出生之後兩人更是互相逗弄，在孩子上小學之前衝突是生活常態！」

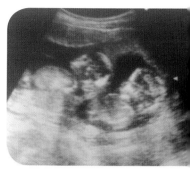

▲ 當時雙寶胎在我肚子裡的有趣畫面

我還記得，當時雙寶還擠我肚子裡那有趣的模樣，當婦產科醫生在我肚皮上滑動著超音波偵測器，我從螢幕中看到了姐姐住在我子宮裡一樓，而弟弟住在二樓。可能因為樓上的弟弟會擠壓到樓下的姐姐，因此姐姐不時的會往上踢出飛毛腿，而二樓的弟弟則常常被驚嚇到手腳不斷揮動。懷有雙胞胎在外人眼裡，雖然看似很驕傲，但其實一點都不夢幻。這兩個小生命一起住在媽媽的肚皮裡，看似不孤單，但生來就需要競爭營養和空間，孩子從小一直是被迫分享和競爭的狀態，一不小心還時常會有早產的風險。因此，當孩子出生後，每天生活在同個空間，從兩個小傢伙對到眼，發現對方存在的開始，兩人就對彼此非常地感興趣，而孩子總會好奇地去探索對方，而且用非常「原始」的搶、推、觸碰方式互動，前一秒兩人彷彿像朋友要一起遊玩，而下一秒孩子哭鬧，手足衝突隨時都能展開。

或許你不是養育雙胞胎的父母，但是只要有兩寶以上的你，就能體會當兩個孩子擺在同個空間，任何的小事件，都可能出現動手、搶奪和推人等一觸即發的情境。許多父母在生完老大後，總覺得一個相當孤單，因此期待懷個老二來作陪。但是自從老二聒聒落地的開始，老大卻也變得難搞，與大人想像中那幅「手足情深」的畫面竟然完全不符。

事實上，大人期待的「兄友弟恭」並不是常態。美國賓州大學 2014 年調查指出，7 歲以下的手足，每天平均吵架 3 小時。隨著年紀成長，直到成年以前，手足吵架時間只會增加。而加拿大多倫多大學研究觀察，更發現相差 2 到 4 歲的手足衝突最為頻繁，平均每小時 6.3 次衝

突。這樣的研究結果，我想兩寶爸媽們應該都會點頭再認同不過，因為此刻你身旁的孩子，可能也正吵得水深火熱。**因為，亦敵亦友才是手足真實的樣貌。**

" 手足總是衝突與競爭的 真相與原因 "

　　手足相處時，上一秒玩得很開心，下一秒就開始搶玩具，除了爭吵還會動手動腳。這讓許多父母在生了二寶後，總是不禁懷疑自己家的兩個孩子為何總是那麼不合，反而像是冤家，別人家的孩子彷彿都比較相親相愛，到底是小孩基因問題，還是大人教育方式出了問題？接著，我們試著了解手足衝突競爭的原因與真相。

1· 自私是生命的本性

　　試想在饑餓的當下，若我只剩下了一片小餅乾，我們還會大愛的分享給他人嗎？我想，就連大人要分享似乎也不容易。生命的天性會選擇對自己有利的事，在有限空間中會出現競爭、搶奪和引人關注，是生存中最自然不過的事。

　　有兩寶以上的父母應該最能深刻感受到，兩寶之間的競爭本性。當老大看到老二，本能感受到的是「寶寶是來篡位的，他是來分走爸媽的愛」，孩子為了爭取大人花時間在自己身上，因而出現許多看似盡是自私的行徑，其實這只是基因設定的生存反應。因此要求兩個大腦前額葉未成熟的小傢伙，學會衝動控制，還要「相親相愛」本來就不是容易的事。

孩子生來並不知道如何控制情緒，也不會與人分享與相處，因此不管大人怎麼做，手足之間仍會出現衝突，這就是常態，也是人性。例如當手足搶他手上的玩具時，孩子當下的情緒被激怒，腎上腺激素會突然上升，很自然的出現「戰鬥或

▲ 小小孩還不懂分享，會有許多看似自私的行為並非故意。

逃跑反應」，反應慢或年紀小的孩子可能大哭，反應快的孩子通常最直接動手打人來保衛自己的地盤。**孩子生氣會動手打人，是面臨挫折和衝突時的自然反應，並非故意！雖然自私是本性，但教育能改變孩子，因此大人無須過度擔憂手足衝突，而是隨著孩子年齡增長，耐心在衝突中引導孩子表達調整情緒，用合宜方式應對衝突，最後學習能同理他人。**

2. 孩子的情緒發展與同理心仍未成熟

前面提到 7 歲以下的手足吵架頻率時間最多，又以 2 ～ 4 歲最嚴重，主因來在於年幼的孩子自我情緒發展未成熟，情緒經驗也不足。認知大腦仍未進化到能理智表達與控制情緒的年幼孩子，在手足互動中產生的複雜情緒，如緊張不安、生氣和忌妒感受，只能用最「原始」的衝動反應，最後容易演變成手足大打出手。若手足兩人年紀愈小也越相近，兩人的情緒表達皆在原始未進化階段，手足衝突自然會較頻繁。

而大人所期待的「手足分享、兄友弟恭」，則是情緒發展中最高層次的同理心。「同理心」指的能換位思考，察覺感受到他人的情緒或需求。一個哥哥要能感受到弟弟的想玩玩具的焦急，同理弟弟的同時還得

要犧牲自己需求，把玩具分享給他，如此高層次的情懷，談何容易。**在孩子有同理心的前提，通常是孩子已經學會察覺自我情緒，也能表達與調節情緒。孩子能發展好自我，才能進階到察覺感受他人情緒。**而兒童的同理心發展約在 4 ～ 5 歲開始，需要有大量的情緒經驗，才能逐步順利發展出同理心。因此手足關係的經營，大人切勿好高騖遠，需要從手足個人的情緒教育著手開始，也要給老大一點時間練習。

3· 與孩子的天生氣質有關

你會發現，有的手足關係似乎打從一開始就較平和，也有的手足關係卻總是火藥味很濃厚，這是為何呢？除了天性和年齡，原因也來自於孩子的「天生氣質度」。前面談到兒童情緒部分，我們也探討到天生氣質影響到孩子情緒的展現和對刺激的反應程度。**手足關係是否融洽，也與每個孩子的天生氣質度有關，特別是老大。當老大或其中一個孩子剛剛好是「活動量高、堅持度高、情緒反應強度高」的氣質，手足衝突和火花可能就會較為頻繁。**

而我家的姐姐就是這種類型的孩子，而弟弟則是剛好南轅北側的氣質「活動量較低、堅持度低、敏感度卻很高」因此兩個孩子每日的生活互動，只能用精彩來形容。記得，在雙寶 6 個月大時，我時常會讓他們在遊戲墊上遊坑並練習爬行。當時，兩個孩子口中都吸吮著他們最愛的奶嘴並肩坐著。突然間，活動量大又好奇的姐姐對眼前弟弟的奶嘴似乎很感興趣，瞬間爬過去伸長了手，一下就把弟弟的奶嘴拔出來，一手丟掉自己的奶嘴，另一手直接把搶來的戰利品塞進自己嘴巴上，開心的吸吮了起來，而一旁敏感的弟弟只是措手不及的原地大哭。每次回憶起這個畫面，我們都覺得弟弟真的是遇上了難搞的姐姐，往後的日子對弟弟將是一種磨練，而這情景也是許多家庭「手足過招的寫實時刻」。

在雙寶的相處上，這樣的局面持續了許久，直到弟弟變得更有情緒調節和解決問題後，他倆才能勢均力敵。其實，並不是姊姊有多愛欺負人，而是天生好奇活潑的氣質使然，又未有同理心狀態下，讓他用最原始的搶推對待一旁的弟弟，剛好敏感

▲ 我家雙寶氣質度大不同，常有合不來的情況。

的弟弟反應很大所以很有趣，手足衝突即頻頻出現。因此，**大人要有認知，有些氣質度會讓手足剛開始比較「合不來」，手足之間不會天生「相親相愛」，而這需要大人依照不同的氣質度耐心的陪伴和引導。**

手足關係經營與教養的五大原則

即使孩子生存本能使然、情緒發展未成熟和氣質度有差異，這些與生俱來的原因造成了手足關係經營上的難度，**但是手足之間關係是否能越來越融洽，兩人到底會成為朋友，還是變成敵人，卻有著更關鍵的因素「父母的觀念與態度」。因為真正影響「手足未來關係與氣氛」的決定權，其實是做父母的我們！**

在手足教養上，我們無法完全控制孩子之間的相處模式，但是大人若細心的掌握五大原則，孩子才有機會成為互相尊重的朋友，而不是彼此最大的宿敵。

1. 檢視察覺自己，當個有合宜觀念的父母

每個人成長經歷不同，心中都有各自的價值觀，而這些深固的核心價值將影響著育兒的教養觀念。**特別是父母本身過往手足的經驗好壞，**

影響著大人在育兒中面對手足關係的態度。因此，在處理孩子之間關係前，可能要先「檢視自己原生家庭的手足關係」。

大人可能要先自我思考和察覺，我們對手足關係的期待想像是如何？我們擔憂的是什麼？這樣的期待和擔憂，是否跟大人自己過往的手足經驗有相關嗎？例如，父母自己曾經是家中老么，從小總是被哥哥暗地捉弄受盡委屈。如此原生家庭的手足經驗，會讓父母在照顧最小的孩子時總是特別寵溺，也對老大更是透別的嚴格要求。在大人不自知的失衡狀態下，手足衝突將會越演越烈。

大人除了檢視自身過往經驗，同時也要不時的省思我們對手足關係的要求和期待，是否符合兒童在身心理上的發展。**當個有合宜觀念的父母，對手足關係有適當的期待，進而協助孩子經營正向手足關係。**以下兩個觀念是常見父母對手足關係不適切的期待。

NG1：過度期待兄友弟恭和相親相愛

父母的價值觀中認定手足之間就一定要友愛和禮讓，一旦手足發生衝突時，大人會感到緊張且容易失去耐心，在不斷指責或處罰孩子之下，更加深手足鬥爭的問題。其實，手足之間猶如夫妻關係，由於相處過於密切，因而易出現鬥嘴或衝突。仔細想想，我們和自己所選的另一半都時常吵架，更何況是無從選擇「生來」就注定是手足的孩子們，況且孩子年齡小受到生存本能使然，天生氣質和情緒發展的限制，很難總是天生相親相愛。

親愛的爸媽們，別害怕手足衝突上演，因為在家的衝突現場，正是陪孩子演練的好時刻，畢竟兩個自家孩子衝突比起學校同儕衝突容易解決的多了。雖然手足衝突與其他同儕經驗不盡相同，但是父母能在手足衝突中，引導孩子表達情緒、表達想法與好好吵架，將會是孩子往後進

入學校同儕中面對衝突時的先備能力。就以雙寶來說，他倆在家衝突也不少，我本來也擔心他們在幼兒園會和其他孩子起衝突，結果他們反而在幼兒園表現良好，因為在家有演練和被引導的經驗。

NG2：強迫孩子分享或老大就要讓老二

許多觀察研究中發現，孩子「被迫分享自己的東西」是最能引起學齡手足鬥爭的原因。而 6 歲以前的孩子，更會因為必須分享共有而爭得你死我活。這是由於「分享」是種利他的社會行為，做出對他人有利的事，有時還必須犧牲自我。但以兒童發展的角度來看，孩子卻從自我為中心，從滿足自己開始，更從霸道獨佔開始。從自我角度出發，對自我有足夠的認識後，3 歲以後才能慢慢理解到自己和他人的不同的，也才能在 5 歲時發展出「站在他人角度看事情的同理心」，進而願意與人分享。**一個從小被強迫分享的孩子，無法發展好自我，也容易有情緒狀況。父母要有合宜的觀念「孩子要先擁有，才能願意分享」。**

生活中我們常常會看到，許多父母只要聽到較小的弟妹哭鬧，往往還沒釐清狀況下，大人就已憤怒指責老大沒當好哥哥姐姐，「你是哥哥喔，就要讓弟弟啊！」「你看，你又讓妹妹哭了！你都當姐姐了咧」在這如此沉重的指控中，到底是大人你變了？還是當老大的孩子變得不乖了？當爸媽的無法在一夕之間適應手足衝突，而當老大的孩子也同樣無法在一夕之間，接受自己瞬間變成身負重任的「哥哥姊姊」啊，更何況他就只是個孩子啊！

大人若根深蒂固的認為，老大年紀大自然要成熟懂事，我們當年也是這樣啊！非要強迫老大禮讓弟妹，將會演變成老大感覺不受重視，對哥哥姐姐的身分更厭惡，更難主動分享愛與玩具，手足或同儕的心結與衝突反而會越演越烈，甚至會故意欺負弟弟妹妹。

2. 忍住不比較，欣賞孩子的獨特與孩子個別連結

　　即使手足們同樣皆是父母所生，但是生來氣質卻很不相同，就連我們雙胞胎也是如此。由於我的孩子是雙胞胎，為了降低孩子受到過度的比較，因此對於兩個孩子的獨特性會特別重視，像是少穿一樣的衣服、上學會分班、才藝未必要相同等。但是若只是相差歲數的手足，父母可能會容易忽略到孩子的獨特性。在家中只有老大時，父母難發現自己有所偏愛，但往往在生下老二後，特別是兩個孩子個性迥異時，父母仍會忍不住的暗自比較。像是下面的話語，都不時透露著手足之間的比較，讓孩子情緒更加不安。

　　「你這孩子怎麼這樣，那麼小氣！你怎麼不像姐姐，那麼……」

　　「我們家弟弟讀書超乖……」（這時姊姊內心想著，那我呢？）

　　孩子，往往是從大人眼神言語中，認定自己的模樣，建立自我肯定。在與孩子的互動中，你對某個孩子的性情常顯露出不喜愛，孩子將會懷疑自己，也無法愛自己。而父母的偏心，更會讓孩子感受自己是不夠好的！甚至也讓其他手足模仿大人這樣對待手足的方式來與他互動，手足關係將會越來越失衡。

　　因此，當父母的我們可以真誠地問問自己，心中是否有較偏愛的氣質性格類型呢？孩子當中有跟比較契合的氣質性格的孩子嗎？我想大家心中自有答案！人的心中有所偏愛皆是人性，無須抹滅否認它。**但是身為父母，即使有所喜好，也要忍住不在言語行動上做比較，要懷有更寬廣的心去接受不同氣質的孩子，願意去欣賞孩子的獨特性！有感覺被欣賞感受到愛的孩子，才能去愛別人，也較能願意與手足分享！**

　　通常小寶寶需要父母長時間的關注和照顧，老大則會瞬間黯然失色。此刻老大的不安會讓心中的愛慢慢消逝，更產生競爭和忌妒的心情。因此，**除了不比較手足，父母要積極營造與孩子個別的連結，才能**

真正讓愛融化手足忌妒。當大人和每個孩子有愛的連結，才能讓被愛的孩子願意聽話的善待手足。在寶寶有人能稍微照顧時，媽媽盡可能每日能撥給老大單獨陪伴的時光，如陪孩子共讀、洗澡、散步或超市購物等，親子之間未必要做多特別的事，而是每日能一起做點輕鬆舒服的小事，言語中也記得說出對老大的愛，逐漸累積與每位孩子之間愛的存摺。不過，要讓媽媽與孩子間能有時間累積愛的存摺，最重要的角色在於爸爸。當爸爸願意成為媽媽最有利的後援，親子才有時間能累積愛的連結。

3. 聚焦孩子情緒，允許孩子有負面情緒和退化行為

對孩子來說，當上哥哥姐姐，不只是多了寶寶如此簡單。生活周遭似乎都變得不同，像是媽媽一段時間不在家、多了寶寶整日吵鬧、媽媽都抱著弟妹不能陪他、洗澡睡覺都變成阿嬤幫忙，甚至溫柔的媽媽竟變得那麼容易的生氣。當周遭生活一旦改變，孩子情緒將會感到不安，有的孩子則對寶寶感到莫名的憤怒，也有些老大還會退化到跟寶寶一樣的愛哭、愛人抱或要人餵。

當孩子出現退化行為或是手足衝突，背後隱藏的原因其實都是不知所措的複雜情緒。當環境改變引起情緒大腦的反應——逃跑或戰鬥，感到不安難過的孩子可能會出現「逃避型的退化行為」，而對寶寶感到生氣憤怒的孩子，則可能出現「對手足攻擊衝突等」負面行為；因此，手足衝突和退化行為，往往是每個孩子個體原始情緒表現的結果。

大人若不聚焦情緒，陪孩子調節情緒，只想處理孩子的負面行為，只會加深孩子的不安情緒，負面與退化行為只會不斷出現。我們真心建議若孩子出現「退化行為」，像是老大變得要人餵和包回尿布時，父母用斥責恐嚇只會加深焦慮不安，不妨「幽默」的面對討愛孩子的劇戲。大人適時配合孩子演出「當回小寶寶」的劇碼，讓孩子盡情在寶寶劇碼

中釋放壓力情緒，過一陣子再跟孩子說：「我家會自己吃飯、上廁所的厲害姊姊，怎麼不見了呢？我好想他呢！」**當孩子發現自己再壞再耍賴，竟然還能被理解和被關愛，重新感受到爸媽的愛，行為將會慢慢有所調整。**

老大無法接受「弟弟、妹妹」這種生物的出現，對他們感到不喜愛，這都是正常的！記得女兒曾經看著繪本中的圖畫對我說：「媽媽，我看你抱著弟弟的時候，就是這種感覺」而繪本中形容的即是手足間那份忌妒的情緒。親愛的父母，不管我們是否已經花很多時間，預告老大要愛弟妹，但是老大對老二仍有敵意時，請爸媽允許孩子有負面的情緒，請給孩子多點體諒，也給他多點時間，慢慢接受「愛需要分享給手足」的事實！**大人若能在陪伴孩子過程，接受並聚焦孩子情緒，引導孩子調節情緒，行為也才能跟著調整。**我們可以在孩子對著手足而生氣難過時，試著說出孩子的情緒與內在需求，如「媽媽知道你覺得很難過，因為我不能一直抱你」、「媽媽知道你覺得很生氣，因為我照顧弟弟而不能常常陪你」「我知道弟弟常讓你覺得很討厭」等等感受，**當孩子內在情緒被安撫了，感覺被理解了，會較甘願的接受事實，也會較願意聽話而停止爭鬥。**

身為父母也要時常引導孩子換位思考，試著理解他人的感受想法，**包括爸爸媽媽和寶寶的感覺。**我們可以跟老大說：「媽媽很愛你，也好希望一直抱著你，但是寶寶太小沒抱會哭哭，媽媽愛你可以改用摸摸你的方式嗎！」「媽媽愛你也好想抱抱你，但是媽媽一直抱著寶寶很累也想休息，還是換你來抱媽媽好嗎！」「寶寶還太小不會說，所以才會動手搶玩具，他很喜歡哥哥的，我可以先把他帶開，還是你能教他怎麼一起玩嗎！」**在如此情緒來回的過程，讓手足關係經營，不只有衝突，還有同理心的練習。**

4. 看見孩子的好，引導手足之間正向互動

通常在爸媽有了老二手忙腳亂之中，大人便容易對老大失去耐心，特別是當老大正靠近老二時，老大可能只是想摸一下寶寶，爸媽都很容易過度緊張失控「你這樣會吵到他啦，你不要這麼大力……」大人的過分激動正強化了老大認為爸媽不再愛他的錯誤念頭！

手足衝突常常來自與不知如何正確的互動，這時大人請記得「看到孩子的好，同時引導孩子正向互動的方法」，如當老大有點大力的拉扯寶寶時，你可以說：「姊姊你很想跟弟弟玩啊！不過寶寶需要你這樣輕輕地拍和摸他喔」「我知道妳想當個好姊姊，但是妹妹太小你還不能抱他，不然你可以幫寶寶丟尿布嗎？媽媽和妹妹都很謝謝你呢」「謝謝你想唱歌給弟弟聽，不過小聲一點才不會嚇到寶寶。」**要特別記得，老大仍只是孩子，切勿賦予老大過多、過難的育兒的責任。當老大發現每次都因照顧弟妹而被罵，這個哥哥姐姐的任務便不再是「開心的殊榮」而是痛苦的負擔。**

在忙碌的生活中，大人往往較容易關注孩子的負面行為，像是爭吵衝突。然而，孩子不斷出現負面行為，意味著孩子不知道「那些正向行為能被大人好好關注」。**當手足都想要被父母關注，更應善用大人關注在正向行為，才能引導孩子去做對的事，自然也降低了負面行為。父母懂得聚焦孩子正向行為，才能有效強化手足正向互動。**

「哇！哥哥在教弟弟玩玩具，很厲害喔」、「有哥哥陪，你看弟弟睡得真好呢！」、「寶寶好羨慕哥哥姐姐自己吃飯

▲ 父母要適時稱讚哥哥姐姐，引導手足間的正向互動。

歐！」、「哥哥你可能知道，寶寶哭了是肚子餓還是尿布濕呢？」、「弟弟你要用問的，不要用搶的，姐姐可能願意借玩具給你喔！」即使大人發現手足互動過程有些許衝突，仍需嘗試從中看到老大的好，如「我知道你不想跟妹妹吵架，但是妹妹沒問過就搶你玩具，所以你才會生氣」讓老大感到被看到和被體諒，才能停止鬥爭並願意配合。

5. 必要時，訂立合適的家規

建立家規，目的在於給孩子「安全的界線」，學習自我與他人的概念，特別是當家中已有兩個以上小生物時！那需要訂定那些家規才合適呢？我想「家規」除了要符合社會道德觀，更重要是符合每個家的需求。因此不妨思考看看，孩子們最容易出現你爭我鬥的事件情境，再依孩子年齡能懂得規則來討論家規，讓孩子在界線中感到安全。

像是我家雙寶的衝突，都在生活日常的小事中，只是隨著時間、事件會有所改變，像是睡前先讀誰選的繪本，誰要先洗澡，上車誰坐右邊能先下車等。這時，我就得在家中的白板上，寫上名字和畫上場景（書本、車子和浴缸），讓孩子選擇如何先後輪流進行這些日常小事，一旦公告就要開始執行。當這些衝突降低了，即可以討論後再調整其他項目。

另外，爭奪「物品所有權」也是最常見的手足衝突。大人要協助兒童發展自我，要讓孩子先擁有，才可能願意分享。因此，**第一，先協助孩子在家中能擁有自己物品的所有權**。當某物品為個人所有（如生日禮物），請孩子收在自己的專屬的櫃子中，手足不經允許不能拿，他可以決定不分享或分享。**第二，不歸任何人的公用物品，鼓勵孩子協商後學會輪流，如有爭吵大人有最終決定權**。當孩子玩具輪流使用，也要鼓勵孩子玩完玩具主動分享拿給手足的好行為。而等待的人若用搶的，則失去輪流使用權。當然，各位父母也可以創造更適合孩子更好的方法喔！

手足衝突該如何介入，
將危機化為學習時刻

　　在手足衝突現場，有人認為介入會讓孩子學不會自己解決的能力，所以父母不該介入！但也有人認為，若是孩子打得你死我活，父母怎麼能不介入！手足衝突，父母到底該不該介入呢？

　　許多父母會期待著，有了手足能讓孩子學到社交技巧和分享美德，但是研究觀察卻發現，有兄弟姊妹的孩子，他們社會技巧沒有比獨生子女來的好，反而有手足的孩子就這樣打了好幾年的架。我們期待並想像孩子要能在手足關係中學到什麼，但是許多孩子學到的竟然是負面的社會技巧，反而缺乏了正面的學習！另外，**父母認為時常衝突的手足關係，長大應該會自然變好。但是手足糾結未必能因時間而變好，甚至深埋在心中成為怨恨。除非，當時父母能和平且適時的引導化解手足衝突。**

　　手足關係是需要父母適當的引導，放任孩子自行鬥爭的結果，就像動物界的弱肉強食，會演變成「學會霸凌」才會更強大，手足關係會不斷失衡和惡化。因此，手足衝突時的介入並非二分法，而是一種教養哲學。我的看法及建議是，**手足衝突要適時地的介入，特別是 7 歲以前的孩子們。**若孩子已是小學階段，大人可以靜觀其變，視狀態再決定介入與否。而大人介入的主要目標並非手足不再衝突，而是引導孩子能從原始打罵進化到能「好好吵架」，讓手足衝突化為孩子的學習時刻！

別怕手足衝突，善用四大原則引導孩子「好好吵架」

　　與人有衝突或意見不合需要溝通協商，本來即是社會化的過程，也是相當重要的社交技巧。當不同氣質、年紀的手足在相處中有火花，孩子被情緒大腦淹沒正想要出手出腳時，正是大人介入引導孩子啟動「認知大腦」，更是讓孩子學會君子動口不動手要「好好吵架」的時機。

　　「這是我的～」「是我先來的～」當家中手足戰火又點燃時，我們可以掌握四大原則引導孩子「如何好好吵架」：

原則 1、大人冷靜申明家規，孩子也分開冷靜

　　大人一定要先冷靜，大吼大罵只會錯誤示範，會讓孩子誤以為大聲就有用。**冷靜不立即介入，同時把雷達打開靜觀其變。一旦發現動手打人就先將彼此拉開，讓兩方冷靜。**大人要重申家規，嚴肅地告訴孩子：「停，不能動手打人！你可以請大人幫忙。」告訴孩子要用文明的方式來發洩。

原則 2、兩方輪流表白情緒和想法界線，更引導同理

　　大人別急著仲裁，哭的人不一定即是受害者！最重要的是核對兩方感受，引導情緒調節。還記得前面章節提到情緒三步驟嗎？大人除了安撫情緒崩潰的人，更**讓孩子們都能把情緒說出來，大家才能真正冷靜下來！**

　　「發生什麼事，你這麼難過？」核對感受後，引導孩子都能盡情說出自己的感受和想法。若有一方年紀幼小，語言能力較弱，大人請試著解碼和引導孩子完整表達。

「你很生氣，因為東西是你的，你不要他用搶的，是嗎？」

「對～我很生氣，弟弟每次都沒問過我，就直接拿我的東西！」

引導雙方輪流表白，先練習說出不滿與情緒，再說出自己的想法與界限。不過，**要提醒孩子必須彼此尊重，當有人在表白時，不管你是否認同對方說法，都要聆聽等待對方完整表達後，才能發言。**聽完兩方論述後，大人可以重複摘要兩方內容，也引導孩子去理解對方感受，思考自己是不是真的踏到別人界線，或者做出讓人不舒服的事，像是這樣問孩子「如果你是他，堆那麼久的積木被弄倒，你會不會生氣！」

原則 3、思考解決方法，學習商量和妥協

當大人核對兩方感受並引導情緒調解後，再歸納一下現況，讓孩子思考「現在的狀況，該怎麼辦？」

「只有一個玩具，你們都想玩，你們想想怎麼辦？」

「這瓶飲料弟弟也想喝，沒喝到他好難過，你想想可以怎麼辦？」

「你們討論，怎麼樣做才覺得公平？」

這個步驟對孩子來說最為困難，也最需要智慧，大人必須適當協助。面對國小大孩童的課題是「引導孩子思考討論解決之道，練習說服對方和來回協商」。而對於能力不足的幼童，大人應給孩子「選項來選擇」，目標放在讓孩子「練習聽懂他人」。

「妹妹，不然我們用猜拳來決定好了！輸的人先等待，你可以跟媽媽先去看繪本」「弟弟，我等一下玩完就分享給你，你先玩這個小汽車歐！乖～」這可能是孩子思考的解決方法，若沒有想法大人可以引導，如「姊姊，你有 3 個玩偶，你決定哪個能分享給他玩，他應該會很開心。還是姐姐指派妹妹角色，教他一起玩辦家家酒！」

最後，事情未必都能公平解決和皆大歡喜，因為通常手足仍需相互

「妥協、退讓與分享」，但是只要兩方能討論出彼此「即使不滿意，但還能接受」的方法和結果。這些來回協商的過程，對手足雙方都會是社交技巧經驗的累積和獲得。

原則 4、唯有正向鼓勵，孩子才會記住好行為

「姊姊，你剛剛分享的行為，媽媽覺得你很體貼，你看！弟弟因為你也很開心！媽媽真為你驕傲。」「哇！哥哥，你剛剛的方法很好，你是怎麼想到的啊！」**當手足中有人願意退讓或分享時，大人不要認為是理所當然的。對小孩來說，「分享是犧牲自身需求，來成就他人的行為，並非自然而然」。這樣的好行為，值得被大人正向關注和增強，也能成為手足另一方的最佳示範。**同時，當孩子願意控制情緒、願意承認錯誤和道歉，只要有所進步修正，也要正向鼓勵說出孩子的好行為。唯有鼓勵，才能讓好的行為和方式，被孩子牢牢記住。

想讓孩子文明一點好好吵架，需要引導孩子「調整情緒」、「表白立場」、「協商妥協」，若大人能懂得「冷靜介入與正向鼓勵」，手足關係將會成為孩子最正向的人生經驗，手足衝突才能成為孩子重要的學習時刻。

 治療師雙寶阿木悄悄話

雙寶胎手足與一般手足，會有的衝突問題其實是大同小異，只是雙胞胎中沒有任何一個孩子是「能先擁有才願意分享」的狀態，被迫分享的雙胞胎手足衝突頻率會更多更激烈，

而父母情緒的情緒修養也將要更高。由於雙胞胎家庭無法先用全心的愛陪伴老大發展自我，更在懷孕期就能溫柔的預告老大：「媽媽肚子裡是你的弟妹歐！」因此兩個人孩子會以最原始的狀態相遇，生活中的衝突往往是一觸即發十分精采。

當雙寶相遇的太早，兩人狀態又沒那麼美好，因此幼兒的前幾年，大人很難用柔性勸說來調節衝突，需要父母長時間的陪伴引導和介入。因此，爸媽要能照顧好自己，彼此互相扶持才是最重要的事！

不過，手足間的情感很微妙，雙胞胎更是有趣！不管前幾年，兩人吵得多激烈，只要大人有適時平和的介入，全心花時間陪伴兩個孩子累積親子之間愛的能量。他倆在生活中仍會想念彼此，只要其中一方不在家，另一方會莫名的失落，吵著要找對方。多虧這些年雙寶在生活中的相伴和磨練，也讓孩子倆都能在學校團體中更輕鬆應對，也有能力處理人際衝突。

記得，曾經有一次其他小孩來欺負弟弟時，媽媽還來不及衝出去圍事，強悍的姊姊已經奮勇挺身而出，大聲斥喝「不要欺負我弟弟！」這時媽媽在一旁感到非常欣慰。這就是大人無法介入的手足之情，所以各位爸媽，只要能適時介入，不妨幽默點看待手足間「不打不相識」的情感吧！

後記

專心陪伴，讓親子感到愉悅和滿足
有效陪伴，讓育兒感到輕鬆和幸福

　　隨著雙寶上學，我也慢慢回到了工作職場，每天過著忙碌的職業婦女生活著，僅剩下班時光能陪伴著孩子們。但是日前新冠疫情肆虐，全台突然停課，我的工作也跟著停擺，於是我重新回到了全天陪伴孩子的生活。這些難得的日子裡，我跟孩子們整天黏在一起，除了陪孩子線上課程外，也做許多的生活小事，像是一起洗碗、一起削水果、一起打撲克牌、一起拼圖、一起談天說地。難得無工作煩憂，無需一邊幫孩子看功課，一邊準備演講資料，因忙碌而顯得不耐煩。**頓時，身為媽媽的我才發現，原來當我心無旁騖，能「專心」陪伴孩子時，心情竟然是如此的愉悅滿足。**但是也有父母在家陪伴時總是不太情願，邊滑手機邊叫孩子寫功課，邊看電視邊叫孩子自己去玩。最終，鬧得相看兩討厭，家長不斷發怒，小孩不斷被罵，兩方情緒皆崩潰的情況。因為，**無法專心陪伴孩子的父母，情緒將會不耐煩，孩子也無法專心做好大人期望他們做的事。**

　　專心，是一種「心神投入的感受」，不管是在做任何事，可能是陪

孩子玩遊戲、組裝積木、打球和閱讀，甚至只是跟孩子做一件平凡無奇的家事，**孩子會因為看到大人「專心投入」而跟著積極投入，會因為你的身教示範引領著孩子願意投入，親子間的氛圍也將變得愉悅滿足。**而當我們只想命令孩子去做事，孩子反而容易情緒激昂和不耐煩。在這個陪伴的過程，我們還能更深入觀察了解到我們眼前的孩子，從孩子天生氣質、行為表現和他們所面臨的困難，不管是生活、動作、語言、認知、感覺統合或情緒狀態。透過親子間有品質的陪伴和觀察，大人也才能發現他們真正的需要，協助他們有更全面的成長和進步。

父母總是嫌孩子不專心，但是當爸媽的我們專心了嗎？當父母能專心投入在當下的親子時光，不管跟孩子做任何事情，瞬間都能變成享受。別讓親子關係只剩下不斷的懊悔與愧疚，愧疚總是沒空陪伴孩子，懊悔錯過讓孩子變成如此，愛他最後卻只剩用責備想讓孩子變好。**父母對孩子的愧疚像是填不滿的黑洞，唯有當下「專心的陪伴」才會讓親子關係感到愉悅又滿足。**

育兒之路，大人總是把自己的需求擺一旁，不斷調整並犧牲自己，竭盡心力的對小生命付出和給予，慢慢等待著孩子的成長花開。育兒之路，彷彿像是陪著孩子到遊樂園，我們總是需耗費長時間千辛萬苦的排隊，只為了坐上遊樂設施那幾分鐘的愉悅歡笑。每個當父母的人們，在牽著孩子的這一路上，不知吃盡了多少苦頭，歷經了多少煎熬，只為能看到孩子那燦爛滿足的笑容。正如我是曾經歷經四次試管嬰兒，最後才能擁有孩子的一位母親，這一路只能用千辛萬苦來形容我的心境，但是我始終充滿著感激且甘之如飴。然而，育兒之路卻也如同跟孩子一起置身歡樂的遊樂園中，即使我們都已是成年人，卻仍然會跟著孩子一起莫名的開心歡樂，因為只要看著孩子那微笑的臉龐，大人總能感染到那份單純與幸福，沉浸在這樣的愉悅幸福中，即使回頭一望，這一路竟是如

此的艱辛。**好事，需要多磨！育兒，需要時間的淬練，大人才能跟孩子一起成為更好的人！育兒教養，雖然不是容易的事，但是隨著時間與感情的醞釀，你會發現能看著眼前的孩子逐漸成長，這將是我們人生中最幸福與最感動的事，不是嗎？**

感謝各位，願意專心的看完這本書直到最後。治療師雙寶阿木衷心期待，這本書能協助父母們，在孩子最需要大人的學齡前，有正確的方向，從掌握科學育兒觀念，善用感覺統合陪玩，最後以正向教養度過孩子的情緒風暴。讓大人能輕鬆的陪伴孩子生活，讓大人有效的陪伴孩子成長，讓孩子成為未來的人才。期待書中有效的陪伴法，能讓父母能更輕鬆的享受到育兒的幸福與甘甜，跟孩子一起成為更好的人！

孩子，陪就對了！
育兒，學就對了！

最後，感謝我的孩子能帶給我如此美妙精彩的育兒生活，還有特別感謝一路願意陪伴支持我的丈夫和父母！

▲ 回想一路走來的育兒之路，我的心得就是「好好陪伴孩子，享受育兒的幸福甘甜」一起加油！

各位爸媽可以將自己孩子的睡吃玩一天紀錄下來，根據前面的建議，調整作息，規劃在這裡喔！

MEMO

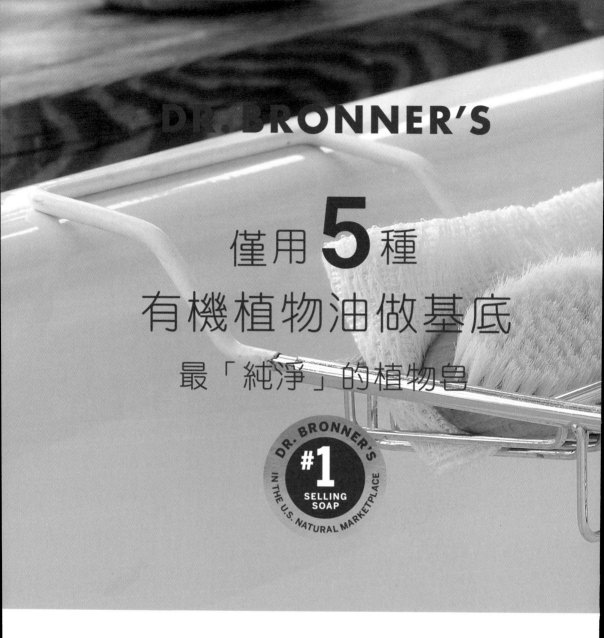

DR. BRONNER'S

美國銷售 NO.1 布朗博士

整瓶沐浴露以有機蔗糖及新鮮白葡萄汁作為基底,不添加一滴水製成,有機成分高達95%以上,綿密細緻的泡沫中蘊含了滿滿的有機蔗糖及雙倍橄欖油配方,洗後肌膚香甜豐潤,不僅保濕、亦不殘留滑膩感。

潔顏

將手打溼，取潔膚皂搓揉起泡並輕輕揉按摩臉部，最後用清水將殘餘泡沫洗淨，洗臉同步卸妝，一次搞定！

沐浴

將手打溼，取潔膚皂搓揉起泡並塗抹於全身（也可以搭配沐浴球），最後用清水將殘餘泡沫沖淨！

WE'RE CERTIFIED!

台灣廣廈 國際出版集團
Taiwan Mansion International Group

國家圖書館出版品預行編目（CIP）資料

孩子，陪就對了：兒童職能治療師雙寶阿木，親授0-6歲有效陪伴法！科學育兒╳感統
遊戲╳情緒教養，用心養出小孩好情商、好專注、好聰明/吳怡璇作. -- 新北市：臺灣
廣廈有聲圖書有限公司，2023.11
　　面；　　公分
　　ISBN 978-986-130-597-4(平裝)
　　1.CST: 育兒 2.CST: 親職教育

428　　　　　　　　　　　　　　　　　　　　　112012644

孩子，陪就對了！

兒童職能治療師雙寶阿木親授，0-6歲有效陪伴法！科學育兒╳感統遊戲╳情緒教養，用心養出小孩好情商、好專注、好聰明！

作　　　者／吳怡璇	編輯中心編輯長／張秀環
繪　　　者／劉筱翎	編輯／陳宜鈴
人像攝影／子宇影像公司	封面設計／林珈仔‧內頁排版／菩薩蠻數位文化有限公司
	製版‧印刷‧裝訂／皇甫‧秉成

行企研發中心總監／陳冠蒨	線上學習中心總監／陳冠蒨
媒體公關組／陳柔彣	數位營運組／顏佑婷
綜合業務組／何欣穎	企製開發組／江季珊、張哲剛

發　行　人／江媛珍
法律顧問／第一國際法律事務所 余淑杏律師‧北辰著作權事務所 蕭雄淋律師
出　　　版／台灣廣廈
發　　　行／台灣廣廈有聲圖書有限公司
　　　　　　地址：新北市235中和區中山路二段359巷7號2樓
　　　　　　電話：（886）2-2225-5777‧傳真：（886）2-2225-8052

代理印務‧全球總經銷／知遠文化事業有限公司
　　　　　　地址：新北市222深坑區北深路三段155巷25號5樓
　　　　　　電話：（886）2-2664-8800‧傳真：（886）2-2664-8801
郵政劃撥／劃撥帳號：18836722
　　　　　　劃撥戶名：知遠文化事業有限公司（※單次購書金額未達1000元，請另付70元郵資。）

■出版日期：2023年11月
ISBN：978-986-130-597-4　　　　版權所有，未經同意不得重製、轉載、翻印。